教育部人文社会科学研究一般项目（16YJA710030）

绿色发展理念 与生态价值观

GREEN DEVELOP CONCEPT AND
ECOLOGICAL VALUE

张敏 著

社会科学文献出版社
SOCIAL SCIENCES ACADEMIC PRESS (CHINA)

目　录

绪 言

当前，日益严重的生态危机已然严重影响人类的赓续发展，因此如何消解人与自然的冲突和对立成为亟待解决的问题。而人与自然的关系问题，既是一个关乎社会经济发展的现实问题，也是一个关乎人类未来生存发展的理论问题。为此，自 20 世纪 80 年代开始，我国就将节约资源、保护环境确定为基本国策。2002 年，党的十六大明确提出要走生态文明发展道路。自此，开启了中国特色社会主义生态文明建设的新时代。在理论方面，学界立足人与自然的关系，探究生态危机内隐的深层的文化和价值根源，力图为解决这一问题提供致思理路。事实上，要消解人与自然之间的矛盾，关键在于作为实践主体的人以何种价值观念诠释自然以及自然的价值。尤其是在美丽中国建设进入关键时期的新发展阶段，以何种价值观为导引协调人与自然的关系直接关涉这一伟大目标的实现。正是基于此，本书立足绿色发展理念，以生态价值观变迁发展的内在逻辑为基点，对这一新发展理念引领下生态价值观养成的现实路径展开专门系统研究。

具体而言，本书主要从以下五个方面对绿色发展理念引领下的生态价值观展开较为系统的研究。

第一，以绿色发展理念为视域，澄明其与生态价值观的内在逻辑关系。对绿色发展理念历史脉络、内涵和特征进行梳理和厘清，探析其诉求生态价值观的原因，澄清生态价值观得以复兴的现实背景。

第二，探析生态价值观的嬗变，厘清其内涵。以自然观为理论基点，通过对生态价值观从启蒙到断裂再到现代复兴的演化历程的梳理和分析，研究论证其何以能成为现代复兴的理论基石，并在此基础上进一步确论其内涵和效能。

第三，在绿色发展理念视域下，研究生态价值观的理论架构。探析绿色发展理念对生态价值观内涵的新拓展，论证生态伦理学、生态现象学和生态文化对生态价值观的作用，进而指出生态学范式、生态—整体论和道德情感体验模式是生态价值观建构的方法论原则。

第四，分析绿色发展理念视域下，生态价值观养成的社会实践路径。以治理现代化为前提预设，探究生态治理现代化与生态价值观的内在关联，论证生态价值观对生态治理的目标即生态秩序确论和环境法治体系建构的作用和意义，分析生态价值观养成与经济社会发展的绿色转型的内在逻辑关系，以期为生产生活方式绿色化、经济发展绿色化的价值合理性提供理论根据。

第五，探寻绿色发展理念视域下生态价值观的主体培育路径。立足于环境道德教育，以调查问卷的形式了解青少年生态价值观的现状，分析其中存在的问题及其成因，进而指出环境道德教育与生态价值观的关系，以期从绿色发展理念对人性生态化诉求的角度探究生态价值观的主体培育路径。

通过对上述几个问题的思考，笔者对绿色发展理念与生态价值观养成的内在逻辑关系及其养成途径进行了初步探索，力求能够为深化和推进这一问题的研究提供一些有益的帮助。

第一章　绿色发展理念与生态价值观的澄明

　　党的十八届五中全会首次提出了绿色发展理念,这不仅是对可持续发展理念的新拓展,同时也符合中国特色社会主义生态文明以及美丽中国建设的基本要求。就此,习近平总书记曾明确指出,坚持绿色发展,"必须坚持节约资源和保护环境的基本国策,坚持可持续发展,坚定走生产发展、生活富裕、生态良好的文明发展道路,加快建设资源节约型、环境友好型社会,形成人与自然和谐发展现代化建设新格局,推进美丽中国建设,为全球生态安全作出新贡献"①。

　　而作为指引发展方式转变的绿色发展理念,因其强调发展模式的整体性、可持续性,寻求经济、社会、生态三者之间的统一协调发展,成为构建人与自然和谐发展的现代化建设新格局的重要基础。简言之,在社会生产、生活的各个方面,绿色发展理念要求形成一种清洁的、低碳的、平衡的、循环的、安全高效的发展模式。事实上,任何一种发展模式都建基于一定的思想观念、价值观念、思维范式,而它们的呈现样态将会直接影响发展模式的贯彻和实行,而其内蕴的价值观所起的作用至关重要。在现实的生活世界里,价值观一方面为社会所倡导的基本理念提供规范性判断;另一方面也是这一理念的价值根基和重要组成部分。以人与自然和谐为主旨的绿色发展理念,要求消解对自然的漠视,重新诠释自然的价值,力求形成绿色与发展、人与自然双向协调共生的生态价值观念。

---

　　① 《十八大以来重要文献选编》(中),中央文献出版社,2016,第792页。

第一节 绿色发展理念概述

纵观中国特色社会主义建设发展的历程及其理论成果，不难理解，绿色发展理念的提出绝非偶然，其经历了一个从浅到深、从局部到全局的认识不断深化的过程。实质上，这一新发展理念的形成与中国共产党生态文明思想的演化发展是同向而行的。所以，要深入把握绿色发展理念的历史脉络、内涵特征和生态价值诉求，就离不开对中国共产党生态文明思想形成发展的历史逻辑、理论逻辑、价值逻辑的系统梳理和全面考证。

一 绿色发展理念形成的历史脉络

任何新思想观念的形成和发展都不是一蹴而就的，都会经过一个从无到有，不断充实、完善、升华的过程。党的十八届五中全会提出的绿色发展理念，随着中国共产党探索中国特色社会主义的现代化建设、发展道路的进程应运而生。沿着历史发展的脉络，我们不难发现，绿色发展理念的形成，大致经过三个主要演化阶段：第一个阶段是从中华人民共和国成立到改革开放初期，中国共产党从国内经济比较落后的国情出发，在大力发展社会经济的同时，对绿色发展进行了初步的尝试性探索；第二个阶段是自1983年保护环境被确立为基本国策开始，至21世纪，可持续发展的战略部署从孕育逐渐迈向成熟；第三个阶段是进入21世纪后，党的十六大提出了推动整个社会走上生态良好的文明发展道路，由此开启了中国特色社会主义生态文明建设的新时代。在此基础上，党的十八届五中全会提出了绿色发展理念，从而引领了价值观念、发展方式、发展道路的新变革。

新中国成立之初，由于遭受了多年战争硝烟的洗礼，国民经济濒临崩溃，整个社会百废待兴，无论是社会经济文化还是科学技术，都相对于发达国家存在比较大的差距，生产力发展水平低下。如何快速恢复经济，提高经济发展水平，摆脱贫穷落后的局面是当时中国亟待解决的问题。面对这一现实境况，我国为了快速恢复经济，提高生产能力和水平，对自然资源进行大力开发和利用，但与此同时也加强了对自然环境的保护，意识到生态修复对社会经济持续发展的必要性和重要性。从1949年到1958年的近10年的时间里，我国相继出台了许多有关防止水土流失、植树造林、水利建设、环境保护、生态修复方面的文件和规定。1949 年通过的《中国人民政治协商会议共同纲领》提出"保护森林，并有计划地发展林业"① 的方针。在 1955 年的《征询对农业十七条的意见》中，毛泽东明确指出："在十二年内，基本上消灭荒地荒山，在一切宅旁、村旁、路旁、水旁，以及荒地上荒山上，即在一切可能的地方，均要按规格种起树来，实行绿化。"② 同年，为了改变水土流失、植被稀少的状况，毛泽东号召全国人民多植树，绿化伟大的祖国。可以说，这一时期，我国在利用、改造自然资源恢复国民生产、快速发展经济的同时，已经开始注意到自然资源、水利环境一旦遭受破坏将会给人民生产生活造成不良影响。所以，20 世纪 50 年代初，我国开展了一系列大规模水利建设，对经常出现洪涝灾害并造成大量水土流失的河流进行了综合治理，如 1951 年开始治理淮河，1952 年完成了荆江分洪工程，1955 开始规划对黄河的治理，1963 年治理了海河等。

总体上看，我国在这一历史时期通过利用自然资源和改造自然环境实现了整个社会生产力水平的快速提升，同时对环境保护的相关工作进行了初步性探索，从而为我国后来的生态文明建设提供和奠定了必不可少的现实条件和理论基础。1972 年，我国派遣代表团前往斯德哥尔摩出席了联合国召开的人类环境大会，就此我国开始正式参与到世界环境保护的事务之中。1973 年，第一次全国环保大会召开之后，我国颁布了首部环境保护法规即《关于保护和改善环境的若干规定（试行草案）》，并明确提出了"全面规划，合理布局，综合利用，化害为利，依靠群众，大家动手，保护环境，造福人民"的大政方针。③

1978 年改革开放后，我们党清醒地认识到，采用粗放式的生产经营方式，对自然资源和生态环境造成了一定程度的浪费和破坏。由于忽视了对自然生态的保护，环境污染不断加剧，环境问题已经开始制约国家、民族未来的长远发展。为了防止环境污染加剧，减少资源的浪费，保护好我们赖以生存的生态环境，首先需要在法律和制度上提供必要的基本保障。至此，开展生态环境保护的法制化建设被我们党提上了工作议程。1978 年 12

---

① 《建国以来重要文献选编》（第 1 册），中央文献出版社，1992，第 9 页。
② 《毛泽东文集》（第 6 卷），人民出版社，1999，第 509 页。
③ 中国环境科学研究院、武汉大学环境法研究所编《中华人民共和国环境保护研究文献选编》，法律出版社，1983，第 7 页。

月，邓小平在中共中央工作会议闭幕会上的讲话中指出，"应该集中力量制定刑法、民法、诉讼法和其他各种必要的法律，例如工厂法、人民公社法、森林法、草原法、环境保护法……做到有法可依，有法必依，执法必严，违法必究"。① 为此，我国首先从立法的角度，加快推进了生态环境的法制化、制度化建设进程。这一时期，我国在思想观念上不断强化和提升对生态环境保护制度建设的意识，把对自然资源和生态环境的保护提到了基本国策的战略高度。1983 年年末，在第二次全国环境保护大会上，万里这样说道："环境保护是我们国家的一项基本国策，是一件关系到子孙后代的大事。"②

可以说，自 1979 年《环境保护法（试行）》——我国第一部具有综合性质的环境保护基本法的实施，我国的环境保护从无法可依转向有法可循，这为后来的生态文明建设提供了基本的法治保障。在国家法治体制建设中，有关环境保护的法规体系成为国家法律体系的重要组成部分。在 20 世纪 80 年代，我国改革开放不断深入，经济发展速度逐年加快，但自然资源仍没能得到有效合理利用，资源浪费和环境污染日趋严重，如何协调经济发展同环境保护的关系成为备受党和国家领导人关注的现实问题。为了加强环境监督管理，1984 年我国独立的环境保护组织机构，即国家环境保护局正式成立。在这一阶段，我们党尽管没有明确提出绿色发展理念，但其发展理念已经开始从利用自然、改造自然向追求经济效益、生态效益、社会效益三者协调统一转变。

20 世纪 90 年代，我国改革开放迈进了新的历史发展阶段，国内生产总值不断攀升，经济发展速度迅猛，但整体上仍然呈现为粗放式增长，其结果是生态环境的污染、破坏持续加剧，直接影响社会经济的可持续发展。那么，如何协调环境资源与社会经济生产之间的关系，成为此阶段亟待解决的现实问题。为确保人口、资源和环境在经济发展中能够协调发展，我们党进一步加强了对环境资源保护的立法工作。为此，江泽民明确指出："要完善人口资源环境方面的法律法规，为加强人口资源环境工作提供强有

---

① 《邓小平文选》（第 2 卷），人民出版社，2009，第 146~147 页。
② 国家环境保护总局、中共中央文献研究室编《新时期环境保护重要文献选编》，中央文献出版社、中国环境科学出版社，2001，第 43 页。

力的法律保障。"① 1997 年 9 月，党的十五大在北京隆重召开，会上确定了在社会经济发展上要实施可持续发展战略，明确指出："我国是人口众多、资源相对不足的国家，在现代化建设中必须实施可持续发展战略。"② 在党的十五大报告中，江泽民明确指出："坚持计划生育和保护环境的基本国策，正确处理经济发展同人口、资源、环境的关系。资源开发和节约并举，把节约放在首位，提高资源利用效率。统筹规划国土资源开发和整治，严格执行土地、水、森林、矿产、海洋等资源管理和保护的法律。实施资源有偿使用制度。加强对环境污染的治理，植树种草，搞好水土保持，防治荒漠化，改善生态环境。"③ 由此表明，自党的十五大以来，"坚持实施可持续发展战略"成为我们国家长远发展的基本方针和政策。

那么，究竟什么是可持续发展？如何理解可持续？所谓可持续发展，是指在发展理念、发展道路、发展模式上不仅要考虑当前社会的需要，更要考虑人类未来发展所需，换句话讲，就是不能牺牲我们子孙后代的权益来满足当代人的需求。可持续发展理论获得世界各国的普遍认同。这一理论的提出，最早可以追溯到 1992 年在巴西里约热内卢召开的联合国环境与发展大会，这次大会通过了两个纲领性文件：《里约环境与发展宣言》《21世纪议程》。在这次联合国环境与发展大会之后，我国于 1994 年 3 月发布了《中国 21 世纪议程——中国 21 世纪人口、环境与发展白皮书》，其成为在当今世界上第一个由国家来制定的 21 世纪议程行动方案。在该议程中，我国立足自己的具体国情，紧紧围绕可持续发展这一战略核心，从宏观到微观、从全局到部分，对其所涉及的总体布局、内容、对策和具体行动方案进行了非常系统详尽的阐述。该议程提出的基本目标是在确保满足经济、社会可持续发展的前提下，建立"与之相适应的可持续利用的资源和环境基础"，以便在国家的长远规划中能够做到把整个社会经济、科技教育、人口、资源、环境等视为一个紧密联系、不可分割的有机整体。可以说，"《中国 21 世纪议程》构筑一个综合性、长期性、渐进性的可持续协调发展

---

① 国家环境保护总局、中共中央文献研究室编《新时期环境保护重要文献选编》，中央文献出版社、中国环境科学出版社，2001，第 632 页。
② 《江泽民文选》（第 2 卷），人民出版社，2006，第 26 页。
③ 《江泽民文选》（第 2 卷），人民出版社，2006，第 26 页。

的战略框架和相应对策，是中国走向 21 世纪的新起点"。① 1995 年 9 月，党的十四届五中全会在北京召开，这次会议从战略地位的高度着重强调了社会全面发展的重要性，提出要实现经济和社会的相互协调与可持续发展。

1996 年，第八届全国人大四次会议批准了《中华人民共和国国民经济和社会发展"九五"计划和二〇一〇年远景目标纲要》（以下简称"《纲要》"）。《纲要》不仅明确提出了可持续发展战略，而且论述了实施可持续发展战略对我国实现社会主义现代化以及未来的长远发展具有的重要意义。同年，在第四次全国环境保护大会上，针对经济发展和资源环境两者的关系问题，江泽民重申，一定不能以牺牲环境、浪费资源来换取经济的快速增长。② 2001 年 7 月 1 日，江泽民在庆祝中国共产党成立八十周年的大会上，就实施可持续发展战略作了如下全面阐释："坚持实施可持续发展战略，正确处理经济发展同人口、资源、环境的关系，改善生态环境和美化生活环境，改善公共设施和社会福利设施。努力开创生产发展、生活富裕和生态良好的文明发展道路。"③ 在 2002 年的中央人口资源环境座谈会上，江泽民再次强调："实现可持续发展，核心的问题是实现经济社会和人口、资源、环境协调发展。"并在此基础上，进一步指出："为了实现我国经济社会持续发展，为了中华民族的子孙后代始终拥有生存和发展的良好条件，我们一定要高度重视并切实解决经济增长方式转变的问题，按照可持续发展的要求，正确处理经济发展同人口、资源、环境的关系，促进人和自然的协调与和谐，努力开创生产发展、生活富裕、生态良好的文明发展道路。"④

简言之，从党的十四大到十五大，党中央不断深化对可持续发展的认识，逐渐形成人与自然和谐发展、走生态文明发展道路的思想观念、价值理念，从而为科学发展观的提出奠定坚实的理论基础。尽管党的十六大报告没有明确提出科学发展观这一理念，但可持续发展思想得到进一步深化。该报告提出增强可持续发展的能力、走新型工业化道路，走生产生活富裕、

① 《中国 21 世纪议程——中国 21 世纪人口、环境与发展白皮书》，中国环境科学出版社，1994，第 6 页。
② 《江泽民文选》（第 1 卷），人民出版社，2006，第 533 页。
③ 《江泽民文选》（第 3 卷），人民出版社，2006，第 295 页。
④ 《江泽民文选》（第 3 卷），人民出版社，2006，第 462 页。

生态良好的文明发展道路，由此把可持续发展战略与"四个全面"思想有机融合，从而表征出中国特色社会主义生态文明建设的实践目标和价值旨归。

科学发展观的正式提出，是在2003年10月党的十六届三中全会上。这次会议通过了《中共中央关于完善社会主义市场经济体制若干问题的决定》（以下简称《决定》），《决定》对党的发展理论、建设经验作了系统梳理和总结，完整阐释了科学发展观，即"坚持以人为本，树立全面、协调、可持续的发展观，促进经济社会和人的全面发展"。随后，2004年3月党中央召开了人口资源环境工作座谈会，在会上胡锦涛就科学发展观的内涵、要求和意义作了深入诠释，明确表示可持续发展就是"要促进人与自然的和谐，实现经济发展和人口、资源、环境相协调，坚持走生产发展、生活富裕、生态良好的文明发展道路，保证一代接一代永续发展"。[①] 在人口环境资源的问题上，胡锦涛曾这样讲道，"建设自然就是造福人类"，[②] 要牢固树立保护环境、人与自然和谐的观念，实现人口、资源、环境同经济的协调发展是全面建成小康社会的内在必然要求。在江苏省考察时，胡锦涛再次强调："可持续发展战略事关中华民族长远发展，事关子孙后代福祉，具有全局性、根本性、长期性。"[③]

2005年，《国务院关于落实科学发展观加强环境保护的决定》颁布，针对自然环境问题，强调要立足于对经济、技术、法律的综合运用以及必要的行政手段来加以系统协调和解决。这一时期，国家修订和出台了一系列相关法律，如《草原法》《水污染防治法》《水土保持法》等。2005年2月，在省部级主要领导干部提高构建社会主义和谐社会能力专题研讨会上，胡锦涛明确指出要"加强生态环境建设和治理工作"，"要引导全社会树立节约资源意识，以优化资源利用、提高资源产出率、降低环境污染为重点，加快推进清洁生产，大力发展循环经济，加快建设节约型社会，促进自然资源系统和社会经济系统良性循环"。[④] 随后，在2007年党的十七大报告

---

① 《胡锦涛文选》（第2卷），人民出版社，2016，第167页。
② 《胡锦涛文选》（第2卷），人民出版社，2016，第171页。
③ 《胡锦涛文选》（第2卷），人民出版社，2016，第183页。
④ 胡锦涛：《构建社会主义和谐社会》，《胡锦涛文选》（第2卷），人民出版社，2016，第295~296页。

中，进一步重申了在今后的发展上要走生产发展、生活富裕、生态良好的文明发展道路，要建设"两型社会"，即资源节约型、环境友好型社会，让经济社会能够永续发展。就其实质而言，这不仅是贯彻实现科学发展观的基本举措，而且明确了生态文明建设的目标，同时也将生态文明建设纳入了中国特色社会主义事业的总体布局之中，这就为绿色发展理念的提出奠定了现实基础。自党的十七大以来，党把生态文明建设置于战略任务的高度，强调建设生态文明就是"要建设以资源环境承载力为基础、以自然规律为准则、以可持续发展为目标的资源节约型、环境友好型社会"。① 虽然党在十八届五中全会以前没有明确提出绿色发展理念，但就何谓绿色发展的问题，胡锦涛曾这样讲道："绿色发展，就是要发展环境友好型产业，降低能耗和物耗，保护和修复生态环境，发展循环经济和低碳技术，使经济社会发展与自然相协调。"② 并且"十三五"规划也明确指出，绿色发展就是"推进美丽中国建设""促进人与自然和谐共生""坚定走生产发展、生活富裕、生态良好的文明发展道路"。③

2012 年，党的十八大在北京召开，党的十八大报告首次就生态文明的问题单列独立篇幅，从优化国土空间开发格局、全面促进资源节约、加大自然生态系统和环境保护力度、加强生态文明制度建设四个方面作了系统阐述，进而确立了生态文明建设在我国建设现代化征程中的重要地位。报告明确提出了"五位一体"总体布局，着重强调"把生态文明建设放在突出的战略位置，融入经济建设、政治建设、文化建设、社会建设各方面和全过程"，④ 把努力建设"美丽中国"设为生态文明建设奋斗的目标，这不仅是新时期党对生态文明建设认识的不断深化，也是生态文明建设的最新理论成果。党的十八大将生态文明建设写入党章，使其成为指导中国共产党施政的纲领。到 2013 年 11 月，在中共十八届三中全会上，党从制度的角度强调要建设生态文明就应建构与之相适应的制度体系，"健全国家自然资

① 胡锦涛：《深入学习领会科学发展观》，《胡锦涛文选》（第 3 卷），人民出版社，2016，第 6 页。
② 《十七大以来重要文献选编》（中），中央文献出版社，2011，第 747 页。
③ 《中共中央关于制定国民经济和社会发展第十三个五年规划的建议》，人民出版社，2015，第 9、23 页。
④ 《十八大以来重要文献选编》（中），中央文献出版社，2016，第 486 页。

源资产管理体制"和"完善自然资源监管体制"是其内在要求。在生态文明的建设中,我们要用健全的制度体系来保护生态环境,不仅要做好生态环境的治理和修复工作,而且要实行最严格的源头保护制度、损害赔偿制度和责任追究制度来确保推进美丽中国的建设。

2014年秋,党的十八届四中全会召开,在这次大会上,党为了落实十八届三中全会提出的顶层设计,提出了"加快建设社会主义法治国家,全面推进依法治国",这就为生态治理现代化提供了所需的法治基石。随后,2015年4月,中共中央、国务院颁布了《关于加快推进生态文明建设的意见》,首次将绿色化置于现代化战略格局之中,使其成为中国特色社会主义现代化建设的重要标志,并提出"大力推进绿色发展、循环发展、低碳发展,弘扬生态文化,倡导绿色生活,加快建设美丽中国",由此为党的十八届五中全会提出绿色发展理念奠定了坚实的基础。绿色发展理念,不仅成为"十三五"乃至更长时期我国经济社会发展的"发展思路、发展方向、发展着力点",而且也是对我国发展经验的总结,是对我国现代化发展道路及其规律认知的新成果。

从2015年党的十八届五中全会通过的"十三五"规划建议,到2016年《中华人民共和国国民经济和社会发展第十三个五年规划纲要》的颁布实施,绿色逐渐成为我国经济社会健康发展不可或缺的基调和底色,是"永续发展的必要条件和人民对美好生活追求的重要体现"。在"十三五"规划纲要中,"绿色发展"成为引领现代化建设新格局的基本理念,其要求形成绿色的生产生活方式,发展循环经济、绿色经济、绿色清洁生产,推动绿色低碳循环发展体系的建立,走人与自然和谐共生的发展道路。关于推动"绿色发展"的具体指向,"十四五"规划纲要明确指出要"促进经济社会发展全面绿色转型,建设人与自然和谐共生的现代化"。

总之,"生态环境保护是功在当代、利在千秋的事业",绿色发展就是要解决好人与自然之间的关系,是对节约资源、保护环境基本国策的贯彻执行,是生态文明建设的内在要求,是美丽中国建设的基本诉求和必要保证。

二　绿色发展理念的内涵及特征

自人猿揖别之日起,如何发展、怎样发展就成为人类必须面对的亘古不变的主题。特别是在现代社会,日益严重的生态危机已然阻碍了人类的生存发展。那么，到底何为发展？什么才算是人类真正需要的发展？其实，纵观人类漫长的成长历程，我们清晰地看到，在不同历史时期人们对发展的理解各不相同，甚至相悖，由此就形成了各具时代特色的发展理念和发展方式。对于任何一个民族、国家和社会而言，秉持何种发展理念直接关涉其未来的长治久安和永续发展，因为历史已经给出了确切的答案，如过度开垦是楼兰古国消失于漫天黄沙中的原因之一，美索不达米亚因森林被毁而成为不毛之地等等。所以，胡锦涛说："经验表明，一个国家坚持什么样的发展观，对这个国家发展会产生重大影响，不同的发展观往往会导致不同的发展结果。"①

　　而要深入透彻地掌握一种理念，必然就离不开对其所处的具体历史境遇的了解。因为任何一种思想理论体系的演化，都是根源于人类自身的实践活动，而理念对于思想理论体系而言，是其基础、发端和理论核心。在中国特色社会主义进入新时代的伟大历史时期，针对自然资源短缺匮乏、生态环境污染退化的状况，中国基于保护环境、节约资源的基本国策，为了更好地实现经济社会的可持续发展提出了绿色发展理念。其根本目的在于，更好地消除快速增长的社会经济给自然资源、生态环境带来的巨大压力和破坏，力求缓解经济、资源、环境之间日趋紧张的矛盾，以便探寻适合它们协调发展的新理念和新方式，进而为实现社会主义现代化强国的目标和美丽中国的建设提供必要的物质基础。通过对绿色发展理念的系统梳理，我们更加确证了其不仅是顺应时代的需求而产生的，也是社会主义现代化建设的价值指引、行动指南。而要深入透彻全面掌握绿色发展理念，就应对其内涵、特征进行深度挖掘，以便为促进人与自然的和谐共存共生，走生态文明的发展道路以及建设美丽中国提供价值指引和行动规范。正如习近平所言："理念是行动的先导，一定的发展实践都是由一定的发展理念来引领的。发展理念是否对头，从根本上决定着发展成效乃至成败。"②

　　党的十八届五中全会指出："坚持绿色发展，必须坚持节约资源和保护环境的基本国策，坚持可持续发展，坚定走生产发展、生活富裕、生态良好的文明发展道路，加快建设资源节约型、环境友好型社会，形成人与自

①《胡锦涛文选》（第2卷），人民出版社，2016，第166页。
②《十八大以来重要文献选编》（中），中央文献出版社，2016，第824页。

然和谐发展现代化建设新格局，推进美丽中国建设，为全球生态安全作出新贡献。"① 顾名思义，绿色发展理念就是关于绿色发展的看法、思想和观念，如何协调人与自然的关系是其核心问题，而生存对发展而言是前提和基础。在人与自然的关系上，绿色发展摒弃了以往传统发展观对自然的漠视，从人与自然是生命共同体的理念出发，强调两者之间应该协调发展、和谐共生。其核心要义就是既不牺牲生态环境求发展，更不会放弃发展来维持生态环境，换句话而言，就是"既要发展，又要绿色"。其原因在于，自然生态环境一方面直接影响着人类生存质量，另一方面也是经济社会得以持续发展不可或缺的物质基础。历史已经证明，人与自然的关系将会直接影响人与社会、人与人关系的发展。所以要对绿色发展理念的内涵及特征进行深度解读，首先应立足于人与自然关系，尤其是要从马克思自然观入手加以探究和论证。在理论背景和渊源上，绿色发展理念不仅是对传统发展观的摒弃，更是对马克思自然观和发展观的继承和理论创新。

在传统发展观的视域下，所谓发展是指以社会物质财富增长作为衡量标准，单纯强调和重视个人利益、生产经济效益等，漠视自然资源、生态环境的重要性和有限性。在生产方式上，传统发展观往往倡导粗放型的生产模式，忽视对自然资源的节约，缺失对生态环境的保护，其结果是社会经济快速发展的同时却带来了严重的环境问题，如草原沙漠化、水土流失、水体污染、雾霾、沙尘等。在生活方式、消费方式上，传统发展观崇尚物质主义，强调通过大量生产来满足过度消费和奢侈消费，使自然资源、生态环境遭受不必要的浪费和破坏，甚至让自然受到不可逆转的损害。从人类的生存发展来看，传统发展观将会给子孙后代利益带来损害，它认同以牺牲长远利益为代价来换取当前的发展，忽视全局利益，只重视局部的利益，其本质上同人类可持续发展理念背道而驰。真正意义上的发展并非仅仅局限于财富增长和经济发展，而是要更多地关注社会的公正、正义，爱护好青山绿水，使人们过上美好幸福的生活。换句话而言，就是要树立健康的、可持续的生产方式、生活方式和消费方式，使人与自然能真正实现和解，从而走向和谐共荣。

在 20 世纪 70 年代，人类就开始对日益严重的生态危机进行批判反思，

---

① 《中国共产党第十八届中央委员会第五次全体会议公报》，人民出版社，2015，第 10~11 页。

探究其产生的深层根源，寻求解决问题的基本理论和实践路径。在伦理道德观念上，人们重新审视了传统道德观念中自然缺失的问题，拓展了人类道德关怀的范围，突破了传统伦理学研究的视域和边界，生态伦理学应运而生。在自然观上，人们逐渐从天人的对立观念转向人与自然的和谐发展、共荣共存的观念。在发展观上，人们开始摒弃以往只重视经济增长，忽视对资源环境保护的传统发展理念，逐渐转向人、自然、社会三者全面、协调发展的可持续发展理念。从发展的实质来看，其作为一种前进的、上升的运动，并不意味着必然会造成人与自然相分离、相对立。而就人与自然的关系来讲，两者具有内在的一致性，也就是说，人与自然的关系直接就是人与人关系的自然在场，即人与人的关系必须通过自然或生态环境才能得以表征。就此，马克思曾有这样的表述："在这种自然的类关系中，人对自然的关系直接就是人对人的关系，正像人对人的关系直接就是人对自然的关系，就是他自己的自然的规定。因此，这种关系通过感性的形式，作为一种显而易见的事实，表现出人的本质在何种程度上对人来说成为自然，或者自然在何种程度上成为人具有的人的本质。"①

事实上，人与自然是共荣共生的生命共同体。正如马克思所说："人靠自然界生活。这就是说，自然界是人为了不致死亡而必须与之处于持续不断的交互作用过程的、人的身体。所谓人的肉体生活和精神生活同自然界相联系，不外是说自然界同自身相联系，因为人是自然界的一部分。"② 人类的发展不是抽象的、思辨的，而是现实的、具体的，只有从当下的社会历史境遇出发，才能真正地理解人与自然的关系，也正是在这种现实的关系中，人与自然才能紧密相联、相互交织、协调发展。因为，"只有在社会中，自然界对人来说才是人与人联系的纽带，才是他为别人的存在和别人为他的存在"。③ 所以说，人、社会与自然三者共同构成了一个互相规定、密不可分的有机整体，自然界是一个有着属人特点的人化自然，人是不能脱离自然界而独自存在的自然存在物。诚如，"一个存在物如果在自身之外没有自己的自然界，就不是自然存在物，就不能参加自然界的生活"。④ 这

---

① 《马克思恩格斯文集》（第1卷），人民出版社，2009，第184页。
② 《马克思恩格斯文集》（第1卷），人民出版社，2009，第161页。
③ 《马克思恩格斯文集》（第1卷），人民出版社，2009，第187页。
④ 《马克思恩格斯文集》（第1卷），人民出版社，2009，第210页。

个现实的生活世界必是属人的世界，是在自然界之内从事实践活动的在场的人的世界。人和世界之间内秉着两个密切关联、交互作用的维度，即人与社会的关系维度、人与自然生态的关系维度。而人类作为有意识、能思维的自然存在物，就是从这两个维度出发以实践作为中介，即通过物质生产活动与自然之间进行物质和能量的交换，人正是通过这种双向交互作用使自身的生存发展得以维持。正是在不断改造自然的过程中，人类完成了自我实现、自我解放，进而实现了从必然王国到自由王国的飞跃。正如马克思所说，"通过实践创造对象世界，改造无机界，人证明自己是有意识的类存在物"，① 由此，人才能确立自己为人的一切特征。人类社会的一切活动都建基于自然环境之上，人类社会关系的变革同人与自然关系的演变密切关联、相互交织、同向同行。对此，马克思曾有过这样的阐释："事实上，自由王国只是在必要性和外在目的规定要做的劳动终止的地方才开始；因而按照事物的本性来说，它存在于真正物质生产领域的彼岸。这个领域内的自由只能是：社会化的人，联合起来的生产者，将合理地调节他们和自然之间的物质变换，把它置于他们的共同控制之下，而不让它作为一种盲目的力量来统治自己；靠消耗最小的力量，在最无愧于和最适合于他们的人类本性的条件下来进行这种物质变换。"②

总之，人与自然之间不仅有同一性，而且存在一定程度的对立性。自然界和人的同一性集中表现在，"人们对自然界的狭隘的关系决定着他们之间的狭隘的关系，而他们之间的狭隘的关系又决定着他们对自然界的狭隘的关系，这正是因为自然界几乎还没有被历史的进程所改变"。③ 人与自然的对立性集中体现为，自然给人类提供了必要的生活资料、生产资料，同时在满足人类生存发展需要的进程中，使自身从纯粹的自在之物转化成为我之物，即人化自然。正如马克思所言："没有自然界，没有感性的外部世界，工人什么也不能创造。"④ 正是基于对马克思自然观、发展观的继承和发展，2015年党和国家以可持续发展理念为理论根基，进一步提出了人与自然全面、协调、和谐发展的绿色发展理念。这一新发展理念的提出，意

① 《马克思恩格斯文集》（第1卷），人民出版社，2009，第162页。
② 《马克思恩格斯文集》（第7卷），人民出版社，2009，第928~929页。
③ 《马克思恩格斯文集》（第1卷），人民出版社，2009，第534页。
④ 《马克思恩格斯文集》（第1卷），人民出版社，2009，第158页。

味着人对自然所秉持的态度发生了质的改变，开始从近代以来形成的征服和对立的观念逐渐转向协调发展、和谐共生的观念。实质上，绿色发展理念的提出不仅标志着人类传统自然观的内在革新，更代表着对传统发展观的现实超越和理论创新。如果以马克思主义发展观及自然观为理论基础和逻辑前提，我们不难发现，绿色发展理念内秉了两个方面的统一、两个维度的共生：人与自然、人与人和谐发展的统一，绿色与发展、生态环境与经济社会的和谐共生。具体而言，绿色发展理念的科学内涵和基本特征都集中体现在其倡导的发展观念之中，其涵盖了社会经济、科学技术、文化道德、价值观念等方方面面内容。

首先，从人与自然关系的角度来看，绿色发展理念所诉求的发展是绿色生态的、系统优化的、人与自然协调共生的永续发展，是建设社会主义现代化新格局的必由之路。理念作为精神上的、观念上的存在并非某种现实的物质力量，虽然其本身不能直接实现什么，但当其内化为人的观念结构时就会影响人们观察问题、分析问题的立场和方法，能变革人们的思维方式和价值观念，进而成为人们行动的先导和指南。系统优化、科学全面的绿色发展理念，强调通过绿色和发展的协调共进，促使人口、资源和环境三者之间达到生态有机平衡，进而能够实现人与自然的真正和解。所谓绿色和发展的协调共进，其内蕴两层相互交织的含义：一层是指绿色是发展的底色，即发展不是简单的以人为本而是生态与人互为本位；另一层指发展是绿色得以实现的现实物质基础，其实质是把人与自然的和谐共生视为发展所应遵循的基本价值指涉。由此，我们不难发现，绿色发展理念深化和丰富了马克思主义自然观的理论内涵，其主要表现在以下几个方面。

就系统性、全面性而言，绿色发展理念立足于民族、国家、社会的整体利益和长远利益，不仅非常重视日益凸显的资源匮乏、生态退化、环境污染等一系列问题，比如水体污染、区域性雾霾、土地沙漠化、农业的面源污染等。从思路、着力点的层面看，这一新发展理念还为问题治理和解决提供法治和制度保障，以便促进人口、资源和环境三者协调、和谐、持续发展。实质上，在这一新发展理念里，"绿色"和"发展"是辩证统一的关系，两者既有各自的侧重点，也兼具内在的逻辑一致性。其中"绿色"作为发展的底色，一方面凸显着自然、生命的内在价值，另一方面明确了发展的价值方向、价值目标。相比较而言，尽管"发展"更加侧重于经济的增长，却是在尊重客观规律基础上的发展，是生态承载能力范围内的发展。如果以系统优化性、整体全面性的观点审视绿色发展理念，其所强调的发展是生态和经济的协调发展，是兼顾当代在场的人和未来到场的人的需求、利益的发展，是人、自然与社会三者的和谐发展，绿色性、系统性、可持续性是其本质特征。

就生态性、科学性而言，绿色发展理念强调科学技术在发展中的重要作用，特别主张要以生态学为理论支撑，因为"生态学中基本的守衡概念是承载能力的意思，也就是某个区域年复一年在不造成环境恶化的情况下——即不相应降低其承载力——能够支撑原始物种的数量"。[①] 而如何维持生态平衡，降低对环境承载力的破坏，正是理性的、合理的、科学的发展的基本诉求。绿色发展理念作为新的发展观，更加重视科学地、全面地把握人与自然的关系，主张发展要顺应自然、保护自然，要求在尊重自然规律基础上正确处理人口、资源、环境之间的矛盾。如何协调人口、资源和环境之间的关系恰恰是可持续发展的首要问题，其中人口问题是需要解决的核心问题，因为"一个有限的世界只能支撑有限的人口"。[②] 所以，不仅人口的数量、质量乃至增长的速度都会影响社会的赓续发展，而且自然资源和生态环境对社会的可持续发展也起着基础作用。为此，在发展观念上，绿色发展理念要求作为社会有机体构件的经济系统、生态系统、环境系统应保持系统优化、整体协调的科学发展。

如今，科学技术日新月异，尤其是科学技术的生态化、绿色化为正确处理人与自然关系提供了重要手段。在生态治理和生态效能转化过程中，在有效防止环境污染加剧、保持生态系统的自然平衡等方面，科技的生态化以及科技的绿色创新都起着至关重要的作用。有别于传统科学技术的绿色科技或生态技术，是建基于对自然的敬畏、尊重的观念之上，其核心理念是实现人与自然的协调共生，其根本主旨是促进社会、生态、经济健康、和谐、可持续发展。本质上，科技生态化或绿色科技的发展所遵循的基本理念是："人因自然而生，人与自然是一种共生关系，对自然的伤害最终会

① 〔美〕赫尔曼·E. 戴利、肯尼思·N. 汤森编《珍惜地球：经济学、生态学、伦理学》，马杰等译，商务印书馆，2001，第173页。

② 〔美〕赫尔曼·E. 戴利、肯尼思·N. 汤森编《珍惜地球：经济学、生态学、伦理学》，马杰等译，商务印书馆，2001，第148页。

伤及人类自身。"① 总之，绿色科技的出现，顺应了绿色发展理念对科学技术生态化的基本需求，绿色科技体现了绿色发展理念内蕴的生态化、科技化的基本特质。

其次，从发展方式上看，绿色发展理念要求形成低碳、循环、有机、绿色的经济发展体系。在传统的工业文明时代，备受推崇的传统发展模式，追求的是财富和经济的快速增长。其结果是，自然资源的有限性、生态系统的承载力往往被人们所忽视，造成了环境污染日趋严重和自然资源日渐匮乏的局面，人类与自然之间渐行渐远。与此相反，绿色发展理念强调人与自然相互依存，共存于一个生命共同体之中，其核心价值观念是以人与自然和谐共存为基本导向，这就要求形成绿色有机的、低碳循环的、生态可持续的经济发展体系。事实上，这种新的经济发展体系遵循和坚持了生态文明建设的基本思路和重要原则，诉求形成低碳循环、有机绿色的经济发展模式。尤其是在新发展阶段的重要历史时期，推动生态文明建设就要"坚持绿色发展、循环发展、低碳发展的基本路径。把推动绿色、循环、低碳发展作为转方式、调结构、上水平的重要抓手，加快形成节约资源和保护环境的空间格局、产业结构、生产方式、生活方式，全面增强可持续发展能力"。②

循环经济、低碳经济、生态经济和绿色经济的形成及发展，是低碳循环、有机绿色的经济发展体系得以建构的关键。在发展目标、实施手段等方面，针对资源短缺、浪费等问题，低碳经济和循环经济通过对传统增长模式的变革，来提高资源能源的利用率，减少对环境造成的污染，使人、社会、自然三者能够协调持续发展。自工业文明以降，传统的生产生活方式、消费模式秉承了"大量生产、大量消费、大量废弃"的基本观念，造成了资源的不必要浪费和日益严重的环境污染。而循环经济、低碳经济依据"减量化、再利用、资源化、减量化优先"的原则，力图从根本上转变传统的增长方式，改变奢侈浪费的消费观念，以便"实现资源永续利用，源头预防环境污染，有效改善生态环境，促进经济发展与资源、环境相协

---

① 《十八大以来重要文献选编》（下），中央文献出版社，2018，第 164 页。
② 《十八大以来重要文献选编》（上），中央文献出版社，2014，第 632 页。

调"。① 在协调处理人与自然的关系问题上，生态经济和绿色经济尽管在内容、角度和实施路径上各具特色、各有侧重点，但是在手段、方法、目标和核心理论上有着极强的相似性。生态经济是以生态学理论作为科学支撑，强调人类经济社会的发展应兼顾自然生态的承载能力，不应为了发展而罔顾自然，破坏生态环境的平衡。目前，学理界对绿色经济的理解并未达成一致，但普遍认同可持续发展观念、绿色发展理念是其核心理论观念。2008年联合国环境规划署曾明确提出，绿色经济通过降低生态环境的风险，进一步促使社会公平和人类福祉有效提升。在绿色发展理念的引领之下，低碳、循环、绿色、有机的经济发展体系的形成和逐步完善，表征出这一新理念所内蕴的基本特质，即节约高效、清洁低碳、生态安全、科技绿色。

最后，在社会生活方面，绿色发展理念通过引导形成健康的、绿色的生产生活方式，力图实现人民对幸福生活的追求和美好的愿景。正如，《中共中央关于制定国民经济和社会发展第十三个五年规划的建议》所指出，"绿色是永续发展的必要条件和人民对美好生活追求的重要体现"。② 所以说，绿色发展道路、绿色发展模式作为绿色发展理念的具体实现样态，其贯彻执行的是"以人民为中心"的可持续发展。诚如张高丽在《大力推进生态文明，努力建设美丽中国》一文中所指出的："坚持以人为本，首先要保障好人民群众的身心健康。人民群众过去'求温饱'，现在'盼环保'，希望生活的环境优美宜居，能喝上干净的水、呼吸上清新的空气、吃上安全放心的食品。"③ 本质上，这种新的发展观念深刻映射出"以人为本"和"以生态为本"思想的有机结合。任何发展都是人类具体实践活动的现实展开，其所要达到的最终目的就是实现人类解放和人的自由而全面发展。而人类要实现自我解放和全面发展，则需要以自然资源和生态环境的平衡发展为物质前提和基本保障。

在生态文明建设中，"以人为本"并不是简单地把满足人的合理需要，视为发展的价值判断的原则以及价值选择的标准，而是基于敬畏自然、尊重自然、顺应自然的"以人为本"，即在"以生态为本"基础上的"以人为

① 《十八大以来重要文献选编》（上），中央文献出版社，2014，第 634~635 页。
② 《十八大以来重要文献选编》（中），中央文献出版社，2016，第 792 页。
③ 《十八大以来重要文献选编》（上），中央文献出版社，2014，第 626 页。

本"。换句话讲，就是把人与自然视为一个共荣共存的生命共同体。因为人与自然的本质是直接统一的，"自然界，就它自身不是人的身体而言，是人的无机的身体。人靠自然界生活。这就是说，自然界是人为了不致死亡而必须与之处于持续不断的交互作用过程的、人的身体"。① 在这个生命共同体中，人并非自然的主人和征服者，而是创生万物的大自然中的普通一员。人不能离开自然而存在，自然是人类生存发展的无机身体。在人与自然的生命共同体中，不仅每个生命自身都独具存在意义，都值得被尊重，而且共同体本身作为一个有机整体也是一种意义性的存在，更是值得尊重的对象。正如，美国环保主义理论的先驱利奥波德在《沙乡年鉴》中所指出的，"只有当人们在一个土壤、水、植物和动物都同为一员的共同体中，承担起一个公民角色的时候，保护主义才会成为可能；在这个共同体中，每个成员都相互依赖，每个成员都有资格占据阳光下的一个位置"。② 所谓的"以生态为本"，正是秉承了自然生态系统是由人和自然界共同构成的基本观念，强调不能以牺牲环境为代价来实现人类的利益。人类可以为了满足自身的生存发展需要而改造自然，但必须以顺应自然、尊重自然规律为基础和前提。

为此，绿色发展理念紧紧围绕"以人为本"和"以生态为本"有机结合、互为本位的原则，明确了发展是在人与自然生命共同体之内健康的、绿色的、协调的发展，而不是人凌驾于自然之上征服自然、掠夺自然的发展。无论何种发展都直接关涉人类的某种需要满足，而需要具有价值合理性则对发展而言至关重要。人与自然要真正实现从对立走向和解，就要求我们树立正确的生态价值观念，倡导建立绿色的生产生活方式，从而为人类获得幸福美好的生活奠定坚实的物质基础。那么，何谓"以人为本"和"以生态为本"有机结合、互为本位的原则呢？"以生态为本"是指以生态学为其理论范式，并通过生态学范式内秉的整体论意蕴，视人类为自然生态系统的普通一员，强调对生命个体以及生态共同体持有尊重的态度。德国哲学家施韦泽曾说，应该敬畏生命，因为无论是人类的生命还是动物、植物的生命本无高低贵贱之分。所以，人类不应该为了满足自己的私利，

---

① 《马克思恩格斯文集》（第1卷），人民出版社，2009，第161页。
② 〔美〕奥尔多·利奥波德：《沙乡年鉴》，侯文蕙译，吉林人民出版社，1997，第216页。

而去伤害其他物种，违反自然规律，肆意掠夺和毁坏自然。因为，"生态规则是明确和无情的：大自然必须受到保护，否则我们人类将灭亡"。① 生态学的相关理论知识，如物种的多样性、复杂性、共生性等，让我们透彻意识到生态系统的承载能力不是无限的而是有限的，所以人类有义务和责任在生态系统所能承受的范围内维持生态系统自身所固有的平衡稳定。为此，在协调处理人与自然的关系时，"以人为本"和"以生态为本"有机结合、互为本位的原则立足于生态系统的内在法则和规律，强调维持生态系统的自然平衡是人类可持续发展的根源性基石。因为，"只有尊重自然规律，才能有效防止在开发利用自然上走弯路"。② 良好的生态环境能为人类的生存发展提供物质基础，青山、绿色、蓝天能洗涤我们的心灵。"良好生态环境是最公平的公共产品，是最普惠的民生福祉"，③ 创生万物的大自然就是人类精神得以恢复的归隐之地。至此，我们不难发现，人本化和生态化互为本位、有机统一的原则既表征了绿色发展理念的本质特点，也凸显了这一新发展理念所诉求的基本价值目标，也就是视人与自然和谐发展基础上的人的自由全面发展为人类社会发展的终极价值追求。

三　绿色发展理念的生态价值诉求

党的十八届五中全会在以"人民为中心"的逻辑前提下，提出了五大发展理念，即创新、协调、绿色、开放和共享；十九届五中全会则进一步强调了五大发展理念的内在整体性。其中，以"人民为中心"不仅是这五大发展理念的逻辑前提，更重要的是为其指明了价值方向。而就绿色发展理念的主旨而言，绿色协调、和谐共生、美丽永续不仅是生态价值观的根本内容和核心要义，也是广大人民群众所需求的美好生活的具体价值目标。所以说，"环境就是民生，青山就是美丽，蓝天也是幸福，绿水青山就是金山银山；保护环境就是保护生产力，改善环境就是发展生产力"。④

纵观人类历史，我们就能理解，人类的发展观念要发生根本转变，首

---

① 〔美〕德尼·古莱：《发展伦理学》，高铦、温平、李继红译，社会科学文献出版社，2003，第142页。
② 《十八大以来重要文献选编》（下），中央文献出版社，2018，第164页。
③ 《习近平总书记系列重要讲话读本》，学习出版社、人民出版社，2014，第123页。
④ 《十八大以来重要文献选编》（下），中央文献出版社，2018，第164~165页。

先需要变革人类的价值观念。诚如美国学者德尼·古莱在《发展伦理学》一书中所指出的，"发展提出了深刻的价值观问题，这毫不亚于不发达。"[①] 因为，人类的价值观念是发展观念的前提和基石，发展观念表现和折射着价值观念。尽管人作为具有自我意识的类存在物，具有改造自然为我所用的本质力量，但人类一时一刻也不能脱离自然而孤立存在，自然就是人化的自然，人也是自然的人、社会化的人。所以，人类以及人类社会的发展史不过就是人与自然相互交往、共同生成、交互作用的历史。正如马克思所言："整个所谓世界历史不外是人通过人的劳动而诞生的过程，是自然界对人来说的生成过程……"[②] 人类以何种价值观念审视自然，自然就会以相应的方式回应人类。所以，"只有从价值观上摆正了大自然的位置，在人与自然之间建立了一种新型的伦理情谊关系，人类才会从内心深处尊重和热爱大自然；只有在这种尊重和热爱的基础上，威胁着人类乃至地球自身的生存的环境危机和生态失调问题才能从根本上得到解决"。[③] 因此，无论在内容上还是在逻辑上，人类的自然观和价值观都具有内在一致性。

在传统价值观视域里，人是唯一具有内在目的、内在价值的存在物，自然价值是依附于人类而生成的。如果说自然有价值，那么也只是为了满足人类的利益和需求的工具价值，即自然对人类的有用性。可以说，在人与自然的关系问题上，这种传统的价值观念强调以人为中心，以自然为征服对象。在这种观念的主导下，充满生命力的大自然被认为是死寂的，是人类取之不尽用之不竭的资源库。自然本身被认为毫无价值可言，是否符合人类的利益和需求才是其是否拥有价值的唯一判据。至此，自然丧失了其本真意义，因为"在一个价值仅仅显现为人的需要的世界中，人们将很难发现这个世界本身的意义；当我们完全以一种彻头彻尾的工具主义态度看待人工产品或自然资源时，我们也很难把意义赋予这个世界"。[④] 与此相反，绿色发展理念摒弃了传统价值观对自然的理解，认为人与自然是一个相

---

① 〔美〕德尼·古莱：《发展伦理学》，高铦、温平、李继红译，社会科学文献出版社，2003，第 59 页。

② 《马克思恩格斯文集》（第 1 卷），人民出版社，2009，第 196 页。

③ 〔美〕霍尔姆斯·罗尔斯顿：《环境伦理学：大自然的价值以及人对大自然的义务》，杨通进译，中国社会科学出版社，2000，第 1 页。

④ 〔美〕霍尔姆斯·罗尔斯顿：《环境伦理学：大自然的价值以及人对大自然的义务》，杨通进译，中国社会科学出版社，2000，第 3 页。

互交织、密不可分的生命共同体，人不是自然的主人，自然也不是人类的奴仆，二者都是共同体中彼此相互尊重的普通一员。正如利奥波德在论及大地伦理学时所阐发的，"土地伦理是要把人类在共同体中以征服者的面目出现的角色，变成这个共同体中的平等的一员和公民。它暗含着对每个成员的尊敬，也包括对这个共同体本身的尊敬"。①

那么，在价值观念上，绿色发展理念缘何能放弃以人类为中心的传统价值理念，而以人与生态互为本位的价值理念取而代之呢？原因就在于，绿色发展理念作为对马克思主义自然观、发展观的继承和发展，一方面扬弃了以往传统自然观、发展观对自然的理解；另一方面重新诠释了自然的价值，凸显了发展的终极目的是在人与自然和谐基础上对人的自由而全面发展的追求。从根本上讲，这就为变革传统的以人为中心的价值理念提供了可能，进而使人与自然和谐共存的生态价值观得以确证。而要深刻透彻掌握生态价值观，首先就需要厘清何谓生态价值。在本质上，生态价值观的核心问题就是自然价值具有何种属性，因为自然价值具有何种属性，涉及生态价值观的核心内容。

在日常生活中，价值一词其实对我们而言并不陌生，因为它是伴随着人类文明的脚步诞生的。但是对于价值概念的界定，各门具体学科各有其不同的理解。经济学视域里的价值，强调存在物对人的有用性，离开人类的利益和需求，存在物就毫无价值可言。价值的生成过程，就是在原本并无价值的事物上增添人类劳动的过程。所以，在传统的西方经济学理论中，大自然被视为"无价值"之物，其不仅是人类生存发展所必需的取之不竭的资源库，更是人类各种垃圾和废弃物的安置之地。如果从哲学角度加以审视，一般意义上的价值范畴主要指存在物的客观属性、功能满足主体需要的效应，且它是确证于主客体的联系之中，从而揭示了主客体间的一种特定关系，所以不难得出这样的结论，即价值概念属于关系范畴。总体上，学理界是从满足主体需要、意义、属性、效应、关系、劳动等多个层次、多个角度来界定价值范畴。比如，李德顺在《价值论——一种主体性的研究》一书中从哲学角度提出，价值"主要表达人类生活中一种普遍的关系，

---

① 〔美〕奥尔多·利奥波德：《沙乡年鉴》，侯文蕙译，吉林人民出版社，1997，第 194 页。

就是客体的存在、属性和变化对于主体人的意义"。① 而生态价值是一个新的概念,在其被提出之前,"生态"和"价值"本来并无直接关联,它们是分属于两个完全不同领域的概念,即自然科学和社会科学。生态价值这一概念的提出,实质是学理界从价值观、价值哲学角度为解决生态危机进行的一次非常有意义的理论探索。

简言之,生态价值作为一个复合概念,其被提出绝非偶然,可以说它是在一定历史时期对社会现实的价值追问和伦理告白。无论何种价值观念,除了具有一定的理论性,还具有一定的情境性和普遍性。所以,我们不能把生态价值概念简单理解为"生态"和"价值"的机械式叠加和组合,而应从人与自然关系的角度出发来加以诠释和界定。正是面对日渐匮乏的自然资源和日益凸显的生态危机,人类开始不断反思自己的活动对自然造成的破坏和影响,重新审视人与自然的关系,追问自己到底应以何种姿态面对自然,追问自然的价值是其本身内在固有的还是外在的、工具性的。针对生态价值的界定,西方环境伦理学分别从价值论和伦理观两个向度进行了各具特色的理论探索,其中最具代表性的要数美国著名的环境伦理学家罗尔斯顿的自然价值论。在罗尔斯顿看来,自然的价值是源于其固有的创造性,因为"自然系统的创造性是价值之母,大自然的所有创造物,只有在它们是自然创造性的实现的意义上,才是有价值的"。② 可以说,罗尔斯顿的自然价值论伦理学通过确论一种新的价值导向,力图建构一种既能体现人的目的性又能体现物的规律性的新的价值评价体系,以期消融价值问题的客观性和主观性的对立,从而使人类能够因自然内在的创造性、独立性而非其对自己的有用性去尊重自然、顺应自然和关爱自然。

总体上,关于生态价值的理解,国内学术界主要形成了以下几种具有代表性的观点:一是立足于经济学,把生态价值界定为自然界对人需要的满足;二是从生态学角度出发,认为生态价值就是自然界维持包括人在内的自然生态系统平衡的价值;三是以生态哲学为理论根据,强调生态价值是紧紧围绕自然环境这一核心而生成的价值关系,也就是生命有机体、生

---

① 李德顺:《价值论——一种主体性的研究》,中国人民大学出版社,2017,第6页。
② 〔美〕霍尔姆斯·罗尔斯顿:《环境伦理学:大自然的价值以及人对大自然的义务》,杨通进译,中国社会科学出版社,2000,第199页。

态系统整体与其环境之间的相互依存、互相满足需要的关系；四是在价值哲学视域里，把生态价值视为一切生命的价值源泉和"人文价值的母体"；五是依托价值观的相关理论，提出自然价值观即是生态价值观，生态价值也兼具自然价值内蕴的科学、伦理学和哲学的含义。在科学含义上，自然价值作为反映主客体关系的范畴，表征着包括人在内的所有自然存在物作为主体与其他自然物的需要或利益关系。在伦理学含义上，自然价值侧重于主客体关系中的主体性，强调所有生命体以及整个自然系统存在的意义，"它的创造性、生命和自然界创造了地球适宜生命生存的条件，创造了地球基本生态过程、生态系统和生物物种，表示了生命和自然事物按客观生态规律在地球上的生存是有意义的，是合理的"。①在哲学含义上，自然价值是真、善、美三者的有机结合。"真"代表了自然存在物是客观存在的，具有客观属性；"善"代表着自然存在物的存在对自身的意义以及对他物的意义；"美"是"真"和"善"的统一。

当前，中国特色社会主义已经进入新的历史时期，绿色发展理念作为新时代社会经济行为的理论先导，凸显了以人与自然和谐共生、协调发展的生态价值理念。这种人与自然和谐共生、协调发展的生态价值理念，不仅涵盖了国内学界对生态价值已有的理解，而且体现了新发展理念独特的理论特质。其具体表现为：拓展了价值主体范围的边界，消解了传统发展模式的狭隘性，彰显了人民至上的价值旨归。

首先，在人与自然的关系上，绿色发展理念所诉求的生态价值观，通过强调人与自然相互交往、协同生成、互为主体，拓展了价值评价和判断的主体域，使包括人类在内的一切生命体以及生态系统整体都成为价值的主体，其在本质上突破了传统价值论对主体范围的限定。对此，如果从怀特海的有机哲学视角出发，我们就不难理解，缘何一切系统以及有机体都是拥有主体性的。所谓系统的主体性，特指"事物系统是其自身运动变化和与其他事物相互作用的主体。系统主体有自己的目标，有自己的主体方式和价值标准，这决定了他在与其他事物的相互作用中，在物质、信息、能量的交换中有自己的选择性。机体系统的价值是表述系统主体目标和达

---

① 钱俊生、余谋昌主编《生态哲学》，中共中央党校出版社，2004，第236页。

到目标的主体方式或主体选择性的范畴"。① 现代生态哲学和系统论的相关理论指出，无论是作为个体存在的有机体还是作为整体的生命系统都是具有主体性的，都具有维持其自身繁衍和存在的"自我目的"和"自我利益"。如果以能否满足自身的利益和需求作为评判主体的标准，那么生态学、系统哲学的相关理论已经证实，自然界的生命有机体都是自我的价值主体，它们本身既是价值系统也是评价系统。正如霍尔姆斯·罗尔斯顿所言："有机体所寻求的那种完全表现其遗传结构的物理状态，就是一种价值状态。"② 在罗尔斯顿的哲学视域里，这种价值状态就是物种维持自身存在的"善"。这种"善"一方面相对于其他物种而言就是这个物种与之相适应的生态位；另一方面也是促使物种自身得以实现的动因，也是物种的唯一性和同一性获得保护的根源。在大自然中，生态系统整体的价值是由全部生命体的内在价值即工具价值交织而成。所以说，生态价值就存于自然生态系统和生命本身之中，不是为了满足人类需求和利益而存在的。

其次，在发展观念上，绿色发展理念所诉求的生态价值，特指在自然平衡和自然固有的承载能力范围内，人与自然在双向互动、协同进化、共生共荣的发展过程中生成的价值，所以它并非仅仅以人类作为价值的唯一判断者。这种生态价值内含两个方面相互交织的内容：一方面是满足人类可持续发展需要的价值；另一方面是满足自然系统和其他物种平衡进化需要的价值。因为大自然的生态平衡作为一种动态的平衡，是自然界长期进化的结果，是不以人的意志为转移的，所以它代表着所有物种的生命活动所要趋向的境况。在创生万物的大自然中，生态平衡规律描述的是生命系统处于何种境况的条件，即是稳定的状态还是非稳定的状态。目前，生态科学已经证明，任何一个物种（包括人类）都不能离开自然环境而独立存在，我们是在与自然打交道的过程中逐渐成长起来的。一方面，我们以自然为师，学习如何与其协调共处；另一方面，在不破坏生态系统稳定和平衡的情况下，我们遵循自然规律，合理支配、妥善利用自然资源使自身得以永续发展。当人类的行为和活动真正遵循自然的内在规律时，那也就意

---

① 张华夏：《广义价值论》，《中国社会科学》1998 年第 4 期。
② 〔美〕霍尔姆斯·罗尔斯顿：《环境伦理学：大自然的价值以及人对大自然的义务》，杨通进译，中国社会科学出版社，2000，第 135 页。

味着我们已经知道大自然不是一个无限性的存在，它有着自身的承受极限，一旦超出这个限度，它将会制约人类的生存发展，甚至报复和反噬人类。

所以，对于生态伦理学而言，生态规律不仅是对自然生态系统的实然性描述，更为重要的在于它为人类提供了建构伦理原则的基准。一些环境伦理学家就此得出了较为激进的结论："自然平衡可不仅是我们一切价值的源泉，它是我们可以建立的所有价值的惟一基础。而其他价值必须符合自然的动态平衡。"① 依据此观点，我们不难发现，环境伦理学理论内部的生态整体主义流派在自然是否拥有价值的问题上，普遍认同和遵循的基本原则是将自然视为一切价值（包括人类的价值）的来源之地。或者从更宽泛的意义上说，正是由于人类处于同自然环境的普遍联系中，价值才得以形成，这种普遍联系是人类一切价值的基础和根据。在价值确证过程中人类作为主体不能缺场，而生态环境为人类在场提供了逻辑前提。价值是在人与自然环境的动态交互过程中才得以建构的，而且人的评价行为作为一种生态评价行为也是存在于自然场景之中。"评价行为不仅属于自然，而且存在于自然之中。"② 我们不否认自然承载着一系列价值，如生命支撑价值、经济价值、消遣价值、科学价值、审美价值、文化象征价值等，但也不忽视人类作为价值主体在改造自然过程中表现出来的主体性、创造性和能动性。在发展的方式、行为和目的上，绿色发展理念与可持续发展观既有相似点，也有自己的独特之处，这突出表现在其从多重主体的角度对自然的价值进行界定。换言之，人与自然都是具有主体性的，自然界的物种通过维持自身的存在以及同周围环境的交互作用，使自身获得内在价值和工具价值；人也并非为了自己生存发展的需要单纯地把自然视为只具有工具价值的资源库，而是因自己是自然生命共同体的一员去保护自然。

最后，在伦理价值观念上，绿色发展理念所诉求的生态价值，是建立在人与生态互为本位原则基础之上的，以实现人与自然和谐发展以及人的自由全面发展为宗旨。在价值观念上，以生态为本的原则扬弃了以往把价值定位成对人类主体的意义的传统观念，否认人类是唯一的价值主体，提

---

① 〔美〕霍尔姆斯·罗尔斯顿：《哲学走向荒野》，刘耳、叶平译，吉林人民出版社，2000，第 13 页。
② 〔美〕霍尔姆斯·罗尔斯顿：《环境伦理学：大自然的价值以及人对大自然的义务》，杨通进译，中国社会科学出版社，2000，第 277 页。

出自然界中的非人类的其他存在物也具有价值主体的特性，认为自然的利益同人类的利益并不相悖，自然价值并不是人类主体赋予的，而是创生万物的大自然在进化过程中孕育生成的，是自然本身所固有的。诚如罗尔斯顿所言："价值的涵义远非单纯地是人类利益的满足，价值有多方面，具有其源于自然之根的结构。"① 在发展观上，以生态为本的原则消解了人的利益至上和以物质财富的无限扩张为目的的传统发展理念，强调真正的发展应是社会经济与生态环境之间共荣共生的协调发展；强调自然也具有生存发展的权利，并且这种权利不是人赋予的，而是源于生态平衡和自然规律的内在要求。不言而喻，生态科学已经证明，一切物种乃至整个生态系统作为生命共同体能够保有持续存在、进化发展的权利，恰恰是源于其自身固有的规律，即是由生态规律所决定的。人类维持自身生存发展的实践活动不仅是自身主体能动性的显现过程，更是一个维护和尊重其他生命有机体、物种乃至整个生态系统生存权益的过程，其实质是通过以生态为本原则来实现对其他非人类的自然存在物的义务和道德责任。所以，我们在审视人与自然之间关系问题时，不能把其简单化为以谁为中心、以谁为本位的问题。因为，人作为自然进化出来的复杂生命有机体，要维持自身固有的复杂性和完整性就不能脱离自然系统的支撑，离不开与自然之间物质和能量的交换。因为"在整个生态系统的背景中，人的完整是源自人与自然的交流，并由自然支撑的，因而这种完整要求自然相应地保持一种完整"。②

故此，在协调人与自然的关系问题上，绿色发展理念既不是单纯要以生态为本，也不是单纯要以人为本，而是强调两者的有机结合、有机统一。那么，如何才能实现以生态为本和以人为本的有机融合？其关键就在于，从何种角度来理解以人为本。从社会历史的角度看，以人为本就是肯定人在社会历史发展中居于主导地位，具有主体的作用。在价值观的意义上，以人为本尽管确论了人自身存在的意义及价值，人的价值是一种本位性价值，但是并不把人的价值置于其他非人存在物的价值之上。在发展观上，以人为本超越了传统发展观的局限性，强调人、自然和社会三者和谐发展，要求发

① 〔美〕霍尔姆斯·罗尔斯顿：《哲学走向荒野》，刘耳、叶平译，吉林人民出版社，2000，第208页。
② 〔美〕霍尔姆斯·罗尔斯顿：《哲学走向荒野》，刘耳、叶平译，吉林人民出版社，2000，第32页。

展应兼顾局部利益、整体利益和长远利益，既要注重经济效益、社会效益，也不能忽视生态效益。由此，绿色发展理念所诉求的生态价值就是建基于以人为本和以生态为本有机结合，通过实现人、自然和社会三者的和谐发展，以便进一步追求人类发展的终极价值即人的自由全面发展。

生态价值是生态价值观的核心范畴，对其的理解和界定直接关涉到能否透彻把握生态价值观的演化和发展。为此，基于绿色发展理念的视角，通过对生态价值的系统梳理，进一步解答在 21 世纪的今天生态价值观缘何备受学理界的关注等问题，从而推动发展理念、发展模式、发展目标、发展行为等变革。基于此，我们有必要从现实背景出发，探寻生态价值观的历史演化和发展进程。

第二节　生态价值观复兴的现实背景

众所周知，人与自然的关系作为生态价值观的核心，大致经过了三个主要的历史发展阶段：一是自远古到近代以前，人类所理解的自然形象经历了一个由充满神性到以逻各斯（事物保有自我运动的秩序）为主导，再到以人类理性为主导的变化过程；二是近代以降，特别是近代自然科学确证后，人类以机器的隐喻形容自然使其丧失了内在目的和固有价值，彻底颠覆了以往人类对自然的理解；三是伴随着生态危机的出现，人类开始不断追问和反思问题产生的根源，人与自然的关系应何去何从成为学理界关注的基本问题。与此同时，从 20 世纪末开始，学理界就从不同的维度对生态价值观及其相关问题展开了深入探究，如概念问题与生态危机和生态文明的内在关联性问题等等。所以，为了更好地在绿色发展理念的视角下研究生态价值观的养成问题，就非常有必要对生态价值观演变的社会现实背景进行系统梳理，以便为进一步树立和培养人们的生态价值观念奠定坚实的基础。

一　生态危机与人类发展模式的绿色变革

"正是诗，首次将人带回大地，使人属于这大地并因此使他安居。"[1] 伟

---

[1] 〔德〕海德格尔：《人，诗意地安居》，郜元宝译，张汝伦校，广西师范大学出版社，2002，第 73~74 页。

大的哲学家海德格尔用如此美丽的诗句勾勒出一幅人栖息于自然的愿景。人生于自然，长于自然，人类从诞生那一刻起，就是在同自然的不断交往中成长发展。在人类的童年时期，我们对自然充满敬畏之情，认为大地是生养自己的母亲。但这一切随着工业文明的来临发生了根本性转变，虽然人类的工业文明造就了今天社会的繁荣发展，但同时也导致了今天人类不得不承受的生存环境的不断恶化，人类为自己无节制的掠夺行为付出了惨重的代价。生态危机引发的各种社会和经济问题直接影响了人们的现实生活，逐渐引起人们的关注，一些先知先觉者开始对此进行批判和反思。众所周知，人类对大自然无情的"统治"活动导致的严重生态危机已经阻碍了人类的进一步生存和发展，说到底，生态危机的出现本质上就是人与自然的关系发生了疏离和异化。因而，有学者说："生态危机是一种意义的危机，最终必将使自然和人类的意义处于一种危险的境地。"①

目前，生态危机已经不是局部区域或某个国家的局部性问题，而是一个具有全球性质的问题，它主要表现为环境的污染和生态的破坏，大致可以归纳为大气污染、水体污染、森林滥伐和植被减少、土壤侵蚀、荒漠化和沙漠化、物种灭绝、资源匮乏、臭氧层破坏、酸雨污染、地球增温等十大类问题。大气污染，如雾霾、酸雨、二氧化硫超标不仅严重威胁着人类的健康和生态系统的稳定，而且给社会生产生活乃至全球经济带来了巨大损失。河流、湖泊、地下水和近海水质的恶化，加剧了水源紧缺，严重影响到人类的社会生活和经济发展。在大自然里，森林和植被是维持生态系统平衡的重要因子，如果森林和植被持续减少，将会影响农田、草地和水体等环境系统，并进一步加剧生物的灭绝。据统计，现在每6小时就会有一个物种趋于灭绝，生物多样性的减少会直接影响生态系统的平衡。随着土壤侵蚀、荒漠化和沙漠化，人类可耕种土地不断退化和减少，世界粮食安全已然受到严重威胁。粮食短缺、能源枯竭和其他资源的匮乏，成为全球性的环境问题、经济问题和政治问题，同时也是人类可持续发展的重要限制因素。在人类发展过程中，生产生活废弃物的不当处置造成垃圾泛滥，二氧化硫的排放量有增无减造成了灾难性气候频发，地球温度持续增高，

① 〔美〕伊恩·汤姆森：《现象学与环境哲学交汇下的本体论与伦理学》，曹苗译，《鄱阳湖学刊》2012 年第 5 期。

冰面融化带来海平面上升，臭氧层遭受破坏，瘟疫流行，全球环境安全备受威胁，人类的生存发展逐渐陷入严重的困境和险境。尤其是当人类工业文明攀升到一个峰值的时候，全球范围内出现了一系列危及人类生存发展的问题，如能源逐渐枯竭，资源日渐匮乏，生态严重失衡，极端天气频发，南北两极气温不断升高，等等。

在生态危机的现实背景下，人类应持有何种发展理念、怎样进行社会经济生产活动等一系列问题日渐成为全球普遍关注的焦点。鉴往而知来，如果只是从生态环境的维度来看，人类社会文化所取得的成就仅仅只能算作是局部性的胜利。因为，随着社会工业化程度的不断提高和加深，生态环境问题将呈现严重化、普遍化、常态化的发展态势。针对这一境况，先知先觉者不仅在理论上寻求对危机的解构方法，而且在现实实践活动中着力推动生态环保运动蓬勃发展。

那么，是什么造成了今天的生态危机？关于其产生的根源，学界形成了多种观点，其中具有代表性的是人口危机论、技术危机论、资本主义的制度危机论。所谓的人口危机论，是从人口因素的社会作用出发，指出人口增长速度过快加速了自然环境的恶化，使生态承载能力达到极限，所以生态危机是人口危机的必然结果。在《增长的极限》一书中，罗马俱乐部指出，从 17 世纪中叶到 20 世纪 70 年代，世界人口总数从 5 亿增长到 36 亿，增长率从每年 0.3% 提升到每年 2.1%，人口的过快增长加速了对环境的破坏，使生态环境不堪重负。加勒特·哈丁在《公地的悲剧》一文中指出，自然环境并非是可以无限加以利用的，而"一个有限的世界只能支撑有限的人口"，人口呈指数增长是生态环境污染的原因之一。一方面，人口呈指数增长造成了对生产生活资料的需求扩大；另一方面，人口快速增长使人口大量涌入大城市，加剧了整个社会的城市化的发展。这给环境带来了极大压力，使整个环境系统变得更加脆弱不堪。为了解决衣食住行问题，人类借助科技进步的强大力量发明制造了众多的人工合成物品，其中有一些不能依靠生态系统自身的调节而消融的物质积聚到一定程度就会给环境带来不可逆的危害。所以，有学者把生态危机归咎于人口快速增长破坏了地球生态系统的自我调节和平衡。

另外，还有一些学者站在批判维度上指出，科技进步不仅给人类毫无节制地控制自然提供了强有力的手段，而且科技对自然无价值性的前提预设使人类对自然的无情统治具有了一定的价值合理性和伦理合法性。今天，科学技术主导的现代工业社会有别于人类传统社会的突出特质，就在于技术是沟通社会与其赖以生存的生态系统的最重要的桥梁和媒介。尽管我们不否认在无节制利用科技改造自然的过程中，新的技术与生态系统之间相冲突确实加剧了对环境的破坏，但是由此就将生态危机简单地归咎于科技进步的结论却是狭隘的和片面的。随着科学技术的快速进步，人类以为技术可以解决一切问题，甚至包括那些不可预知的问题，却忽视了技术进步带来的负面问题，科学技术作为人类活动的结果却能成为人类自身的异己力量。针对技术进步给人类价值带来的后果，法国哲学家雅克·埃吕尔批判地写道："技术变成有自主权的了，它把一个遵循着其本身规律的世界变得无所不收，使这个世界抛弃了一切传统。……技术一步一步控制着文明的一切因素……人类自己也被技术击败，而成为它的附庸。"① 人类作为实践的主体，以技术作为手段和中介无情控制自然、征服自然，其最终结果是促使人类走向自我异化。对此，马克思论述道："技术的胜利，似乎是以道德的败坏为代价换来的。随着人类愈益控制自然，个人却似乎愈益成为别人的奴隶或自身的卑劣行为的奴隶。"②

除此之外，生态马克思主义学派的一些学者指出，生态危机产生的根源就在于资本主义的制度本身，这种危机既显现于资本主义的生产过程中，更为突出地表征于整个社会化大生产同生态环境的矛盾关系之中。纵观人类历史，我们不难发现，环境的破坏问题并非当今社会独有的问题，其实它由来已久，同人类文明一样古老，但自近代以降生态环境问题却呈现越来越严重化的趋向。尤其是随着资本主义的形成发展，人类在技术的发明创造以及能源动力的开发利用方面都取得了前所未有的进步，社会生产能力、工业化水平不断提高，到了19世纪40年代，英国率先完工业革命，局部范围内的环境污染问题也日渐严重。关于工业发展造成的环境污染，1839年恩格斯在《乌培河谷来信》中曾这样描写道："乌培河谷……是指伸延在大约三小时航程的乌培河流域上的爱北斐特和巴门两个城市。这条狭窄的

---

① 转引自〔美〕巴里·康芒纳：《封闭的循环》，侯文蕙译，吉林人民出版社，2000，第142~143页。

② 《马克思恩格斯选集》（第1卷），人民出版社，2012，第776页。

河流，时而徐徐向前蠕动，时而泛起它那红色的波浪，急速地奔过烟雾弥漫的工厂建筑和棉纱遍布的漂白工厂。然而它那鲜红的颜色并不是来自某个流血的战场……而只是流自许多使用红色染料的染坊。"① 在资本主义制度下，资本家为了攫取更多的剩余价值，扩大和加快资本积累的规模和速度，一方面使大量农业人口涌入城市成为产业工人，并想尽一切办法尽可能延长工人的剩余劳动时间；另一方面在自然资源无主的观念主导下，利用科技的强大力量肆意掠夺自然，给环境造成了非常严重的危害。针对资本主义发展所带来的人口、资源和环境的问题，马克思在《资本论》中曾这样写道："资本主义生产使它汇集在各大中心的城市人口越来越占优势，这样一来，它一方面聚集着社会的历史动力，另一方面又破坏着人和土地之间的物质变换，也就是使人以衣食形式消费掉的土地的组成部分不能回归土地，从而破坏土地持久肥力的永恒的自然条件。"② 实质上，资本的本性决定了资本主义的生产目的就是追求利润的无限增长，其结果是以资本逻辑为核心的资本主义生产方式必然使生态灾难和环境危机层出不穷、愈演愈烈。

在本质上，受资本逻辑宰治的资本主义社会，所追求的最大化生产机制"是与资本的逻辑最适应的生产体制"，所以说，大量生产必须通过大量消费、大量废弃来完成，由此就形成危及生态环境的不健康的生产生活方式。在以追求利润为本性的资本逻辑的视域里，人本身和创生万物的大自然不仅成为资本增殖的工具，而且也都成为资本奴役的对象，至于是否会使生态环境遭到破坏并不在其考虑的范围之内。对此，日本生态马克思主义者岩佐茂批判道："资本的逻辑把包含人格在内的一切东西贬低为追求利润的工具，……对资本的逻辑来说，无偿接受来自环境、大气、水等的环境资源，如果没有法律规定，在生产过程中把污染的大气、水排放到环境中，这是理所当然的事。"③ 从 20 世纪开始，生态环境问题就不再仅限于局部区域或地区，而是逐步在世界范围内扩展和加剧，至此生态危机成为一个全球性问题。在当代发达的资本主义社会里，资本逻辑主导下追求财富

① 《马克思恩格斯全集》（第1卷），人民出版社，1956，第493页。
② 《马克思恩格斯文集》（第5卷），人民出版社，2009，第579页。
③ 〔日〕岩佐茂：《环境的思想：环境保护与马克思主义的结合处》，韩立新、张桂权、刘荣华译，中央编译出版社，1997，第169页。

无限增长的生产方式、生产目的与生态环境之间的矛盾日趋尖锐化，生态危机已经成为制约资本主义经济发展的重要因素之一。

把生态危机的出现单纯归因于人口、技术和社会制度有一定的合理性，却也使问题片面化和简单化了，所以有必要对生态危机的实质进行更加全面系统的阐释，以便探寻其产生的自然观、价值观的深层理论根源。在人与自然的关系方面，一些学者认为生态危机的出现是因近代以来人类自然观发生了根本转变，出现了严重的缺陷，即人凌驾于创造自己的自然之上，天人走向了疏离和对立。在这种自然观里，人成为自然的主宰和宇宙的中心，自然被视为满足人类私欲的、用于征服的对象。在这种观念的主导之下，人类凭借不断进步的科学技术并以其为中介和手段迈向了使自然向"文化"转变的历程，人类工业文明前行的每一步都是以牺牲环境为代价的，至此自然丧失了其原有的人类之母的神圣光环。这就犹如狄更斯所言："这是一个最好的时代，这是一个最坏的时代。"① 在这样的时代里，人类创造了以往任何一个时代都无法比拟的辉煌成就，马克思在《共产党宣言》里曾这样写道："资产阶级在它的不到一百年的阶级统治中所创造的生产力，比过去一切世代创造的全部生产力还要多，还要大。自然力的征服，机器的采用，化学在工业和农业中的应用，轮船的行驶，铁路的通行，电报的使用，整个整个大陆的开垦，河川的通航，仿佛用法术从地下呼唤出来的大量人口——过去哪一个世纪料想到在社会劳动里蕴藏有这样的生产力呢？"②

但从人类的长远发展来看，这一切所谓的进步或发展也将人类带入一个生态环境严重失衡的深渊。尽管人类凭借科学技术的进步使工业农业迅猛发展，但实质上这些技术也存在不同程度的不足，甚至是致命缺陷。马克思在《人民报》创刊纪念会上，曾这样说道："我们看到，机器具有减少人类劳动和使劳动更有成效的神奇力量，然而却引起了饥饿和过度的疲劳。"③ 所以说，客观上看，资本主义凭借科学技术一定程度上提高了社会生产力，但是这种发展具有一定的蒙蔽性和虚假性。因为在解决问题时，

---

① 〔英〕查尔斯·狄更斯：《双城记》，石永礼、赵文娟译，人民文学出版社，2018，第3页。
② 《马克思恩格斯文集》（第2卷），人民出版社，2009，第36页。
③ 《马克思恩格斯选集》（第1卷），人民出版社，2012，第776页。

传统发展观往往缺少系统的、整体的观念，割裂了事物间的有机联系，进而使发展问题成为彼此隔绝的单一的问题，其结果是自然资源、生态环境遭到破坏，并持续恶化演变成生态灾难。针对这一状况，恩格斯明确指出，人类对自然的每一次征服，自然都会相应地报复回来。为此，恩格斯曾这样警告后世："但是我们不要过分陶醉于我们人类对自然界的胜利。对于每一次这样的胜利，自然界都对我们进行报复。每一次胜利，起初确实取得了我们预期的结果，但是往后和再往后却发生完全不同的、出乎预料的影响，常常把最初的结果又消除了。"[1] 而人类要想改变这样的现状，首先就需改变自己的思想观念、价值理念、思维模式、生产生活方式等，并用它们来指导自己的现实的实践活动，进而从根本上消除危机得以产生的根源。当前，可持续发展观以及绿色发展理念就是顺应这样一个时代需求而诞生的，它们的提出是为了从根源上寻求消解生态危机的途径和钥匙。

在现实的社会经济生活中，人类作为主体性的存在是通过不断与自然环境进行物质能量交换来维持自身的生存发展，这就必然会对资源、环境和生态系统造成一定的破坏和影响。如果这种破坏和影响达到了一定程度，超出了自然的承载能力，相应就会使环境和生态问题凸显并制约人类的赓续发展。可以说，资源匮乏、水体污染、土壤退化、生物多样性锐减等一系列生态环境问题，呈现出不同的样态：一方面，在自然观上，其表现为人与自然之间关系出现了危机；另一方面，在社会领域里，其表现为人与自然关系基础上的人与人的关系出现了危机，换句话说，就是我们的价值观念、发展理念和生产生活方式出现了危机。

如果我们立足于人、自然、社会三者的关系，要想消解人与自然间的二元对立，首先需有一个合理的社会前提，即协调好人与人的社会关系。在人类社会有机结构中，人与人的社会关系关涉社会生活的方方面面，其中怎样发展、如何发展是人类能否永续生存的关键性问题。所以，秉承何种发展理念进行社会实践活动直接表征出人与自然的现实关系。人类自然观念的每一次变革，都"在很大程度上取决于人类按照什么样的方式来适应和改造环境，选择什么样的价值体系作为自己物质生活和精神生活的导

---

① 《马克思恩格斯文集》（第 9 卷），人民出版社，2009，第 559~560 页。

向"。①因为，人与自然之间的现实关系如何是取决于人类以何种价值观念为引导同自然进行交往，亦即人是以人类自身利益为尺度还是以生态整体的利益为尺度来对待自然。20 世纪 70 年代发表的《关于环境伦理的汉城宣言》曾明确指出，全球性的生态危机实质是人类现有价值观的一次危机，所以是时候对生态危机进行重新审视和反思了，如果我们还是对此采取漠视的态度，那么人类的生存环境将会进一步恶化，甚至出现崩溃和坍塌。人类应秉持何种观念进行自身的发展问题就摆在了我们面前，为此联合国环境规划署提出了可持续发展的致思理路。

从客观方面来看，人类要想生存发展就离不开对自然进行改造，在一定意义上，人类采用何种发展方式同自然进行物质能量交换不仅表征着其对自然的基本态度，而且也表现出科学技术发展的水平和程度。所以说，任何一种发展方式都内蕴了人与自然的矛盾。随着工业文明的发展，借助科学技术进步的强劲力量，人类改造自然的能力达到了前所未有的水平，与此同时，对大自然的破坏也超出了自然本身所能承载的范围。全球性生态危机的凸显、人与自然之间矛盾的尖锐化都成为直接威胁着人类长远生存发展的因子。人类发展方式的根本性变革已然迫在眉睫，这就意味着我们既要在解决矛盾中满足自身生存发展的需要，又要以切实可行的方法促进发展模式的生态性转化。基于此，在 2015 年党的十八届五中全会提出的绿色发展理念成为我们协调人与自然的关系，解决生态危机的基本理念、思维模式和行为导向。与此同时，要贯彻执行新的发展理念则需要与之相应的新的文明形态。

二 绿色发展与人类文明形态的生态转化

文明作为人类所特有的存在方式，在最广泛的意义上是指人类社会发展到比较高的阶段表现出来的状态，其涵盖了物质、精神和制度等方方面面的创造性活动。以往人类对自身文明的认知更多是基于人类在生产实践活动中形成的人与人、人与社会的关系，并在此基础上通过探究人类自身生理和心理的发展状况以及人类的需求和利益得到满足的程度，进一步来揭示人类社会进步和文明发展的本质及其特征。人类文明发展史，就是在

---

① 孙特生：《生态治理现代化：从理念到行动》，中国社会科学出版社，2018，第 44 页。

人同自然的交互共生、相互制约的过程中诞生和推进的。自人类文明肇始到当今倡导的生态文明之前，人类已经走过原始社会文明、渔猎文明、农业文明、工业文明几个历史阶段，特别需要指出的是，从农业文明开始，人类赖以生存的自然环境由于不合理的畜牧和农耕生产已经出现了不同程度的破坏，不合理的生产甚至造成了一些古代文明的衰落，例如，古巴比伦文明、古埃及文明等，人与自然环境的矛盾和对抗随着人类文明前行的步伐日渐显露。恩格斯曾在《自然辩证法》一书中这样说道："文明是一个对抗的过程，这个过程以其至今为止的形式使土地贫瘠，使森林荒芜，使土壤不能产生其最初的产品，并使气候恶化。土地荒芜和温度升高以及气候的干燥，似乎是耕种的后果。"①

可以说，人类社会进入工业文明时代之后，在人类至上或以人类为中心的世界观、价值观和发展观指导下，人与自然的对立和矛盾愈演愈烈，危及人类生命的环境污染、生态灾难屡见不鲜，如 20 世纪的"八大公害"事件使数以千计的人罹难。英国作为最早完成工业革命并率先迈入资本主义社会的国家，却在整个社会工业化的迅猛发展过程中给环境造成了巨大的破坏。据史料记载，工业革命前的英国可以说是山清水秀、空气清新，人们生活在幽静淳朴的乡野之间，人类的生存生产活动对自然环境的影响和破坏没有超出生态系统承载范围，例如当时伦敦泰晤士河的河水清澈透明，人们在河边嬉戏玩耍，生活安闲自在。可是，这种让人生活惬意的自然环境，却被快速工业化带来的环境污染给彻底破坏了。所以说，第一次工业革命对人类历史造成了巨大影响：一方面使社会生产力得到了极大提高，加快了资本主义的发展；另一方面也进一步加剧了阶级矛盾和环境矛盾，尤其是工人阶级的生存条件日益恶劣。正如恩格斯在《英国工人阶级状况》中，对位于艾尔克河河谷的曼彻斯特旧城工厂附近工人的生活环境有过这样描述："桥底下流着，或者更确切地说，停滞着艾尔克河，这是一条狭窄的、黝黑的、发臭的小河，里面充满了污泥和废弃物，河水把这些东西冲积在右边的较平坦的河岸上。……桥以上是制革厂；再上去是染坊、骨粉厂和瓦斯厂，这些工厂的脏水和废弃物统统汇集在艾尔克河里，此外，

---

① 恩格斯：《自然辩证法》，人民出版社，1984，第 311 页。

这条小河还要接纳附近污水沟和厕所里的东西。"①

在18世纪的英国，工业革命首先从棉纺织业开始，随着织机技术的不断改进，英国的棉纺业得以快速发展，从1771年到1841年，英国原棉的进口量增加了100多倍，与此同时，全国相关的从业人员数量也有150多万，迅速扩张的工厂使大量的人口聚集并形成了工业化的城市，如利物浦、曼彻斯特（"英国工业完成了自己的杰作的典型基地"）等。在这一历史阶段，英国境内多地尤其是工厂聚集的地方，环境受到了前所未有的破坏，大量的工业垃圾以及生活垃圾被毫无节制地随意排放和丢弃到工人聚集地的空气中、河流湖泊里、街道上，特别是二氧化硫等有害物质的排放，造成了严重的环境污染。在污水横流、空气污浊的环境里，工人们的身心受到了极大伤害，伤寒、热病、肺结核等传染病在工人聚集地肆虐，严重缩短了工人的寿命。据不完全统计，在曼彻斯特和利物浦等工人居住区，流行病导致他们孩子的死亡率比农村地区要高出一倍多。资本主义的快速发展，是以压迫剥削无产阶级和对环境的肆意掠夺破坏为代价的。对此，马克思曾这样写道："光、空气等等，甚至动物的最简单的爱清洁习性，都不再是人的需要了。肮脏，人的这种堕落、腐化，文明的阴沟（就这个词的本义而言），成了工人的生活要素。他的任何一种感觉不仅不再以人的方式存在，而且不再以非人的方式因而甚至不再以动物的方式存在。"② 所以说，在资本主义条件下，工人的劳动也不是真正的劳动，而是异化的劳动；工人的生活不再是人的真正生活，而是异化的生活；自然也成了异化的自然。

尤其是第二次世界大战以后，人类工业文明达到了一个新的高峰，与此同时也更加清晰地呈现出阴暗的底色：在能源危机、环境危机的表象之下，人与自然关系的谱系逐渐形成一个巨大的断裂带，在这个断裂带中，废气漫卷过蓝天，污水横流于田园水系，垃圾环绕着城市乡村，工业疯狂吞噬着各种自然资源……而自然界也悄然地以极端的方式反制人类，人类不得不在精神和肉体上承受着越来越多的来自环境系统本身的不知何时何地施加的巨大反击。③ 正如生态现象学家梅勒所言："现代文明是在进步的

① 《马克思恩格斯全集》（第2卷），人民出版社，1957，第331页。
② 《马克思恩格斯文集》（第1卷），人民出版社，2009，第225页。
③ 张敏：《生态伦理学整体主义方法论研究》，吉林人民出版社，2013，第2页。

名义下对地球进行荒漠化、对生命进行摧残的一种文明。"① 可以说，全球性的生态危机在理论方面凸显了我们现有的自然观、价值观和发展观的局限性、不彻底性；在实践方面体现了我们的发展模式、生产生活方式、道德行为的反生态性、不完善性。从目前的实际情况来看，地球的有限资源已经很难维系人类无限度的经济增长，"人类第一次遇到了真真切切的增长的极限"，为此变革传统的经济增长模式，采用新的发展框架势在必行。

在传统的经济发展模式视野下，地球上的自然资源是发展的基本前提预设，无论是各种矿藏，如石油、天然气，还是水体、土壤和植被等都被认为具有无限性，而实际情况却是，这些资源都具有有限性，地球整个生态系统的承载力也有一定的阈值。当前，如何使人口、资源和生态环境平衡发展、协调发展，使人与自然之间从对抗走向和谐是亟待解决的理论和现实问题。那么，在理论上有必要促进传统的自然观念、价值观念、发展理念和行为规范的生态转化；在实践上要超越传统的工业文明，走可持续的生态文明发展道路。总之，工业文明社会出现的众多问题和弊端，特别是全球性生态危机，表明了人类文明开始向新样态发展。生态文明作为人类文明的全新形态，是以一种全新的姿态重新审视人与自然的关系，它蕴含着新的自然观、价值观和发展观，换句话而言，本质上是对传统工业文明的承续、发展、变革和超越。

在传统自然观视域里，人们不但无限放大了科学技术的功效，而且借助科学技术的现实力量以一种功利性的目光、工具理性的态度看待自然、诠释自然，进而使自然被完全客体化、工具化为人类宰治的对象和客体，而人类作为自然的主人对其拥有至高无上的控制权和支配权，至此自然丧失了其本身固有的内在价值和魅性。而从人与自然的现实关系来看，两者紧密相连、相互交织，共同构成了一个生命共同体，人是自然中的人，自然是人化的自然。人是社会性存在物，尽管物质生产活动是其生存发展的首要前提，但是这种实践活动是以良好生态环境为基础的，人类文明的演化史早已经验证了这一点。正如马克思所言："自然界的人的本质只有对社会的人来说才是存在的；因为只有在社会中，自然界对人来说才是人与人联系的纽带，才是他为别人的存在和别人为他的存在，只有在社会中，自

① 〔德〕U.梅勒：《生态现象学》，柯小刚译，《世界哲学》2004年第4期。

然界才是人自己的合乎人性的存在的基础，才是人的现实的生活要素。"① 所以，建基于传统自然观的发展观念、发展方式更适合于工业文明的发展道路，有别于传统发展观念的绿色发展理念需要新的文明形态与之相呼应。

在发展观念上，我们不能把发展简单地等同于经济的增长，要坚决反对"增长至上"的发展思路，必须重视发展理念内蕴的道德观念和价值因子。美国学者德尼·古莱在《发展伦理学》一书中，就发展目标曾提出三个方面的具体内容：一是发展不是为了某个特定的个体或群体，而是为全体社会成员的生存发展服务的，发展的成果应惠及社会中的每一个成员；二是发展要满足人们所希望的"尊重需要"，就应以某种特定的方式通过改善物质生活条件来实现；三是发展有助于帮助人们摆脱很多制约自身进步的因素，比如其他的人、信仰、各种体制和大自然对自身的压制和束缚，从而解放自身获得自由。事实上，人类的需要并不仅限于物质方面的，还有精神层面的，如自由、尊重、平等、公正、正义等等。在发展目标上，绿色发展一方面倡导在维持生态环境平衡的境况下，满足人们的物质和精神的需要；另一方面强调全体社会成员和各级组织共同参与、共同管理，走内源式自力更生的发展道路。为此，在环境保护和治理方面绿色发展秉承的基本理念是，"环境就是民生，青山就是美丽，蓝天也是幸福，绿水青山就是金山银山；保护环境就是保护生产力，改善环境就是发展生产力"。②

在发展道路和方式上，绿色发展摒弃了以往以牺牲环境为代价的传统经济增长模式，强调经济社会、生态环境和人的协调发展，倡导生产生活方式的生态化，大力推进和发展绿色经济、低碳经济和循环经济。在 2012 年 7 月省部级主要干部专题研讨班上，关于我国的生态文明建设胡锦涛就明确指出：在理念方面，要树立尊重自然、顺应自然、保护自然的生态文明理念；在发展方式上，要着力推进绿色发展、循环发展、低碳发展。尤其是进入新发展阶段，经济从高速发展转向高质量发展，全面绿色发展成为我国现代化建设根本性的指导原则之一。③ 事实上，从客观角度看，人与自然之间是对立统一的辩证关系，人类要生存发展就要与自然打交道，两者

---

① 《马克思恩格斯文集》（第 1 卷），人民出版社，2009，第 187 页。
② 《十八大以来重要文献选编》（下），中央文献出版社，2018，第 164~165 页。
③ 《胡锦涛文选》（第 3 卷），人民出版社，2016，第 610 页。

之间就必然会出现各种矛盾。那么，从历史角度出发，我们不难发现这些矛盾的显现是与人类采用何种方式进行生产实践活动息息相关的，因为一个社会的生产方式决定着它的发展模式。历史唯物主义认为，人类是以生产工具（劳动工具）为中介和自然进行物质能量交换，反之，自然也是通过这些中介以相同的方式回报人类。所以，生产方式的变革，尤其是生产力生态化是消解人与自然矛盾的必然之路。从生产力的系统结构看，其由劳动资料、劳动对象、劳动者三个基本要素构成，其中劳动对象是进行生产活动的物质条件，它涵盖了"生产所依赖的天然的自然系统：物质的、生物的和气候的系统"。①人类正是以生产实践活动（劳动）作为谋生手段的，在一定的价值观的引导下通过不断改变自然、改变世界使自身得以生存发展。所以，从人与自然的关系上看，自然是人类不可或缺的生存基础和前提，人类的价值观念凸显着两者关系的核心精神。为此，在价值观念上，绿色发展秉承的是生态价值观；在社会经济发展上，绿色发展以环境资源与经济协调平衡为前提，要求走低碳、循环、绿色的发展道路；在产业结构上，绿色发展以创新为基本动力，推进绿色产业、绿色科技和绿色金融的建设和发展。无论是在发展理念上还是在发展方式上，绿色发展都顺应生态文明建设的基本诉求。

概言之，生态文明是历经农业文明、工业文明之后人类文明新的生态性变革，它是历史发展的必然结果。因此，生态文明建设是人类应对日益严重的生态危机、实现可持续发展的必由之路。"生态文明是人类文明发展到一定阶段的产物，是反映人与自然和谐程度的新型文明形态，体现了人类文明发展理念的重大进步。"②在现实目标上，生态文明表象上是为了解决生态危机，但其更深层的价值目标是要实现人与社会、人与人、人与自然真正的和谐统一，和谐是其核心价值要义，绿色发展是其现实的、具体的实践路径。在价值观念上，绿色发展所追求的是生态环境价值与社会经济价值之间的有机结合和统一，它既强调良好生态是人类永续发展的保障，同时也重视人类社会生存发展的物质基础。因为，任何一种真正的发展，

① 〔英〕乔纳森·休斯：《生态与历史唯物主义》，张晓琼、侯晓滨译，江苏人民出版社，2011，第 178 页。
② 《十八大以来重要文献选编》（上），中央文献出版社，2014，第 625 页。

都不是单纯的经济增长，它涵盖社会的方方面面，如社会发展、人的进步，其终极价值目标是确保人类能够永续生存和发展，而这是以良好的、可持续的生态环境为基础和前提的。绿色发展致力于实现人与自然的真正和解，人的自由全面发展是其终极价值目标。为此，德尼·古莱认为"发展提出了深刻的价值观问题"，亦即发展方式的变革问题。①随着价值观念的变革，人类文明也不断向更高的形态跃迁。生态文明的出现绝非偶然，它的显现表征了人类价值观念的一次生态化转向和伟大变革。

三　生态文明诉求的生态价值观及其内涵

作为当代文明新样态的生态文明，力求确立一种有别于工业文明所倡导的新价值观念，即生态价值观，以便使人与自然能够实现和谐的、可持续的发展。而以何种理论和观念作为逻辑基点，直接关涉生态价值观缘何得以确证。为此，我们将立足于生态文明形成发展的历史脉络及其内在逻辑，通过对人类自然观演化的系统梳理，进而为深入解读和厘清生态价值观提供逻辑前提。

生态文明是与工业文明相比较而言的，它是"人类在改造自然以造福自身的过程中为实现人与自然之间的和谐所作的全部努力和所取得的全部成果，它表征着人与自然相互关系的进步状态"。② 如果以史为鉴，从人类文明形态产生的现实背景和理论特质出发，那么不难理解，生态文明是在原始文明、农业文明和工业文明之后人类社会迄今为止所到达的最高文明形态，是人类社会的一次绿色转型或生态转型。如果以工业文明为分界线，原始文明和农业文明可以称为前工业文明，那么，生态文明就可以称为后工业文明。作为后工业文明的生态文明，最突出的理论特质就是重拾了对自然的伦理关怀，超越了以人为中心的传统价值观，变革了单纯以经济增长为目标的传统发展模式。自人类诞生之日起，如何理解宇宙和认识自然就成为困扰人类生存发展的问题。纵观历史，我们可以发现，不同历史时期的人们对宇宙、自然的理解直接关涉其所处时代的科学文化发展水平。

① 〔美〕德尼·古莱：《发展伦理学》，高铦、温平、李继红译，社会科学文献出版社，2003，第59页。
② 薛晓源、李惠斌主编《生态文明研究前沿报告》，华东师范大学出版社，2007，第18页。

所谓科学文化，在此特指自然科学，它不仅以自然事实为具体研究对象，而且也为哲学的反思提供材料。就科学本身而言，虽然它并不涉及人类的终极价值或终极关怀，也不直接解答"我们应该如何生活或人是什么"等问题，却为我们认知生活于其中的自然提供逻辑法则及知识体系，从而间接地为规约我们的意图、目的和行为提供了圭臬。对此，马克斯·韦伯在《学术与政治》一书中论述道："自然科学，例如物理学、化学和天文学，有一个不证自明的预设：在科学所能建构的范围内，掌握宇宙终极规律的知识是有价值的。"①由此，我们不难得出这样的结论：人类的价值观念同自己秉持的宇宙观念、自然观念具有内在逻辑关联性。在一定意义上，价值观是以自然观为基础的，有什么样的自然观就有什么样的价值观；而自然观的变迁发展又是以价值观为前提的，价值观的变革会促进自然观发生变化。正如伊恩·汤姆森在《现象学与环境哲学交汇下的本体论与伦理学》一文中所言，当我们重新评价世界时，本质上就是赋予世界一个新的价值观。

那么，何谓自然观？从哲学角度讲，自然观就是指人们对待自然界的基本态度，具体而言包括我们对自然界的根本观点和总的看法，其涵盖的内容非常宽泛，如自然的本原、结构、规律、价值等，其中人与自然的关系构成了它的核心内容。如果对勃兴于工业文明时期的自然观追本溯源的话，可以发现，它萌芽于古希腊的宇宙论，成熟于文艺复兴的自然观。古希腊宇宙论认为，自然界是一个浸透和充盈着心灵的自我运动的实体，心灵是自然界秩序和规则的根源之基。在古希腊人的视域里，自然界惯常被视为一个保有自我运动的、活的、理性的有机体。当自然被隐喻为理性动物时，其不仅成为人类伦理道德关怀的对象，而且也成为人类的精神导师，人类向自然学习逻各斯，人性向自然而生成。从词源学上看，古希腊语中的逻各斯与"说"一词密切关联，其意义宽泛，"既和说话、理性对话、句子或词有关，又和逻辑推理、比例、系统、计算、定义或解释有关"。②而首先提出逻各斯的赫拉克利特认为，逻各斯是构成世界的一种精神性本原，

① 〔德〕马克斯·韦伯：《学术与政治》，冯克利译，生活·读书·新知三联书店，2000，第34页。
② 〔英〕泰勒主编《从开端到柏拉图》，韩东晖等译，中国人民大学出版社，2003，第110页。

是"世界的客观的解释性原理"，是人类世界的"日常经验之基础的理性关联"，是万物生成的根基。而这种理性的原初形式，是源自于古希腊的神话谱系。古希腊的神话谱系具有系统性、完整性，"这种完备的诸神谱系，实际上是逻辑系统的原始形式"。① 所以，古希腊神话自然观中的诸神及其谱系具有极其重要的象征意义：一方面，诸神代表着不同的自然事物；另一方面，诸神谱系的完整性使得自然的逻辑结构获得了原始的象征，进而使自然的逻各斯成为希腊理性精神的源头。事实上，古希腊哲学是同古希腊神话世界观相决裂的产物，而通过对古希腊哲学发展脉络和内在逻辑的梳理，可以为进一步深入解读古希腊的自然观、宇宙论奠定理论基石。古希腊哲学和科学精神都是发端于爱奥尼亚学派（米利都学派），所以这一流派的哲学家被亚里士多德称为自然的理论家或自然哲学家。对"自然是什么"的回答，最早可以溯源到古希腊七贤之一，爱奥尼亚学派的创始人泰勒斯。泰勒斯认为世界最原初的构成实体是水，一切自然事物都是由单一实体即水生成的，因果关系支配着自然现象的生发，自然有其内在的规则。至此，爱奥尼亚学派开创了观察自然或世界的理性思维传统。总体上看，古希腊的自然观是一种建构于自然心灵、逻各斯之上的理性自然观，并且这种理性自然观，同时也是一种有机的、整体的自然观。总体上，由于受认知能力的制约，那一时期的古希腊人对宇宙或自然的认识往往表现为想象或猜测，他们通过类比方法以己度物，把自然想象为跟自身一样的有机个体，所以早期的自然观是一种泛灵论的有机论自然观。

当历史车轮驶入文艺复兴时期，古代有机论自然观开始转向了文艺复兴的自然观。在这里，文艺复兴的自然观主要指哥白尼之后的近代自然观，它是以古希腊自然观的反面形象呈现于世人面前，其核心观点是：自然界不是一个生命有机体，它既没有灵魂也没理性，外界赋予的"自然律"推动着它的运动、变化和发展，人则成为自然界的立法者。自然的形象从具有理智或灵魂的理性动物转变为一架只是服从于力学规律的死寂的机器。至此，自然界从一个活的有机体变成了一架毫无灵魂的机器："一架按其字面本来意义上的机器，一个被在它之外的理智设计好放在一起，并被驱动

---

① 吴国盛：《科学的历程》，北京大学出版社，2002，第61页。

着朝一个明确目标去的物体各部分的排列。"① 在这种观点的引导下，自然不再是人类学习的对象，而是成为人类宰治和征服的对象。所以，近代唯心主义自然观认为，自然是精神的附属品，"精神创造自然，或者说，自然是精神自主和自存活动的产品"。② 这种自然观念暗隐两层依次递进的含义：一是自然是由无意识的材料如机械材料构成的，其是精神的异在、他物和对立面；二是自然作为精神的产品，是以精神为摹本"分有"而成的实存之物。文艺复兴的自然观作为一种机械的自然观，借助人类设计或构造机器的经验以类比的方法类推出自然是一架冰冷的机器。事实上，人类的自然观能从有机论转向机械论，得益于哥白尼的工作。自哥白尼革命之后，科学体系发生了重大变化，人们对于自然和物质范畴的理解逐渐背离了早期物活论和泛灵论的宇宙观念，自然由充盈着灵魂、理性的宇宙有机体转变为丧失了精神、内在法则的宇宙机器。至此，科学知识体系尤其是数学知识体系替代了物活论或泛灵论，成为诠释自然的理论范式，毕达哥拉斯开创的结构主义替代了亚里士多德的目的论。关于此，伽利略曾这样说道：自然这本书是上帝或神用数学语言写就的。可以说，"随着牛顿经典力学体系确立，尤其是笛卡尔进一步认定运动的物质是以生物学的基本法则为原则，自然就彻底丧失了其神秘性而被彻底客体化了。这些观念的结构使古代有机整体论丧失了其存在根基。于是宇宙有机体的神秘灵魂被恒常不变的数学法则所替代，自然由作为自我内在生长的有机体变成了一架由外因控制的永不停息的机器。人类对大自然的理解逐渐从动物的隐喻走向机器的隐喻，其结果是机器的观念成为人类建构自身生活的基本法则，成为人类有序生活的象征"。③ 正是在近代机械论自然观的主导下，工业文明开启了控制自然、征服自然的懵懂的不归之路。

而在实际生活中，人类如何认识自然，就会如何去改造自然，有什么样的自然观，就会有什么样的价值观。因为人类对待自然的态度，直接影响自身与自然交往的方式。如果人类持一种敬畏的或者是伦理的态度面对自然，那么，自然不仅是人类道德关怀的对象，而且也是人类的朋友和伙

---

① 〔英〕罗宾·柯林武德：《自然的观念》，吴国盛、柯映红译，华夏出版社，1999，第6页。
② 〔英〕罗宾·柯林武德：《自然的观念》，吴国盛、柯映红译，华夏出版社，1999，第8页。
③ 张敏：《生态伦理学整体主义方法论研究》，吉林人民出版社，2013，第17页。

伴。如果人类以一种自然之主的态度面对自然，那么，自然不仅是人类的臣民，更是人类的奴仆和掠夺对象。基于机械论自然观的工业文明，在价值观上奉行人类中心主义的价值观。要把握人类中心主义的价值观，首先需要理解什么是人类中心主义。简单讲，所谓的人类中心主义或人类中心论就是一种人类至上主义，它强调以人为中心，认为人是宇宙的目的或中心实体，强调人是一切事物的尺度，人类利益至上。在人与自然关系上，人类中心主义的价值观强调只有人才具有内在价值，其他自然存在物只具有工具价值，只有人才具有主体地位，其他自然存在物则是对象或客体。既然人是主体，自然是客体，那么人类就拥有权利为了自己的利益开发和利用自然，自然是人类生存发展的取之不竭、用之不尽的资源库。在这种理念的主导下，自然被人类肆意践踏，自然生态平衡遭到破坏，其结果是人类遭到自然无情报复，人类生存环境日益恶化。所以说，当今生态危机不仅凸显出工业文明的弊端，更深层次上是人类自然观、价值观的一次危机。为了人类自身的生存发展，工业文明向生态文明跃迁发展与价值观的生态性变革势在必行。正如卢风所说，从工业文明转向生态文明的革命，将"表现为一场由价值观的逐渐改变所引发的社会制度和生产生活方式的逐渐改变，它将会经历一个相当长的历史时期"。①

生态文明作为人类社会进步的最新成果，是对工业文明的反思批判和承续超越。在人与自然关系上，生态文明秉持有机整体论的观点，认为自然、社会和人是密切相连、相互交织、和谐共存的生命共同体，强调两个和解，即人与人的和解、人与自然的和解。在这个生命共同体中，不仅人是主体，生物有机体、生态系统乃至整个共同体也都是主体，人与生态是互为本位的。从复杂系统论来看，人与自然的生命共同体是一个互相作用、紧密相连、有自我秩序、自我调控的自组织系统，系统的整体功能大于各个组成部分功能之和。这个整体是一个有机的整体，是一个"'完整的整体'或'流动的整体'，整体包含于每一部分之中，部分被展开为整体"。②所以，生态有机性、整体共生性、系统优化性、动态过程性是人与自然生

---

① 卢风：《从现代文明到生态文明》，中央编译出版社，2009，第 267 页。
② 〔美〕大卫·格里芬编《后现代科学——科学魅力的再现》，马季方译，中央编译出版社，2004，第 7 页。

命共同体的显著特征。在生态环境与社会经济的关系上，生态文明强调两者的共同发展，坚持在不破坏自然生态的承载能力的前提条件下进行生产活动、发展社会经济，以实现人与自然和谐的、可持续的发展为基本目的。

在价值观念上，生态文明力求确证一种不同于传统人类中心主义的、具有生态性的价值观，即生态价值观。就人类价值观的演化而言，生态价值观的澄明不仅体现了生态文明对价值观生态性变革的诉求，也是人类在应对生态危机过程中自身价值观的一次生态性转向。首先，生态价值观是一种有机整体主义的价值观，生态价值是其核心范畴，生态性和整体性是其基本特征。生态价值观不仅强调人具有内在价值，也承认自然界其他物种甚至是整个生态系统都具有不以人为判据的固有价值或内在价值。其次，生态价值观主张包括人在内的所有自然存在物都具有目的性和创造性，强调人与生态互为本位。"以人为本"着重凸显人的价值是一种本位性价值，但是这种价值并不建构或凌驾于自然的价值之上。"以生态为本"否定人类是唯一的价值主体，认为其他自然存在物同样具有价值主体的特质，自然价值并不是由人类主体赋予的，而是创生万物的大自然在进化过程中孕育生成的。最后，生态价值观认为不仅人有利益，生态环境也有权益，人的利益与自然的权益并不相悖，实现人与自然协调发展、和谐共存是生态文明的根本主旨。所以，在社会经济活动中，我们既要考虑人类的整体利益和长远利益，又要兼顾生态环境的权益，反对将人类的利益置于其他物种乃至整个自然的权益之上，以便使人与自然关系呈现出的伦理敏感性的缺失能够得到弥补。总体上讲，从工业文明转向生态文明不仅是人类文明形态的一次伟大革新，也是人类价值观念的一次生态性变革。而要深入透彻把握生态价值观，首先就需要系统厘清其变迁发展过程。

第二章 生态价值观的嬗变及厘定

人类价值观念的形成并非一蹴而就，经历了一个漫长的发展过程。通过探究人类意识的起源可以发现，任何一种观念或意识的产生都与当时的环境密切关联，从一定程度上来说，观念或意识是对当下在场社会存在或自然存在的现实反映。纵观人类的历史长河不难发现，生态文明所内含和意指的生态价值观，其形成和发展经历了一个从启蒙到断裂，再到重构的复杂嬗变过程。其根源就在于，人类的道德观念以及价值观念的变化有着较为浓烈的文化和科技色彩，尤其是会受到人类对自然的认知水平和实践能力的影响。诚如施韦泽所言："发现和发明，使我们能够以不同寻常的方式控制自然力量，同时也完全改变了个人、社会团体和国家的生存关系。"① 正是科学技术的发展使人类的思维模式、生存方式发生了根本性变革，从而造就了人类价值观的变革。所以说，"随着对自然规律、自然界习常过程干预后果认识的深化，人们对道德价值内容的认识也必然变得深刻"。② 以历史为尺度，可以发现，人类的自然观念大致经历了三个主要发展阶段：第一个阶段，是在批判反思人类创世神话基础上，古代有机论自然观得以形成和发展。在这一历史时期，人们将自然看作一个具有理性的、活的有机整体，如古希腊的宇宙论。当时的古希腊人普遍存有这样的观念："自然界不仅是活的而且是有理智的；不仅是一个自身有灵魂或生命的巨大动物，而且是一个自身有心灵的理性动物。"③ 第二个阶段，由于受到牛顿、笛卡尔思想观念的影响，古代有机论自然观逐渐转向近代机械论自然观。自文艺复兴以降，人类对自然的认识开始发生由神性到物性（机器）的历史性

---

① 〔法〕阿尔贝特·施韦泽：《文化哲学》，陈泽环译，上海人民出版社，2008，第114页。
② 廖小平、孙欢：《国家治理与生态伦理》，湖南大学出版社，2018，第33页。
③ 〔英〕罗宾·柯林武德：《自然的观念》，吴国盛、柯映红译，华夏出版社，1999，第4页。

转变。尤其是哥白尼革命之后，原本充满神性的自然在人类观念里变成了一个既无主体性价值又无目的性的人造器物，亦即依据机械原理制造的机器。第三阶段，是在科学进步和历史变迁的双重变化基础上，通过对两者进行共同类比，促进了现代自然观的形成发展。自 18 世纪末伊始，近代自然观逐渐转向现代自然观，这一时期人类对自然的理解引入了一个全新视角，即历史维度。关于此，柯林武德说，现代自然观"是基于自然科学家所研究的自然过程和历史学家所研究的人类事物的兴衰变迁这两者之间的类比"。① 依据历史和逻辑相结合的原则，我们不难发现，生态价值观的历史演化同人类的自然观的变化发展紧密关联。人类的自然观大致经历了三个主要阶段：古代对自然的敬畏时期，同时也是生态价值观的启蒙时期；近代以来征服自然的天人二元对立阶段，是生态价值观的断裂时期；追求人与自然和谐发展的生态文明时代，是生态价值观的复兴期。而要透彻理解把握生态文明所诉求的生态价值观，就应对其嬗变过程及原因进行系统梳理和研究，以便能进一步深入而全面地掌握其科学内涵。

第一节　生态价值观的变迁及发展

早期，处于蒙昧时期的人类不仅对宇宙的起源、生成、结构和规律知之甚少，而且也不了解自身的生理结构和精神活动。在那一时期，人类由于对自然的恐惧和敬畏，以祭祀、巫术和图腾崇拜等形式来表达自身对宇宙的想象和认知，从而形成了原始的神话自然观。可以说，人类对宇宙或自然的原初意识是以巫术、图腾和神话为表现形式的，物我难分、人神杂合是其基本特点。在本质上，这些意识形式既是人类初民的生活意识、生命意义，同时也是原始社会的社会功能、伦理功能之所在。原始宗教和巫术，用人类学家马林诺夫斯基的话来讲，表现的就是早期人类的世界观。在一定意义上，人类对自然的认知直接规约了自身的行为方式和价值取向，并且人们是依据自然秩序和自然法则来实现自身的价值诉求。因为，人们采取何种态度观察自然，是与自身的思想观念、心灵模式和价值观直接关联的。所以，我们要想深入把握生态价值观，就必须先回溯到人类初民对

---

① 〔英〕罗宾·柯林武德：《自然的观念》，吴国盛、柯映红译，华夏出版社，1999，第 10 页。

自然、宇宙、世界的原初态度和基本观念。

一 从混沌到敬畏：古代有机论自然观的确立

所谓自然观，广义上是指我们基于科学知识对自然的本原、构成、运动变化规律、人与自然关系等问题的理性反思，其中人与自然的关系问题是核心问题。简单讲，自然观作为人类的自觉意识，是在一定社会历史条件下，人们对自然演替以及人和自然之间关系的理性思考。从词源学角度讲，自然一词的本义是指本性、内在根源；后来泛指自然事物的聚集或总和，即宇宙或自然界。从历史发展的进程来看，人类的自然观念是在科学特别是物理学导引下演化发展的，它具有自己独特的演化规律，其内在的演进是一个非常繁杂的过程。在不同历史阶段，人类的自然观念都深刻烙印了那个时代的鲜明特征，都凸显着不同历史时期科学技术和社会文化所达至的水平以及人类实践能力发展的程度。在人类的幼年期，原始文明视巫术、神话为意义世界的一种表现形式，其代表着人类对自然的认知程度，也就是说，它们就是那个时代的科学。意大利哲学家维科曾这样说道："从知识以神话的面目出现那一刻起，人类就一直都在寻求更为精确的知识，但是，如果人类意识不到他们获取知识其实都有许多先决条件的话，他们将重又回到蒙昧无知的时代。"[1] 所以，人类初民是采用神话方式对自然的本原、基质、构成和秩序等进行了叙事式言说。无论是远古时代的自然观还是古希腊早期的宇宙论，神话成为整个宇宙体系的非常重要的构成部分。总体上看，近代以前人类自然观经历了一个由神话自然观逐渐转向有机论自然观的发展历程。

在远古时代，作为自然之子的人类初到世间，堪比襁褓里的婴儿，面对风雨雷电、飞沙走石、毒蛇猛兽束手无策，如履薄冰，战战兢兢地生存于自然之中。那时，在人类看来，无论是日月星辰、山川湖泊还是飞鸟走兽、树木森林，所有的自然现象和自然物都有着至高无上的神圣性和灵性。面对超乎人类想象的强大自然力，我们的先民只好凭借自己的身躯和本能与之抗争，人与自然融为了一体。这些神灵主宰着人类，控制着一切，为

---

① 〔美〕迈克尔·赫茨菲尔德：《人类学：文化和社会领域中的理论实践》，刘珩、石毅、李昌银译，华夏出版社，2009，第229页。

人们生产生活提供基本的社会规范和道德准则。自然对人类而言，拥有着神秘而超凡的力量，它成为人的神和主宰，人类只能顺从和依附于它。为了满足自身生存发展的需要，人类开始以各种各样的祭祀活动和巫术来祈求神灵赐予自己风调雨顺和五谷丰登。处于稚子期的人类，不仅对自然知之甚少，而且也没有形成自我意识；可以说，完全是依靠生存本能遵循自然的秩序和规律而存活于世界。

在人与自然的关系上，早期原始人没有主客二分的观念，人与自然相互渗透，人们遵循着主客互渗规律来认识自然、认识自我。其结果是，早期原始人认为自然力作为一种实在或实体，对自身拥有着超乎想象的影响力，并且这种影响力也是促成原始人形成集体表象的重要因子。宇宙和自然对于刚从其中超拔出来的人类而言，是一个充满了无限威力的、不可以企及的异己力量，一切存在物的属性都是神秘的、神圣的、令人恐惧的；人在自然面前渺小而卑微，完全臣服于自然。对此，马克思曾这样描述："自然界起初是作为一种完全异己的、有无限威力的和不可制服的力量与人们对立的，人们同自然界的关系完全像动物同自然界的关系一样，人们就像牲畜一样慑服于自然界，因而，这是对自然界的一种纯粹动物式的意识（自然宗教）。"① 所以，关于宇宙的起源和生成问题，早期人类通过想象、直观和形象等方式把自然环境幻化为各种不同的神灵，从而在思维方式上使这一时期的自然观以神话隐喻的方式得以显现。神话"隐喻在这一过程中有着特殊的地位，它是把实际情感变成人为概念的一种认识现象"。② 简言之，人类的自然观念都是发轫于神话，在东方的文明古国中国有盘古开天地的神话传说，在西方的古希腊有赫希俄德的《神谱》。在自然或宇宙的起源问题上，早期的神话自然观（世界观）常常将自然视为一个变化无常、充满神性的混沌；人附庸于自然，遵从自然的秩序和法则而生存。

随着科学技术的不断进步，古希腊人对自然的认知模式逐渐脱离了神话思维方式，开始向理性思维转变，这一工作是由古希腊的爱奥尼亚学派完成的。爱奥尼亚学派用理性的思维去看待对象化的自然。自然作为可以

---

① 《马克思恩格斯文集》（第1卷），人民出版社，2009，第534页。
② 〔美〕阿诺德·柏林特主编《环境与艺术：环境美学的多维视角》，刘悦笛等译，重庆出版社，2007，第91页。

被理解的实体，被认为可以用非功利性的、系统性的、整体性的方法加以观察和描述。这些古希腊的先哲"对世界的起源、构造、组织以及各种天气现象提出了解释，这些解释完全摆脱了古代的神谱和宇宙谱的戏剧性形象"。① 而在神话自然观的思维结构中，我们很难寻觅到理性思维的影子。从神话自然观的思维特点来看，它对事物的认识主要是停留在事物的表象或者局部，经验性、直觉性、模糊性、极端性、对立性是其基本特征。但爱奥尼亚学派的思想家开始从整体视角出发，用理性来观察世界、想象世界、猜测世界。关于这一思想观念对人类自然观变迁的作用和意义，德国著名的哲学史家 E. 策勒尔曾这样阐释道："它标志着对于世界的解释从一种神话的观念向一种自然的，也就是科学的观念的一种有力的和根本的变化。"② 可以说，爱奥尼亚学派的先哲们不仅已经懂得"自然"与"超自然"之间存在本质区别，而且对刮风、下雨、地震等自然现象的解释已经脱离了早期的神话性思维，明确地意识到因果关系在其中所具有的决定性作用。英国史学家劳埃德曾指出，爱奥尼亚学派的思想家已经"认识到自然现象不是因为受到任意的胡乱的影响而产生，而是有规则的，受一定因果关系的支配"。③ 换句话讲，针对何为自然或宇宙的问题，这一学派的思想家们并没有直接对自然的构成、现象和过程进行事实性描述，而是试图探寻它们背后暗含的不变的、永恒的"绝对"，以期找到万事万物的基质、本原、始基。

泰勒斯作为爱奥尼亚学派的创始人，既是古希腊哲学史上的第一位哲学家，同时也是西方科学史上的第一位科学家。在泰勒斯之前，古希腊人以神话作为叙事方式对自然现象进行了系统阐释，当时的人们普遍存有这样的信念，比如地震这种自然灾害是因海神波塞冬发怒而出现的。但是，泰勒斯的地震理论却给出了完全不同的解答。他认为地震并非由某个特定神灵引发的，而是水波来回摇晃导致的。因为，大地就像圆盘一样漂浮于水上，大地上下皆被水所环绕，水来回震荡引发了地震。正是基于对世界

① 〔法〕让-皮埃尔·韦尔南：《希腊思想的起源》，秦海鹰译，生活·读书·新知三联书店，1996，第 90 页。
② 〔德〕E. 策勒尔：《古希腊哲学史纲》，翁绍军译，山东人民出版社，1996，第 32 页。
③ 〔英〕G. E. R. 劳埃德：《早期希腊科学——从泰勒斯到亚里士多德》，孙小淳译，上海科技教育出版社，2004，第 7 页。

本原、宇宙生成的追问和思考，古希腊的先哲们把自然当作自己哲学研究的永恒主题和不朽对象。那么，究竟何谓自然？宇宙因何而生成？自然由什么构成？什么是世界的基质或本原？面对这些问题，自泰勒斯开始，阿那克西曼德、阿那克西美尼等哲学家都渴求从自然本性方面作出合理的回答。针对世界本原的问题，泰勒斯认为水是万物的始基、本原，万物始于水又复归于水。自然作为一个有着自我秩序和内在结构的生命有机体，充满了可以导致自己运动变化的灵魂，自然好比一个服从自己内在目的而运动的动物。据此，泰勒斯进一步提出，无论是一棵树还是一块石头，都是生命有机体，它们"不仅自身是个有生命的机体，而且是世界这个大机体的一部分，世界之中这样的机体之一就是地球"。① 在公元 6 世纪中期，阿那克西曼德作为泰勒斯的继承者首次提出，大地是一个由"无限者"构成的球体。这个"无限者"作为永恒的代名词，其在质上具有同质性（无差别的），在量上具有无限性，万事万物皆诞生于其中。阿那克西曼德之后的阿那克西美尼则主张，"无限者"并非世界的原初实体，无限的、永恒运动的空气才是世界的原初基质。至此，米利都学派对自然本原的探究使其成为实体论的构成主义的首创者。

　　在宇宙的生成问题上，泰勒斯采用隐喻方式以人类个体为喻体，把自然界类比为有理智的生命有机体，如动物。如果人是具有内在精神、自我运动的小宇宙，那么作为整体的自然就是一个大宇宙。据后来尤塞比乌斯的记载，阿那克西曼德曾有过这样的论述："在世界生成之初，某种能够产生热和冷的东西从永恒中分离出来，又说，一个火球环绕着包围着大地的空气生成，就像树皮环绕着树一样。当它脱落下来并被封闭在一定的圈环中时，太阳、月亮和星辰被构成了。"② 从这段论述中，我们不难发现，阿那克西曼德视野里的宇宙是一个可以被人类企及的、动态的、系统的整体。赫拉克利特作为爱非斯学派的创始人同样主张自然或宇宙是一个整体，他从对自然的观察出发，"把自然理解成一个始终如一的整体；这样的整体既不产生也不消逝"。③ 希腊化时期的斯多葛学派认为，万事万物皆源于绝对

---

① 〔英〕罗宾·柯林武德：《自然的观念》，吴国盛、柯映红译，华夏出版社，1999，第 34 页。
② 〔英〕泰勒主编《从开端到柏拉图》，韩东晖等译，中国人民大学出版社，2003，第 61 页。
③ 〔德〕E. 策勒尔：《古希腊哲学史纲》，翁绍军译，山东人民出版社，1996，第 46 页。

理性，宇宙是一个有秩序的、有组织的、有理性的、系统的、自我运动的整体。从爱奥尼亚学派思想发展脉络来看，泰勒斯的后继者都承续了他对世界本原的理解，即自然界的一切事物都是由简单的实体或可以直观的物质所构成，这一观点为西方传统哲学的实体主义提供了逻辑前提。西方传统实体主义的基本观点如下：一是实体是世界的基质；二是自然现象是由实体构成的；三是只有找到实体才能真正认识自然。在这种实体主义的指引下，西方传统哲学形成了以理性为最高目的和至善的观念，由此为古代有机论自然观转向近代机械论自然观提供了前提预设和理论基石。

爱奥尼亚学派之后的毕达哥拉斯学派，在宇宙论上主张自然物性质上存在的差异是源于它们几何结构上的差异。这样，自然的原初实体或者始基就被毕达哥拉斯学派几何化为图形、结构和形式，毕达哥拉斯学派认为数才是事物的本性。而事物之所以能成为其本身，根本原因就在于事物的本性，即它们的几何结构或几何形式。实质上，这就是用数学方法来解释自然界的事物缘何存在差异和不同，几何图形、结构、形式都被赋予了实在性和可理解性，从而成为事物的本性。这一时期的人们认为，宇宙秩序在空间中确立，世界图式如星辰的位置、体积、距离和运动等，都是依据几何范式被构想出来的。可以说，毕达哥拉斯学派的创新之处就是："不再尝试用那些事物所由构成的物质或实体来解释事物的行为，而用它的形式来解释事物的行为——亦即，它们的结构被当成可以给出数学说明的某种东西。"① 至此，毕达哥拉斯学派开创了西方科学思想中结构论形式主义的传统，并由其之后的柏拉图发扬光大。柏拉图认为，事物的形式比事物内容要真实可靠，形式具有可理解性、实在性、内在性、超越性，并在此基础上进一步强调这种剔除了内容的纯形式，只有借助伦理学或数学思维才能被真正理解。就其实质而言，柏拉图视域里的形式只不过是上帝在人间的别名而已。在《蒂迈欧篇》中，他认为上帝与形式既有区别又有联系。两者的联系表现在上帝和形式都是永恒的，区别在于上帝作为思想者，是主体、是精神，而形式是非物质的客体。其后，在《形而上学》一书里，亚里士多德进一步用"模仿"意指形式的内在性，用"分有"意指形式的超越性。

---

① 〔英〕罗宾·柯林武德：《自然的观念》，吴国盛、柯映红译，华夏出版社，1999，第58页。

　　那么，柏拉图又是如何理解诠释自然或宇宙的呢？在《蒂迈欧篇》里，柏拉图用纯形式替代了爱奥尼亚学派的物质范畴，把自然视为一个自我运动的、充满灵魂的有机整体，并且是以形式世界为先决条件的"运动或过程在空间和时间上的复合体"。正如柯林武德所言："在《蒂迈欧篇》那里，世界的灵魂充满了它全身，因此作为一个整体的世界被认为能通过思维来领悟它的运动所模仿的永恒形式。"① 在柏拉图的理念世界里，灵魂不仅是一切有机物的生命本原，而且是一切运动的开端，同时还能够进行自我运动。毕达哥拉斯学派和柏拉图的思想，对后世科学和哲学的发展都产生了深远影响。因为，"自然界的几何化引起了宇宙演化论的全面变革，宣告了一种思想形态和一种阐释体系的到来，它们与神话毫无相似之处"。②

　　总体上看，古希腊人对自然普遍持有如下观念："由于自然界不仅是一个运动不息从而充满活力的世界，而且是有秩序和有规则的世界，他们理所当然地就会说，自然界不仅是活的而且是有智慧的；不仅是一个自身有灵魂或生命的巨大动物，而且是一个自身有心灵的理性动物。"③ 自然作为一个庞大的生命有机体，受灵魂、理性的引导在时空中演替，并且这些运动都是以生命运动的形式显现。尽管自然无论是在结构上还是在秩序上都有自己的特点，但是人类也拥有认知它们的能力。在古希腊宇宙论中，从泰勒斯的实体论到柏拉图的形式主义，再到早期的泛神论或物话论思想，逐渐形成有机论自然观念，进而开启了西方科学文化的前行之路。

二　从崇拜到征服：近代机械论自然观的确立

　　历史的车轮不断前行，公元 476 年西罗马帝国衰亡，欧洲进入了科学文化发展缓慢的中世纪。在这一时期，人类并没有中断对自然的思考和探索。在那漫长而黑暗的中世纪，上帝成为主宰一切的、至高无上的造物主，世间的万事万物，包括人类都是全知全能的神即上帝创造的。那时，在宗教特别是基督教的推动下，西方社会的人们对自然的态度发生了很大改变，开始从崇拜自然逐渐转为信仰上帝。上帝被赋予了创生万物的神性，成为

---

① 〔英〕罗宾·柯林武德：《自然的观念》，吴国盛、柯映红译，华夏出版社，1999，第 84 页。
② 〔法〕让-皮埃尔·韦尔南：《希腊思想的起源》，秦海鹰译，生活·读书·新知三联书店，1996，第 107 页。
③ 〔英〕罗宾·柯林武德：《自然的观念》，吴国盛、柯映红译，华夏出版社，1999，第 4 页。

自然能够生发的根本动因。正是由于"上帝赋予自然以产生事物的力量和能力，自然成了一种自行运转的东西。自然或宇宙就这也样被对象化了，它被看成一个受规律支配的、井然有序的、自给自足的和谐整体，可以由人的理智来探究"。① 总体上看，神学自然观替代了古代有机论自然观，不仅为后世的极端人类中心主义的到来拉开了帷幕，而且也为机械论自然观的形成提供了前提预设。

在西方文明史中，基督教扮演着非常重要的角色，整个西方的社会文化都有着非常浓厚的宗教色彩，其直接规约和影响着人们的自然观念和伦理道德观念。在人类自然观念的发展进程中，基督教文化的影响不容忽视，尤其是对极端的人类中心主义世界观的形成发展起着至关重要的作用。从传统的基督教文化看，其自身对自然的态度是反生态的，它并没有把自然纳入自己伦理道德关怀对象的范围之内。在上帝—人—自然的关系上，上帝创造了世间万物，但只有人类才是其所爱。因为上帝是依据自身形象创造了人类，所以在众生之中也只有人类具有灵魂。

在传统基督教的等级世界里，人类是上帝在世间的代理人和管理者，世俗世界的一切存在物都应服从人类的主宰和管治，自然对人而言只是为了生存发展可以任意掠夺的资源库。所以在人与自然的关系上，神学自然观视人为自然的控制者、征服者和主人；自然是服从于人类意志和利益的客观实在和对象化客体。简单讲，人与自然是一种主奴式的关系。在神学自然观的主导下，早期人类所信奉的万物有灵论或泛神论丧失了其存在的思想根基，自然的灵性不复存在，自然因此成为客体化的实在，由此也就被排除在人类道德共同体之外。早期原始人那种源于对强大自然力的恐惧，而形成的约束自身行为的道德规范失去了原本的功能和效力。为此，美国史学家林恩·怀特在《生态危机的历史根源》一文中明确指出，"基督教是世界所有宗教中最以人为中心的宗教"，人与自然相分离的二元论思想是其基本主旨。②

尽管基督教自肇始就具有反科学的传统，但是也不能忽视其在自然科

---

① 〔美〕爱德华·格兰特：《近代科学在中世纪的基础》，张卜天译，湖南科学技术出版社，2010，第29页。

② Lynn White，"The Historical Roots of Our Ecological Crisis"，*Science*，1967，No. 155，p. 1205.

学、自然观的发展过程中的作用。在《科学与宗教引论》一书中，麦克格拉思认为中世纪的宗教给自然科学的发展提供了学科背景、观念、方式。在自然科学方面，宗教的作用主要表现在三个方面：一是在中世纪把古希腊的一些经典著述翻译成了拉丁文，为自然科学承续和发展提供了一些理论来源；二是在中世纪的西欧建立了一些大学，它们在后来自然科学发展中起到了核心作用；三是促使新的社会阶层，即神学家—自然哲学家的形成。在宇宙观方面，中世纪的信仰巩固了那个时代的自然观念。例如，流行于中世纪的被认为是不证自明的地心说，作为信仰被《圣经》用于很多章节的阐释。从研究目的来看，中世纪的学者从事自然探究是为了更好地诠释上帝创世说，这也是他们作为教徒所应完成的使命。所以，人类的自然观从有机论自然观转向神学自然观再发展到机械论自然观，有一定的逻辑必然性。

总的来看，基于基督教的神学自然观存在很大的局限性，其主要表现在两个方面：一方面是赋予了人类自然之主的地位，但同时也抹杀了人作为主体认识自然的能动性；另一方面把人们的思想禁锢在宗教教义之内，阻碍了科学文化的传播和社会的进步。自文艺复兴肇始，针对宗教神学和亚里士多德自然哲学双重权威下的神学自然观，人们率先在天文学领域展开了反思、审视、批判和否定，其中最具反叛性和标志性的事件是1543年哥白尼《天体运行论》的出版，引发了哥白尼革命。从科学史角度出发，我们可以知道，流行于中世纪的宇宙论是源于公元2世纪托勒密的宇宙论模型。这一宇宙论涵盖了三个基本观点：其一，地球是宇宙的中心；其二，无论是月亮还是行星，所有的天体都围绕地球作循环旋转；其三，这些旋转是圆周运动，一个天体旋转的圆周成为另一个天体圆周旋转的中心。①但是，随着人类科技的不断进步，天文学观测越来越精准和严密，观测数据与托勒密宇宙模型之间频频出现不相符合的情况，这就说明这一模型自身存在矛盾和不自洽的问题。

所以，从16世纪开始，在宇宙论研究中出现了反亚里士多德主义的趋向，其实质是对终极因理论（目的论）进行抨击和清算，并试图用动力因

---

① 〔英〕阿利斯科·E.麦克格拉思：《科学与宗教引论》，王毅译，上海人民出版社，2000，第7~8页。

来取代目的论。换句话讲，就是对自然物质的变化运动及其过程采用了动力因来加以分析和诠释。故而，在理论特质上，文艺复兴早期的自然哲学家关于自然的理论更趋同于毕达哥拉斯学派的宇宙论，他们力图用数学语言来描述自然及其行为，这也为现代科学的到来埋下宝贵的伏笔。伟大的物理学家伽利略，曾经就把自然比作上帝用数学绘制的书。他有过这样的表述，"哲学被书写在那部永远在我们眼前打开着的大书，我指的是宇宙。但只有学会并熟悉了它的书写语言和符号以后，我们才能读它。它是用数学语言写成的，字母是三角形、圆形以及其他几何图形，没有这些人，人类将一个字也读不懂"。① 可以说，在伽利略看来，只有数学意义上的量以及量的关系、公式、结构等才是真实存在的实体，自然界就是一个纯粹量的世界。

在文艺复兴早期的自然观念中，尽管当时的理论家们已经学会用数学结构来解释自然的运动变化，但是自然依旧被视为一个具有生命和灵魂的有机整体。随着近代自然科学的建立，数学以科学的主导形象呈现于世人面前。如果我们把自然仅仅归为一个由数量关系构成的世界，那么事物质的差别又缘何而来呢？如果自然不再是一个具有自我创造能力的、能自我生发的、活的有机体，那么其自身的运动变化及其过程就只能是由动力因造成的。至此，自然不再是大地之母，人与自然相分离，自然成了人类的对立面，物质与精神成为对立的两极，其结果是机械论自然观逐渐替代了有机论自然观。尤其是哥白尼革命之后，从表象上看太阳取代地球成为宇宙的中心，但更为重要的是哥白尼革命隐含着这样一种观念，即世界可以没有任何中心，换言之，这个宇宙可以以任何实体为中心。而当人类把自然隐喻为一个有机体时，其暗指自然是一个内在含有"分化了的器官"，围绕中心逐层递进的等级结构。但是当世界的中心消失了，那么分化就丧失了其基础，"整个世界就由同一物质构成，引力定律不只是如亚里士多德认为的那样仅适用于地球上，而且适用于任何地方"。② 这就意味着人类发现的科学理论体系既适用于地球，也适用于宇宙中所有星体。那么，康德的名言，"人为自然立法"似乎就变得可以被理解了。

---

① 〔英〕罗宾·柯林武德：《自然的观念》，吴国盛、柯映红译，华夏出版社，1999，第113页。
② 〔英〕罗宾·柯林武德：《自然的观念》，吴国盛、柯映红译，华夏出版社，1999，第108页。

　　何为自然或者物质世界？17 世纪的科学主张，自然界是"一个僵死的物质世界，范围上无限且到处充满了运动，但全然没有质的根本区别，并由普通而纯粹量的力所驱动"。① 当自然被理解成一个由数量关系决定的力所驱动的物质世界时，这个世界便被认为是没有任何质的差异的物质世界，其所有变化发展的内因或动力就都可以简化为用数学法则所表达的统一性和确定性。与这样的观点相同，笛卡尔认为数学化就代表着确定性，宇宙在本质上是一个数学结构或数学模型。所以说，近代物理学家视野里的自然，是人类以理性、必然性的方式描绘的产物，而不是任意的或精神的产物。由此，精神与物质互融的古代有机论转向精神（心灵）与物质对峙的近代机械还原论。在哲学上，笛卡尔崇尚身心二元论，他认为心灵或精神作为实体，是一个能思维、有灵魂的实体；物质作为实体，是一个具有广延性的实体，而且两者并行不悖，都是世界的本原。在自然观上，笛卡尔持机械论观点，把宇宙视为一架毫无目的、毫无精神、没有心灵、没有意识、没有思维能力的机器。这架宇宙机器，不仅由力学原则所推动，而且由精确数学规则所控制，并且可以按一定规则拆分还原为各种组成部分和不同构件。在生物学上，笛卡尔把力学原则视为生物学的基本法则，从而使自然被客体化为没有心灵或灵魂的精美机器。笛卡尔认为，无论是动物还是植物，都是受力学原则支配的简单机器，但是人类与其他生命有机体不同，人类的肉体像动物一样受力学规律支配，而心灵受理性支配，人类躯体只是"理性灵魂居住的躯壳"。在《转折点——科学·社会·兴起中的新文化》一书中，卡普拉指出笛卡尔接受了 17 世纪宇宙机器的观念，并以此为基础通过把生命有机体的各种生理活动还原为机械运动，力图求证生命有机体是类似钟表一样的自动机械装置。当生命有机体被隐喻为机器时，这就暗示着其是由可以任意拆分组装的、相互之间毫无有机关联的部件构成。由于有机体能够还原成一些最为基础的构件，所以就可以通过还原及研究各个构件之间的作用机制、机理来实现对整个机体的认知。至此，人类原初的有机整体论丧失了其立论的思想根基，分析—还原论开始大行其道，成为人们认识自然的基本模式。

　　特别是 1687 年牛顿《自然哲学的数学原理》的出版，不仅标志着经典

---

① 〔英〕罗宾·柯林武德：《自然的观念》，吴国盛、柯映红译，华夏出版社，1999，第 123 页。

力学体系的建立，而且也昭示着近代科学有了衡量自身的标准尺度。在此之后，自然界的物质运动就被诠释为完全是受力学原则支配的，并且"物质世界中的一切现象均可以根据组成部分的排列和运动加以解释"。① 在科学史上，牛顿的经典力学体系代表着近代科学的最高成就，并被广泛应用于其他学科领域之中，成为这些理论体系进行自我建构的基本准则。其中，最具代表性的是拉美特利的机械生理学。拉美特利将机械论原则彻底贯彻于自己的生理学理论之中，并由此提出了"人是机器"的著名论断。在笛卡尔的视域里，人只是躯体受力学原则支配，但是拉美特利认为人从身体到心灵（灵魂）都受力学原则支配。总之，笛卡尔、牛顿的思想对后来整个自然科学的发展产生了非常深远的影响。自此之后，恒常不变的数学法则取代了宇宙有机体的神秘灵魂，自我生成的有机体变成了外因推动的不停运转的机器。就其实质而言，充满灵性的自然被实在化为一个遵循力学原则的、毫无自我创造性的、死寂的机器。当机器隐喻替代了有机（动物）隐喻，地球丧失了其作为养育者的形象，转而成为被人驾驭和控制的对象，其结果是人类的自然观念缺少了应有的伦理维度。因为，"养育者地球的形象可视为一种文化强制力，它从社会道德方面限制了人类对待地球应采取的行为类型，而统治和支配的新形象则为人类对自然的剥夺提供了文化支撑"。②

可以说，在当时的西方社会，机械主义是一种权力的象征，机器模型不仅表征在哲学关于存在、知识的前提预设上，而且也渗透于人们的日常生活经验中，突出表现在对自然的征服和控制上。机器作为本体论和认识论的结构模型，其在存在、方法、知识方面的预设主要有以下几个方面的内容。③

（1）在本体论预设方面，认为物质由粒子组成。

（2）在同一原理方面，认为宇宙是一种自然的秩序。

---

① 〔美〕弗·卡普拉：《转折点——科学·社会·兴起中的新文化》，冯禹、向世陵、黎云编译，中国人民大学出版社，1989，第46页。

② 〔美〕卡洛琳·麦茜特：《自然之死——妇女、生态和科学革命》，吴国盛等译，吉林人民出版社，1999，第2页。

③ 〔美〕卡洛琳·麦茜特：《自然之死——妇女、生态和科学革命》，吴国盛等译，吉林人民出版社，1999，第250页。

（3）在境域无关预设方面，认为知识和信息可以从自然界中抽象出来。

（4）在方法论预设方面，认为问题可被分解成能用数学来处理的部分。

（5）在认识论预设方面，认为感觉材料是分立的。

正是基于这五个前提预设，机械论自然观视域里的自然或世界主要具有了如下特点。首先，自然是由可以分割的基本要素构成。这些基本构成要素要么是"模块化的组分"，要么是"分立的部分"，它们在时间序列上依据因果律运动变化、分化组合。其次，自然是有秩序的，这意指自然的行为不是无序的，而是有规律的。这种自然的秩序，是一种可以用数量关系或数学模型表达的理性秩序，它们与境域没有任何关联。最后，自然中的问题可以被还原、分解为不同的构件或部分，并且关于自然的特殊信息可以采用数学法则进行处理。毋庸赘言，这就是通过把问题还原分解为不同的组成部分，从而使其从复杂环境中抽象出来，使其简单化。

至此，古代有机论自然观在中世纪神学以及近代科学的不断解构下，丧失了其得以存在的形而上基础，进而逐渐被机械论自然观所取代。宇宙和生命有机体丧失了其内在的灵性，自然不再是一个有灵魂的有机体，而是一个没有自我价值、与人相分离的、可以被我们控制的冰冷机器。随着科学的进一步发展，这一观念成为近代以来人们科学研究以及日常生活中的主导观念，深刻地影响了人类对自然的态度。这种观念的必然结果是，随着人类对自然征服能力的不断提高，生态环境危机逐渐凸显出来，这一观点导致了 18 世纪后人们对自然的态度急遽转变，开始由敬重转向征服。而在人类的思想观念结构中，"自然观与价值观是相互作用，相互影响的，在一定意义上说，自然观是价值观的基础，价值观是自然观的前提"。[①] 在不同历史阶段，人类关于自然的概念框架结构中，不仅包含了关于自然的基本预设，也蕴含着相关的价值观念体系，这与人类的需要和社会的整体需求密切相关。哲学世界观是人们关于世界的根本观点，其"内在蕴含着对人与世界价值秩序的'应当'安排，因为人与外部世界关系秩序安排本身必然表达着对二者的价值判断，以及如此安排二者秩序的应当"。[②] 因此，

---

① 张德昭、任心甫：《自然观和价值观的转折与互动——内在价值范畴的实质和启示》，《自然辩证法研究》2005 年第 5 期。

② 曹孟勤：《论马克思哲学思想的正义意蕴》，《伦理学研究》2019 年第 2 期。

随人类的自然观的重大转变，人类关于自然的价值观念体系也会发生相应的变革。可以说，从黄色的前工业文明到黑色的工业文明，人类对自然的价值观念也经历了一个由生态启蒙到生态断裂的发展过程。

三 从黄色到黑色：生态价值观由启蒙走向断裂

如同人的知识生活，人的价值观念是在特定的社会文化条件下形成的，是依据个人和社会的需要而形成的。因此，要透彻掌握生态价值观的历史演化就离不开对其生成境遇、社会条件、历史背景的梳理和考察，尤其是要考察人类针对自然、人与自然关系所形成的自觉意识。从人类意识产生发展来看，其经历了一个从简单到复杂、从低级到高级的不断进化的过程。人类意识不仅是自然界长期进化的产物，更是人类社会实践活动的产物。为此，马克思说："意识一开始就是社会的产物，而且只要人们存在着，它就仍然是这种产物。当然，意识起初只是对直接的可感知的环境的一种意识，是对处于开始意识到自身的个人之外的其他人和其他物的狭隘联系的一种意识。"① 所以，人的意识自形成之日起就不是纯粹精神性的存在，而是人与自然交往的产物。而价值意识作为人的意识，是不能离开具有自我意识的、现实的人类而形成的，其"是通过人主动嵌入现实世界而获得的反映或感知"。② 因此，要深入理解人类生态价值观念的变迁发展，就离不开对人类存在方式、文化样态、自然观念、社会构成理论的系统梳理。

在人类的幼年期，由于生产力极其低下，早期原始人完全是仰仗大自然的馈赠才得以生存，他们主要依靠最原始的工具如石器，通过采集和狩猎等方式来获取生活资料，进而维持自身的生存和发展。在与自然长期的交往过程中，早期的人类初民学会制作和使用最原始的、最简陋的器物、工具帮助自身从事渔猎活动，以此来实现与自然之间的物质和能量的交换。如果离开了器物和技术，无论是人的实践活动还是认识活动都难以为继。正是在长期的生产生活实践中，原始人渐渐学会了区分环境与人、人与物、物与物、人与自我意识，并以此为基础对各种自然现象进行尝试性描述，以期探究它们彼此间的内在关联，进而猜测这些相互关系得以出现的成因。

① 《马克思恩格斯文集》（第1卷），人民出版社，2009，第533～534页。
② 李培超：《自然的伦理尊严》，江西人民出版社，2001，第145页。

与此同时，人类早期神话世界观得以缓慢形成。这种神话世界观作为原始人的意识形式，其突出的特点是 "物我难分、人神杂糅"。早期的人类，就是以此来诠释自己对世间万物、自然现象和宇宙起源的理解和猜测的。

从总体上看，尽管这些神话、巫术和原始宗教是 "人接近本能的生命或生活意识"，却凸显了人类已经开始对自然产生意识。关于此，马克思曾说，意识 "也是对自然界的一种意识，自然界起初是作为一种完全异己的、有无限威力的和不可制服的力量与人们对立的，人们同自然界的关系完全像动物同自然界的关系一样……是对自然界的一种纯粹动物式的意识（自然宗教）；但是，另一方面，意识到必须和周围的个人来往，也就是开始意识到人总是生活在社会中的"。① 事实上，早期人类的意识形式即巫术和原始宗教，实质就是那一时期人类的科学技术和社会文化。从人类文明发展的历程看，一部人类的文明史，实际就是一部人类技术的进化史，如青铜器代表着原始的农业文明。技术作为人类最原初的存在方式，在其发展过程中表现出的多样性和复杂性，反映了人类在不同历史时期的生存和发展的需求。人类求生存、求发展的道路，荆棘遍地、困难重重、危机四伏，人类负重而前行。为了摆脱这些困厄，人类凭借聪明才智发明创造了各种各样的人造器物来满足自身的需求，进而也推动了人类文明不断进步。所以，透过人类技术演变进化的历程，我们不难发现，其中蕴含着人类自然观念和价值观念的变迁发展。

正是源于生存需要，人类开始尝试认识自然现象及其规律，了解自身的生理结构，探究自身的心理活动。为了生存，人类创造了用于与自然抗争的工具。工具作为人造器物，实质是技术的最原初的形象。无论是最原始的火石工具还是今天的全自动化机器设备，都是人类以技术为形象对意义世界的一种呈现。对人类而言，不同时期的技术都是对其存于世界的生存方式、生活意义的一种隐喻式表达和显现。比如在中华文化的历史长河里，早期的青铜器不仅是人们从事生产实践活动的工具，也作为礼器被人们用于祭祀活动和日常礼仪。据现存的古代文献记载，我国青铜器的一项重要功能就是用来盛放祭祀供品或 "象物"。所谓 "象物"，是指在青铜器的表面刻画的某一群体所崇拜的各种神灵或者代表自己祖先由来的神物。

---

① 《马克思恩格斯文集》（第 1 卷），人民出版社，2009，第 534 页。

所以说，中国古代的青铜器对于当时的社会生活来讲，更重要的在于它是国家、权力以及祭祀文化的象征。换句话讲，当人造器物以礼器的形式呈现于现实的生活世界之中时，其就被赋予了社会伦理意义和价值功能。

那么，早期人类的技术缘何能被赋予这些意义？根源就在于，那时的人造器物——技术不是一种简单的改造自然的实践工具，而是与宗教、神话、艺术交织在一起共同参与了现实生活世界的建构。在古代中国，农业基本上靠天吃饭，所以自然条件的优劣，如降水量的多少直接影响农业收成的好坏。但是，对刮风下雨等自然现象的成因人们知之甚少，更没有适当的技术手段加以控制，于是在出现干旱的区域，人们就祈求龙王以降甘霖，而在容易发生洪涝的地方，人们也会祈求龙王保佑风调雨顺，这种宗教文化展现出人与自然是融于一体的关系，自然主宰着人，而人则赋予自然物以各种意义和价值。神话自然观认为，自然对人而言拥有超凡的力量，人类是自然的子民；尽管人可以企及自然，但自然强大而不可侵犯。与此相适应的人类技术，还没有进化出僭越自然禁忌的力量。正是基于这种自然观和技术的双重影响，人类对自然的价值取向表现为崇拜和敬畏。所以，古代技术不仅融于人类社会的日常生活中，而且人类的价值观念也孕育和显现于其中。

随着古代技术的不断进步，古希腊人普遍存有了这样的观念：技术作为人类的存在方式，是具有社会功能的文化，因此人类能通过技术创造出符合自身需要的生活世界。但是，由于受到古代有机论自然观的影响，当时的人们对技术普遍持有戒备之心。在古代有机论自然观的概念框架里，自然被隐喻为有生命的理性（理智）动物，其内在充满了灵性，是一个有灵魂的、活的有机体。这个活的有机体，充满活力且运动不息；它拥有灵魂或智慧，遵循着固有法则以一定的秩序和原则生发。尽管这个活的有机体充满神秘性，但是人类也拥有认识它的能力。而技术作为人类依据自身的需要与自然交往的手段和中介，在古希腊人的观念里却是违背自然内在神秘精神的异己力量。所以，当时的人们试图通过各种宗教仪式来消解技术给自然秩序造成的扰乱。技术史学家乔治·巴萨拉明确指出，古希腊罗马人普遍相信由各种神灵统治的自然，是神圣而不容人类肆意加以干预和利用的。所以，人类不能利用技术随意改变自然的秩序。比如，对河水或溪水进行分流的做法，在当时的人们看来是一种破坏自然秩序的行为。

在古代社会，人们探寻自然秩序的"实然"是为了给人类行为的"应然"提供基准，以便使自身能与自然和谐发展。我们应该明确意识到，针对自然进行的描述性陈述并不是单纯的事实性描述，而是暗含了一定的规范性意味或者价值预设。因为规范与陈述并非决然对立，而是相互交融、相互包含。简单讲，陈述之中有规范，规范之中有陈述；规范性功能存于其描述性过程中。比如在文艺复兴时期的有机论中，当自然被赋予了女性的形象即作为养育者（母亲），其暗含着对自然尊重的道德观念，从而使其具有规约人类行为的道德约束力。在人类伦理价值观念里，这种文化的隐喻具有道德规范的功能或作用。因为它教导着人类应以何种姿态面对自然。当自然以母亲形象呈现于世人面前时，人类就不能因为自己的私欲去肆意践踏自然；而当自然以机器形象呈现于世人面前时，自然就被客观实在化为人类生存发展所不可或缺的资源库，成为人类征服和掠夺的对象。因此，"当自然形象和对自然的描述性隐喻发生变化时，一种行为限制就可能变成一种行为许可"。① 至此，我们可以发现，早期人类的自然观和技术观交织在一起，共存于人类的价值观念和行为方式之中。而就自然观与价值观的关系，美国环境伦理学家罗尔斯顿主张，不同时代人们的价值观念与其宇宙论具有内在的逻辑一致性。也就是说，你以何种态度和观念看待自然，你就会以何种方式与自然进行交往。从一定意义上看，人类关于实在或存在的认知模式，实际内在蕴含和规约着人类的道德行为模式。

但是在西方传统哲学视域里，苏格兰哲学家休谟却主张关于存在的价值判断绝不能从其事实判断中推导出来，事实判断与价值判断之间是二分的。自休谟以来，这一问题一直困扰着西方哲学界，成为争论不休的难点问题和焦点问题。在对西方哲学史梳理研究的基础上，罗素认为"哲学在其全部历史中一直是由两个不调和地混杂在一起的部分构成的：一方面是关于世界本性的理论；另一方面是关于最佳生活方式的伦理学说或政治学说"。② 上述观念表明，关于世界本性的理论也就是要回答"是什么"的问题，其代表的是一种事实性描述或曰事实判断；而关于最佳生活方式的伦

① 〔美〕卡洛琳·麦茜特：《自然之死——妇女、生态和科学革命》，吴国盛等译，吉林人民出版社，1999，第4页。
② 〔英〕罗素：《西方哲学史》（下卷），马元德译，商务印书馆，2002，第395页。

理学说则回答的是"应如何"的问题，其代表的是一种规范性陈述或价值判断。所以，我们将价值判断视为一个规范性系统，而把事实判断看成是一个描述性系统。那么，是否真如休谟所言，事实性描述和规范性陈述之间有着不可逾越的鸿沟呢？诚然，对这一问题我们不能简单地给予肯定性或否定性的解答。如果把两者简单地等同，那么就会容易抹杀客观存在物本身与自身的价值之间的区别。如果把两者决然对立，那么就容易使客观事物的价值完全因人类的需要、利益而确定，从而使自然成为人类随意支配、掠夺的对象、客体。而事实上，"价值是有价值的东西的价值，在我们不能领悟和认识它时，它依然是潜在于某种事物或局势之中的价值"。①

在本质上，任何规范和描述都存在千丝万缕的联系，"规范可能是隐含于描述中不言而喻的假设，以此作为一种看不见的行为规则，或道德上应该是否的标准而起作用"。② 无论是早期的神话自然观还是近代的机械论自然观，关于自然的描述之中都暗含着某种道德律令，并且这些隐含的道德律令对人类的行为起着规约作用。所以，从人类不同时期观察自然、描述自然的方式中，我们不难发现，在自然的文化价值方面，人类的规范性陈述会随着描述性陈述的变化而相应改变。以神话自然观为例，当自然被描绘成具有超自然力量的神时，其意指自然具有人类所不能企及的神圣性。正是基于这种观念，早期人类往往会通过巫术、祭祀等宗教仪式来表达他们对自然所持的敬畏和崇拜之情，并以此来规约自己的行为方式，决定自己什么可以做，什么不应该去做。而在有机论自然观里，自然被视为一种活的有机体，尤其是文艺复兴时期，自然的养育者形象更加凸显了其内蕴的伦理道德含义。因为，人之为人是不可随意伤害和杀戮他人，所以更加不能戕害自己的生养之母。实质上，自然的母亲（女性）形象预设了人类应以何种道德行为准则与自然固有的秩序保持一致。

在实际的生活世界里，当我们接受了某种解释框架或描述性陈述时，必然不会舍弃与之相关联的价值判断或规范性陈述，因为概念框架与相关价值判断之间的联系不是偶然的。所以，脱离了人的生存方式、文化形态、

---

① 〔日〕小仓志祥编《伦理学概论》，吴潜涛译，富尔良校，中国社会科学出版社，1990，第70页。

② 〔美〕卡洛琳·麦茜特：《自然之死——妇女、生态和科学革命》，吴国盛等译，吉林人民出版社，1999，第4~5页。

思想观念以及社会理论等方方面面的内容，就很难真正把握人类价值观念的形成发展，因为人的价值意识、价值体系就存在于自己关于世界的本真理解之中。这是源于"人的独特本性在于，他必须生活在物质世界中，生活在他与所有有机体共享的环境中，但却是根据他自己设立的意义图式来生活——这是人类独一无二的能力"。① 为此，麦茜特认为，有机论不仅是一种概念系统，同时也蕴涵了与之相关的价值体系。并且她进一步阐述道："某种规范性理论总是与特定的概念框架相联系，而每种框架自身却包含着特定的结构性变化和规范性变化的尺度，这种变化尺度是与其它选择性与竞争性框架中的尺度相互排除的。"② 总体上看，在近代机械论自然观之前，人类尽管没有形成生态文明意义上的生态价值观念，但是在有机论自然观的主导下人们已经形成了尊重自然、敬畏自然、关爱自然的道德意识、伦理观念，并将其视为规范自身生活和行为的基本道德准则。如果从价值观变迁发展来看，那么这一时期只能算是生态价值观的启蒙阶段。

　　而随着商业贸易的繁荣、科学技术的发展，人类认识自然的能力、改造自然的工具都得到了相应的提高和改进。与此同时，无论是人类的需求还是社会的需要都发生了前所未有的变化，这就破坏了原有的概念框架得以存在的基础，由此进一步促使新的概念框架的产生以及社会建构理论的变革。在有机论的时代，有关社会的理论明显具有有机论的色彩，人们往往把社会隐喻为生命有机体。这种社会大致有三种变体：有机社会、有机共同体、有机乌托邦。所谓有机社会，是一种基于中世纪等级制度的有机社会模型，其以人类生理结构作为喻体，将人类社会隐喻为一个类似人体结构的组织系统。例如，中世纪的欧洲就将国家或社会想象成"一个大写的人"：国家是一个活的生命体，受理性的统治，而君主是这种理性在世间的代言人。在这个社会有机等级结构里，"君主还有教士，对国家这个身躯来说起着灵魂的作用，把国家命令传达于地方的法官和行政长官们，后者代表它的感觉器官——耳朵、眼睛和舌头"。③ 而有机共同体和有机乌托邦

---

①　〔美〕马歇尔·萨林斯：《文化与实践理性》，赵丙祥译，上海人民出版社，2002，第 2 页。

②　〔美〕卡洛琳·麦茜特：《自然之死——妇女、生态和科学革命》，吴国盛等译，吉林人民出版社，1999，第 5 页。

③　〔美〕卡洛琳·麦茜特：《自然之死——妇女、生态和科学革命》，吴国盛等译，吉林人民出版社，1999，第 5 页。

都是有机社会模型的新变体。但无论何种变体，本质上都是以整体论方式来联结自然与社会，将人类视为自然不可分割的组成部分，自然与社会盘根错节、相互依存，共生于一个有机整体中。对此，麦茜特这样论证道："在这些乌托邦中，自然的和社会的共同体各部分在一个有机整体中相互关联，自然组分和社会组分之于整体的功能发挥而言，具有平等的价值。"①换句话而言，在自然和社会之间建构联结具有很重要的理论意义及价值。其主要表现在两个方面：一方面为消解人优越于自然、人与自然二元对立的观念奠定了理论基石；另一方面为人类价值观念的生态化变革提供了前提预设。

　　但是随着近代科学的建立，科学精神也发生了重大改变，自然从人类崇拜的对象变成了征服的对象。在哲学上，笛卡尔的二元论思想广为流传并占据了主导地位，有机论观点逐渐淡出了人们的视野。在宇宙论或自然观上，笛卡尔—牛顿的机械论模型取代了有机论模型。自然从活的有机体转变为冰冷的、死寂的机器，自然观的这一急剧转变强烈地影响着人们对环境的态度和价值取向。当人们把大地想象成一个有生命的养育者时，人们就会自发地形成对自身行为的文化限制，所以有机论的自然观本身就暗含着某种产生生态行为的价值体系。当一个活的有机体变成了一架复杂的机器时，原则上说，"它的发生、酝酿、发育、衰亡和死亡都用还原和机械的方法加以详尽的说明"。②而这种关于自然的描述性陈述，对有机概念框架得以存在的理由构成了一种缓慢而持续的威胁和消解。在 16～17 世纪的西欧，这些变化最终摧毁了宇宙与社会之间的有机统一，因为社会整体的需求和目标正随着商业革命而发生变化，而与有机论自然观相联系的价值规范体系不再具有足够的制约力。为了满足自身生存发展的需要，在机械论自然观的影响下，人们摒弃了以往对自然的敬畏之情，继而开始无情地掠夺自然、破坏自然，进而使人类对自然的价值取向走向了反生态的阶段。所以说，在前工业社会，"人的价值取向与自然秩序是适应的，人们遵循自然法则与实现的价值诉求基本一致"。③

---

① 〔美〕卡洛琳·麦茜特：《自然之死——妇女、生态和科学革命》，吴国盛等译，吉林人民出版社，1999，第 106 页。

② J. B. 卡利科特：《生态学的形而上学含义》，余晖译，《自然科学哲学问题》1988 年第 4 期。

③ 张曙光：《论现代价值与价值观的问题》，《马克思主义与现实》2011 年第 1 期。

第二节　生态价值观的复兴及内涵

一　从征服到和解：现代生态自然观的确立

现代生态自然观作为自然观的新样态，是伴随着困扰人类生存发展的环境危机以及生态学的产生发展而逐渐显现的。关于自然的理解和阐释问题，现代生态自然观以生态科学为基本理论支撑，摒弃了机械论自然观的分析还原论方法，强调用生态有机的、系统整体的、动态过程的观点看待自然，将追求人与自然的和谐发展视为其根本宗旨和基本价值目标。

而要透彻理解和把握现代生态自然观的形成发展，首先就离不开对黑格尔自然观的系统梳理。其原因在于，黑格尔的自然哲学精准表征出那一时期人类自然观的变革，"与机械唯物主义自然观相反，他们认为自然界是一个有机整体，为精神活动所渗透，自然界的一切过程都应该用精神的内在活动来解释，而不应该用物质的外在运动来解释"。① 黑格尔的自然哲学不仅是其哲学体系的三大组成部分之一，也是人类的自然观念由近代机械论转向现代进化论的重要阶梯。在黑格尔视域里，自然首先不是人的幻象，而是独立于心灵而存在的实在；其次不是孤寂、僵死的东西，而是一个不断生发的、能动的过程；最后就其实质而言，这个过程是一个概念的展开过程。为此，黑格尔曾这样论述道："自然必需看作是一种由各个阶段组成的体系，其中一个阶段是从另一个阶段必然产生的，是得出它的另一阶段的最切近的真理，但并非这一阶段好像会从另一阶段自然地产生出来，相反地，它是在内在的、构成自然根据的理念里产生出来的。"②

作为客观唯心主义大师，黑格尔认为世界是以理念为先，这个理念（纯存在）是自然的创造者或直接来源；心灵正是理念或曰纯存在以自然为中介而创造出来的。这个理念的世界也是一个概念的世界，无论是自然的起源还是自然的变化，都是"概念世界过程的一种结果或逻辑后果"，因为逻辑先在性是时间先在性的前提、基础。在这个概念世界里，概念不是僵死不动的，而是处于不断的生发之中。"概念的生长像有机体，通过萌生出

① 〔德〕黑格尔：《自然哲学》，梁志学等译，商务印书馆，1997，第1页。
② 〔德〕黑格尔：《自然哲学》，梁志学等译，商务印书馆，1997，第28页。

自身新的规定性——出发点相同但不同质——而从可能性发展为现实性。"①
在理论特质上，黑格尔的自然观念蕴涵两层相互衔接的理论内容：一方面，
黑格尔关于自然的哲学思想，是以 17 世纪的宇宙论为逻辑起点，其主张自
然作为一架能运动的机器，是由僵死的、同质的物质构成的集合体；另一
方面，自然这架运动的机器，是能通过自我存有的内在逻辑必然性使生命、
精神的力量从自身演化生成出来，因为一切实在本身就浸透着运动和过程。
黑格尔认为，自然观念作为实在的观念在时空中分布、断裂、展开和变化，
所以物质及其特性充盈在整个时间和空间之中。简单地讲，就是"物质的
每一部分不是简单地位于这里或那里，而是位于一切地方"。② 尽管黑格尔
的宇宙论与现代宇宙论存在很大的差异，但是他关于实在过程的思想却与
现代宇宙论不谋而合。

在一定意义上，现代宇宙论的形成发展得益于进化观念的提出，而就
进化观念本身而言，其大致经历了生物学和宇宙论两个阶段。从进化思想
自身的产生发展来看，其源于对生命概念的研究。那么，究竟何谓生命？
在人类思想史上，不同历史阶段的人们对这一问题的解答却不尽相同。在
古代和中世纪的欧洲，人们认为物质、理智或心灵、生命虽各具不同的性
质，但三者密不可分，共同构成了整个自然界。在这个宇宙世界里，物质
代表着"广延的部分"；生命表现了"运动的部分"；心灵或理智反映着
"井然有序的部分"。这种思想观念，一直延续到现代物理学的诞生。自 16
世纪以降，宇宙的形象从动物转向机器，这就意味着自然的有序运动与理
智、心灵无涉，物质的这种有序运动是源于恒常不变的数学法则，其实质
是一种无生命的运动，生命的繁衍是母体的再造或再现。直到 19 世纪，在
生物学作为独立的学科领域出现之前，生命本身被预设为一种类似物质，
但不同于心灵的没有自觉性的目标意识；而生命过程则被理解成类似心灵
而不同于物质的存有了明确目标，并且会因环境变化而进行自我修正的有
机体的生成过程。但是，柏格森对生命的诠释与上述理论存在比较大的差
异，他认为生命概念与物理学意义上的物质概念有着根本区别，生命的运
动也不是预定过程的再现，而是一个创造过程，人类整体的精神也是自然

---

① 〔英〕罗宾·柯林武德：《自然的观念》，吴国盛、柯映红译，华夏出版社，1999，第 134 页。
② 〔英〕罗宾·柯林武德：《自然的观念》，吴国盛、柯映红译，华夏出版社，1999，第 140 页。

进化的产物。在本质上，柏格森的生命概念其实是自然的翻版，并没有为解决物质世界和生命世界之间的关联问题找到真正的出路。但是，现代的物质理论却清晰地指出了两者之间内蕴的相似之处，即物质既可以是过程、活动，同时也可以是仿如某种生命的东西。

总之，把进化思想引入对自然的科学研究之后，机械的自然概念遭到遗弃，"机械"和"进化"不能同时用于描述一个事物。究其原因，是"在进化论中，自然中可能有机械，但自然本身不可能是一个机器，并且不仅它作为整体不能，而且它的任何一个部分都不能用机械的术语完全描述"。① 在自然观念上，进化概念使人对自然的理解能够去除机械化，因为任何机器作为人造器物或人工产品，它们本身是一个封闭的系统，亦即完成的、既定的存在。换句话讲，当一个机器被加工完成之后，就具备了为其所预设的全部功能，那么，它自身就无进化可言了。为此，以怀特海的理论为代表的现代宇宙论提出，自然界既是一个有机体又是一个过程，"它们结成单一的复合活动，这就是有机自身"。如果我们追溯这一思想的源头，可以追溯到黑格尔自然哲学。在《自然哲学》一书中，黑格尔明确指出，"自然界自在地是一个活生生的整体"，并且作为理念的外化（异在）而进行合乎目的的运动发展。②

柯林武德认为，存在的事物与活的有机体是非常相似的，"其本质不仅仅依赖于其组成部分，还依赖于它们的组成形式或结构"。③ 在怀特海看来，实在即是有机体，运动也是实体。针对机械论自然观的分析还原方法，他持坚决的反对态度，不相信通过解构能发现一个复杂事物的真实存在或本质。的确，分析能揭示出事物的组成部分，但与此同时也拆散了它的结构。并且，他认为"广延性"和"目的"是宇宙过程固有的两个基本特质。柯林武德认为，所谓的"广延性"是指宇宙过程不仅弥散于空间，与此同时也经历了时间；而所谓"目的"是指怀特海以目的论来解释宇宙过程。在此基础上，怀特海认为宇宙过程内秉着类似柏拉图理念世界的"永恒的客体"。所以，科林武德认为，现代自然观经历了从笛卡尔到怀特海的发展阶

① 〔英〕罗宾·柯林武德：《自然的观念》，吴国盛、柯映红译，华夏出版社，1999，第15页。
② 〔德〕黑格尔：《自然哲学》，梁志学等译，商务印书馆，1997，第34页。
③ 〔英〕罗宾·柯林武德：《自然的观念》，吴国盛、柯映红译，华夏出版社，1999，第184页。

段，这一阶段在本质上类似于古希腊宇宙思想从泰勒斯到亚里士多德的这个阶段。尽管这两个发展阶段有着相同之处，但现代自然观同古希腊有机论自然观又存在着不同，这体现为现代自然观是以基督教神学体系、17 世纪的新物理学及新生物学的相关理论作为其发展的基调和底色。

在《自然的观念》一书中，柯林武德提出一个非常新颖的结论："作为思想形式的自然科学，存在于且早已存在于一个历史的连贯性中，并且为了自身的存在，它依赖于历史思想。"[①] 正是基于此，他认为人类对自然的认知是采用类比方法来构建的，而不同历史时期之所以采用不同的喻体，其根源于人类的认识水平和实践能力所能达至的水平和程度不同。比如，在古希腊的自然科学中，被隐喻为小宇宙的人类通过内省进而从对自身的参照中推演出自然即大宇宙的某些性质，而这一过程包含了两种宇宙之间的类比；这种心灵隐喻式的类比到了文艺复兴时期开始向着机械隐喻的类比转型，人类通过自身制作的手工制品从而推演出自然是上帝的杰作；到了现代，这种类比又演化为了自然科学家所研究的自然发展过程与历史学家所研究的人类事物兴衰变迁过程这二者之间的类比，即一种历史隐喻的类比。同样，现代自然观一开始就在探寻一种类似于 18 世纪末的表达方法，而且时至今日，它都一直在积蓄力量使自己变得更可靠。

时至 20 世纪，自普朗克的量子论和爱因斯坦的相对论提出后，机械论世界观转向了广义系统论的世界观。随着现代物理学的不断发展，机械论自然观的缺陷日益凸显，并逐渐被系统的、有机的、生态的自然观所替代。爱因斯坦的相对论，深刻地改变了人类传统的时空观念。在牛顿开创的传统时空观念里，时间和空间是两个各自独立的客观实在，物质的运动与时空是相分离的，时间和空间都是绝对的。而在爱因斯坦的相对论中，时间、空间和物质运动是相互关联的，时间和空间不是相互独立的实在，两者相互影响、相互制约。尤其需要注意的是，作为现代物理学基石的量子理论提出之后，传统观念框架中的时空、物质、客体和因果等一系列概念都发生了变革，其结果是机械论自然观（世界观）被系统论世界观所替代。简单讲，"宇宙不应再被看作由不同的客体所组成的一部机器，而应被描绘为不可分的、动态的整体，其各个组成部分在本质上是相互联系的，只能被

---

① 〔英〕罗宾·柯林武德：《自然的观念》，吴国盛、柯映红译，华夏出版社，1999，第 195 页。

理解为宇宙过程的一些模型"。①

在这种现代物理学的视野里，宇宙或自然具有内在同一性。换句话说，宇宙或自然作为统一整体，不再是由无数相互独立的、可以分解的微小实体所构成，而是一个能贯通整体所有部分的复杂的网络系统。在自然系统里，任何事物都不是孤立存在的，它们相互关联，并在与其他事物的关系中确立自身。可以说，现代物理学的不断进步对人们固有的思想观念、思维模式以及价值观念提出了前所未有的挑战。在 20 世纪 30 年代，理论生物学家贝塔朗菲提出了一般系统论，从而使源远流长的系统论思想焕发了现代之光。从词源学上看，系统一词最早可以追溯到古希腊，其原初含义是指整体是由部分组成的。何谓系统？一般系统论将其界定为由许多要素构成的具有某种功能的有机整体。在《论系统工程》一书中，钱学森指出，"系统就是由许多部分所组成的整体，所以系统的概念就是强调整体，强调整体是由相互关联、相互制约的各个部分所组成的"。② 在这个有机整体中，诸要素是以不同的结构形式相互联结的。

古希腊的系统思想认为整体是大于部分之和的，而现代系统论强调不能将系统的整体特性简单地或者单纯地归于部分的特性，整体是优于部分的。现代系统论认为，系统具有八个基本特性：整体性、目的性、层次性、稳定性、开放性、自组织性、突变性和相似性。其中，整体性是一个系统的最根本的特性，是一系统区别于其他系统的内在规定性。系统的内在规定性，是源于其组织要素间相互依赖、相互作用过程的特定结构。正如卡普拉所言："系统一经拆开成为孤立的元件，无论是物质的，还是理论上的，系统特性就消失了。"③ 所以，系统论要求我们用联系的、整体的观点看世界。而随着普里戈金的耗散结构理论、哈肯的协同学、艾根的超循环理论以及混沌理论等复杂性科学的兴起，人们对开放系统、生命起源及进化发展等问题有了全新的理解。当我们用系统的观点审视自然的时候，自然的机器形象被有机的、系统的形象所替代，从而为现代生态自然观的确

---

① 〔美〕弗·卡普拉：《转折点——科学·社会·兴起中的新文化》，冯禹、向世陵、黎云编译，中国人民大学出版社，1989，第 55 页。
② 钱学森等：《论系统工程》，湖南科学技术出版社，1982，第 204 页。
③ 〔美〕弗·卡普拉：《转折点——科学·社会·兴起中的新文化》，冯禹、向世陵、黎云编译，中国人民大学出版社，1989，第 196 页。

证提供了全新的理论视角和维度。

除此之外，生态学的形成发展也为人类自然观念的变革提供了科学前提和理论范式。从机械论自然观到现代生态自然观的转变是以生态学自身的演化发展为科学支撑的。那么，生态学作为一门研究有机体与其所处环境关系的科学，缘何能有助于人类自然观念实现根本性变革，从而进一步促使人们的价值观念发生转变呢？应当说，这是得益于生态学自身内蕴的整体论特质，换句话而言，生态学内蕴了形而上学的含义。生态哲学家卡利科特认为，生态学的形而上学含义主要体现在以下两个方面：一是生态学对自然界的概念抽象中包含着"有机"和整体论的意涵；二是生态学暗含的整体论思想表现在内在关系学说上。生态学所强调的关系，是先于物而存在的关系，所以通过它而生成的系统整体也是先在于其组成部分的。应当说，"由生态学和量子理论展现的整体是统一的，而不是完全单一的：这些整体是一体更象有机体是一体，而不象一个不可分割的、同质的、无特性的物质是一体那样"。① 事实上，生态学自诞生之日起，就被用于研究生态系统的生命过程以及有机体之间、有机体与周围环境之间的相互关系。生态学家奥德姆认为，生态学就是"研究生物或者生物群体及其环境的关系；或者是生活着的生物及其环境之间相互联系的科学"。②

故而，生态学强调要以整体的、联系的、平衡的观点来观察和描述自然。自然对于人而言不是掠夺的对象，相反，是人类的伙伴和朋友。在人与自然的关系上，18世纪阿卡狄亚式的自然观就强调人与自然是伙伴关系，而不是一种主奴关系，其倡导"人们过一种简单和谐的生活，目的在于使他们恢复到一种与有机体和平共存的状态"。③ 如果我们以生态学为视角去观察自然、描述自然，那么呈现于眼前的是一个由不同物种相互联结、相互交织，复杂的、流动的、开放的生态系统，其最为显著的特点就在于它自身内在固有的整体性。而人与自然并不是对立的两极，相反，两者共同生成了一个开放的、整体的生态系统。在本质上，人与自然的生态系统是一个不断进化的自组织结构，其本身经历着从无序到有序、从低级到高级

---

① J. B. 卡利科特：《生态学的形而上学含义》，余晖译，《自然科学哲学问题》1988年第4期。
② 〔美〕E. P. 奥德姆：《生态学基础》，孙儒泳等译，人民教育出版社，1981，第3页。
③ 〔美〕唐纳德·沃斯特：《自然的经济体系——生态思想史》，侯文蕙译，商务印书馆，1999，第19页。

的演替发展过程。依据耗散结构理论，任何一个生态系统的熵减亦即进化，都需要不断从外界获取有效的能量，以便消解自身自发的熵增带来的无序趋势。所以，人类社会作为开放的有机系统，其进化演替的实现不能仅仅依靠系统自身的内在循环，而需要源源不断地从外界获得必要的物质和能量来维持自身的生存发展。正如马克思所说："人靠自然界生活。这就是说，自然界是人为了不致死亡而必须与之处于持续不断的交互作用过程的、人的身体。"①而人只有学会如何正确看待自然，才能以恰当合理的方式面对自然。有何种自然观，就有何种发展观和价值观。

在现实背景下，日益严重的环境危机为生态自然观的确立提供了实践基础。随着科学技术的迅猛发展和社会工业化的不断加剧，人类对自然资源的无节制索取使生态环境遭受严重破坏，进而严重制约了人类的生存发展。为此，如何发展的问题、怎样发展的问题摆在了人类面前。1972 年 6 月，在瑞典的斯德哥尔摩，联合国召开了第一次环境大会，并发表了《斯德哥尔摩人类环境宣言》，旨在呼吁人们关爱自然、保护自然，从而为生态自然观的提出奠定基础。与此同时，针对环境和发展问题，以"罗马俱乐部"的成员为代表的人类未来研究者提出了可持续发展所须面对和解决的十大问题。其后，在《我们共同的未来》报告中，可持续发展概念被正式提出。在本质上，可持续发展理念要求保护环境、爱护环境，诉求建立人与自然的和谐关系。关于自然的理解，现代生态自然观与机械论自然观有着质的差别，与近代机械论自然观把自然视为僵死之物不同，现代生态自然观把自然视为能自我调节、自我组织的生命有机系统。在人与自然的关系问题上，现代生态自然观强调两者的和谐共生，认为自然不是人类的征服对象和奴仆，而应该被人类视为自身发展不可或缺的源头活水。至此，认为自然是可以分解还原的机械论自然观转向了从生态有机、系统整体、自组织的视角看待自然的现代生态自然观，这就为生态价值观的现代复兴奠定了理论基石。

二　从黑色到绿色：生态价值观的现代复兴

以史为鉴，我们不难发现，人类自然观念的转变直接影响着自身价值

---

① 《马克思恩格斯文集》（第 1 卷），人民出版社，2009，第 161 页。

观念的变迁发展，因为人类价值诉求的实现以自然法则或自然秩序为基本准则。为此，我们立足于科技史对自然观念的变迁发展进行较为系统的梳理，以便为深入探究生态价值观的嬗变提供理论支撑。虽然我们还不能很好地解释我们是用什么逻辑推论出自己的价值观念，但有一点似乎是不能简单否定的，即我们在很大程度上是根据我们关于自己生活于其中的宇宙的观念而形成这些价值观念。综合上述研究，我们已然明晰，现代科学的发展是促进生态价值观现代复兴的重要因子之一。其中，物理学范式的转变推动了人类思维方式、价值观念的根本性变革。在近代科学确立之前，人们基于神话、猜测、想象、神的旨意或日常经验来观察自然、看待自然、描述自然，其目的是要探寻自然的秩序，以便与自然和谐相处。对此，大卫·格里芬这样论述道："中世纪思想一般认为，自然秩序不能被人类所理解，人类的幸福取决于对神所启示的知识了解的多少和是否执行了神的旨意。"①

与此种观念相悖离的近代科学，强调人类对自然的认知是基于科学观测、科学实验、科学理性等方式方法，人类完全有能力了解和掌握自然秩序和自然规律，认识自然是为了更好地征服自然。因为"人类要得到幸福，就必须发现这些自然法则，顺应它们并利用它们为人类造福"。② 正是基于这样的认知，人类在迅猛发展的科学推动下，不断加快征服自然的步伐。尤其是第一次工业革命之后，科学与技术形成了相互影响、相互促进的反馈循环机制，科学发展相应推动了应用技术的进步，从而进一步使人类控制自然的能力得到提高。但是，人类的伦理道德观念并没有随着科学技术的快速进步而发生相应变化，相反，近代以来形成的机械论自然观却牢固地控制着人们的思想，其结果是生态环境遭受了前所未有的破坏。

正是在科学技术进步以及社会生产力提高的双重推动下，人类改造自然、控制自然、征服自然的能力呈现出几何级数增长的趋势。除此之外，人类对待自然的态度也逐渐开始从有机论转向了机械论，自然养育者的形象消失殆尽，取而代之的是自然被当成不毛的荒野之地。但是在西方传统文化视域里，人们看待荒野之地的态度是多元化的。例如，有的人把荒野

---

① 〔美〕大卫·格里芬编《后现代科学——科学魅力的再现》，马季方译，中央编译出版社，2004，第81页。

② 〔美〕大卫·格里芬编《后现代科学——科学魅力的再现》，马季方译，中央编译出版社，2004，第81页。

视为邪恶之地，有的人把荒野视为被人类征服的资源之地。正是基于上述两方面因素，再加之人类不断满足自身生存发展的需要，所以自工业革命以降，人类就不断加强对自然的开发利用，相应地也导致了自然资源的日渐枯竭和生态环境的持续恶化。自然环境内在固有的平衡遭到前所未有的破坏，生态系统自身平衡的极限阈值被突破，这使得各种自然灾害频频发生，甚至严重到威胁人类永续发展的程度。正如恩格斯所指出，我们不应该陶醉于自己对自然界的胜利，因为"对于每一次这样的胜利，自然界都对我们进行报复"。① 虽然科技进步破坏了人类赖以生存的自然环境，但是我们也不能否认它也推动了人类社会及文明的进步发展。在科学技术和经济生产的共同推动下，人类迎来了新的文明形态，传统的农业文明被新兴的工业文明所取代。

至此，人类迎来了一个全新的时代，人类社会迈上了工业化的发展道路。这个全新的时代，是一个"以物的依赖性为基础的人的独立性"的时代，亦即资本主义时代。这个时代区别于以往的任何一个时代，整个人类社会无论是生产生活还是阶级结构，都发生了前所未有的变化。在生产生活方面，生产力迅猛发展，工厂制度取代了雇佣劳动制度，大量农业人口涌入城市，城市工业化加剧。在阶级结构上，阶级对立呈现简单化的特点，无产阶级和资产阶级成为社会两大直接对立的阶级。马克思在《共产党宣言》里这样写道："资产阶级在它的不到一百年的阶级统治中所创造的生产力，比过去一切世代创造的全部生产力还要多，还要大。自然力的征服，机器的采用，化学在工业和农业中的应用，轮船的行驶，铁路的通行，电报的使用，整个整个大陆的开垦，河川的通航，仿佛用法术从地下呼唤出来的大量人口——过去哪一个世纪料想到在社会劳动里蕴藏有这样的生产力呢？"② 在这个飞速发展的时代，为了获得更大市场、赢得更多利润，工业资本家凭借科技力量加紧加强了对自然资源的开发使用。尽管远古时代的人类活动对自然环境造成了一定程度的破坏，如水土流失、草原沙化等，但是近代以来人类的生产活动对环境的破坏速度和程度已经触及了生态安全的极值。

从 20 世纪开始，全球性环境问题日益凸显，如沙尘暴肆虐带来了严重

---

① 《马克思恩格斯文集》（第9卷），人民出版社，2009，第559~560页。
② 《马克思恩格斯文集》（第2卷），人民出版社，2009，第36页。

的空气污染，直接威胁人类的身体健康。美国著名的环境史学家唐纳德·
沃斯特在《尘暴：1930年代美国南部大平原》一书中，描述了20世纪30
年代至40年代，美国南部大平原频频出现的沙尘暴给当地居民造成了巨大
危害，迫使他们背井离乡。1935年4月，在沙尘暴肆虐了数周之后，美国
西南部迎来了短暂的阳光，人们纷纷走出家门沐浴阳光，突然气温骤降，
乌云般遮天蔽日的沙尘暴袭来，沙尘暴高达几千米，使白昼变成了黑夜。
人们感觉到呼吸、吃饭、散步等最基本的生活变得异常困难，孩子们上下
学都戴着防毒面具，女人们把浸过水的被单挂在窗户上但仍旧无法阻挡沙
尘——无孔不入的沙尘沉降到各处，水、食物、机器和人都被污染了，沙
尘似乎要掩盖掉一切……这次沙尘暴席卷了美国西南部的高地和平原。到
1940年时，美国沙尘重灾区的许多城镇成为空城，有250万人外迁，而留
下的人遭受了更大的不幸：生活已经被沙尘暴完全毁了，人们每天像卸货
一般从床铺、桌椅、盆栽植物的枝叶上卸下沙尘，并在睡觉时把浸湿的毛
巾盖在脸上，住房与谷仓之间设置了引导绳索，以便使人能够在沙尘暴严
重的天气找到谷仓……

　　而沙尘暴仅仅是威胁人类生存发展的环境问题之一，随着工业化不断
加强，污染事件层出不穷，举不胜举。最为典型的是20世纪影响较广、破
坏较强的十大环境污染事件：1930年比利时马斯河谷烟雾事件、1943年洛
杉矶光化学烟雾事件、1948年多诺拉烟雾事件、1952年伦敦烟雾事件、
1953~1956年日本水俣病事件、1955~1972年日本骨痛病事件、1968年日
本米糠油事件、1984年印度博帕尔污染事件、1986年切尔诺贝利核泄漏事
件、1986年剧毒物污染莱茵河事件。时至今日，生态危机已经不是局部地
区或者个别国家的问题，业已成为全球性环境问题。所以，人们常常用黑
色文明来暗喻这种给人类带来环境危害的工业化社会或现代性的社会。

　　现代工业之所以对自然环境具有如此强大的干预能力，根源在于现代
自然科学和机械论自然观构成了其发展的理论范式和价值根基。因为"在
这种对自然的理解中所含有的一种对自然极端对象化（把自然还原为物理
的量值和化学的结合）使得那种单纯的工具主义态度成为可能，而这种工
具主义的态度正是工业性的利用自然的基础"。[①] 但是我们也应该认识到，

---

　　① 〔德〕U. 梅勒：《生态现象学》，柯小刚译，《世界哲学》2004年第4期。

仅仅把环境污染和生态危机归咎于科学技术和自然观念，并不利于全面而彻底地解决这一全球性问题。因为资本主义的制度因素在其中所起的作用至关重要，不容我们忽视。针对工业资本主义飞速发展所造成的环境污染和资源浪费，一些学者将其归结为资本逻辑带来的必然恶果，他们主张只有变革人类的价值观念，即建立生态价值观才能打破资本逻辑的枷锁，从而彻底根除生态危机产生的制度根源。

在资本逻辑主导下，资本主义社会成为了一个经济主义、物质主义、消费主义和享乐主义盛行的、物欲横流的社会。在这样的社会里，人们将赚钱和享乐作为自己人生的最高旨趣，并将控制自然、无限度扩大生产、无节制的消费作为实现最高旨趣的不可缺少的基本手段。而只有"一个社会有越来越多的人改变了自己的价值观，不再信持物质主义、经济主义和消费主义时，人们的非营利性活动和交往会多起来，'资本的逻辑'便会受到限制"。① 在本质上，资本主义社会是以资本为核心的社会，是资本逻辑贯穿于其中的社会。而资本逻辑和资本本性，就是要无休止地追求利润，使自身能够不断增殖。与此同时，资本贪婪的本性使其以营利为终极目的，自然资源被视为无主之物，是能随意加以开发利用的，因此可以漠视对资源环境的节约和保护。对资本逻辑而言，"无偿接受来自环境、大气、水等的环境资源，如果没有法律规定，在生产过程中把污染的大气、水排放到环境中，这是理所当然的事"。②

日本学者岩佐茂提出用生活逻辑来建立资本逻辑所缺失的环境保护意识。所谓生活逻辑，"是指人的生存或'更好的生存'中发现价值，在劳动生活与消费生活的各个方面重视人的生活的态度、方法"。③ 换句话讲，就是通过转变人们对待自然的态度和价值观念，培养理性的生活态度和恰当的生活方式，使日益严重的环境问题能够得到真正解决。而要实现人对自然的观念和态度的转变，首先，自然科学特别是物理学对自然的描述和理解要有新的突破，如现代物理学摒弃了经典物理学对自然的描述，从而促

---

① 卢风：《从现代文明到生态文明》，中央编译出版社，2009，第 305 页。

② 〔日〕岩佐茂：《环境的思想：环境保护与马克思主义的结合处》，韩立新、张桂权、刘荣华译，中央编译出版社，1997，第 169 页。

③ 〔日〕岩佐茂：《环境的思想：环境保护与马克思主义的结合处》，韩立新、张桂权、刘荣华译，中央编译出版社，1997，第 169 页。

使机械论自然观淡出了人们的视野。

　　建基于相对论和量子力学的现代物理学，对近代科学关于宇宙秩序的预设提出了挑战。现代物理学对笛卡尔身心二元论的超越，一方面颠覆了自然可以被客观描述、自然秩序是可知的经典范式；另一方面也重新在科学与价值之间架起了桥梁。在科学研究过程中，不存在纯粹的客观观察，因为观察中渗透或负载着相关的科学理论。无论是科学实验还是科学观察，都会受到研究者固有的概念框架、知识背景的影响，所以观察自然的模式必然与观察者的思维模式和价值观念密切关联。据此，我们就不难理解，缘何物理学的颠覆性革命给人类价值观念带来挑战。而价值观念的变革，尤其是对待自然价值取向上的变革，直接影响了自然环境的现实状况。例如，"传统的社会历史理论排除了热力学的作用，仅仅把社会历史的进步归结为人类对自然界的征服和改造，似乎人类的实践完全可以摆脱热力学规律的作用，其结果必然造成资源的枯竭和环境的污染，使人类社会不可能持续下去"。① 所以说，科学的进步能够在一定程度上促使人类思想观念、思维模式、价值观念、生活生产方式等实现变革。因为科学不仅是我们认识世界、了解自我的必不可少的钥匙，而且也是我们进行各种理论建构不可或缺的范式。如果没有现代物理学和生态学的不断进步，那么人类就难以从系统整体、生态有机的视角出发建构现代生态世界观，同时生态价值观也难以实现现代复归。为此，国内有学者认为，现代生态价值观"就是以整体性的认识论、关联性的系统论、经济上的循环论、资源利用的俭约论、关系维系的协调论'五论'作为认识和规范人与自然关系的基本价值观"。②

　　在此基础上，绿色生态文明所诉求的生态价值观，以生态学为理论范式来确论自然具有内在价值的合理性，其实质是对自然生态系统价值合理性的确证。而自然生态系统是否具有价值以及具有何种价值，并不是以人的主观愿望、利益和目的作为唯一判据的，而是根源于生态系统本身及自然系统的平衡之中。对此，美国著名的环境伦理学家罗尔斯顿认为，"自然平衡可不仅是我们一切价值的源泉，它是我们可以建立的所有价值的惟一

① 赵玲：《自然观的现代形态——自组织生态自然观》，《吉林大学社会科学学报》2001 年第 2 期。

② 戴秀丽：《生态价值观的演变与实践研究》，中央编译出版社，2019，第 86 页。

基础。而其他价值必须符合自然的动态平衡。换句话说，自然平衡是一种终极价值……，它具有一种自然的形式，而不是人类习惯或某种超自然权威的产物"。①

生态学作为一门研究有机体与其所处环境间关系的科学，其体系包含着丰富的理论内容，如个体生态学、群体生态学和生物群落生态学等。在研究对象上，个体生态学主要研究单个生物、单个物种；群体生态学主要研究作为整体的生物群体；生物群体生态学主要研究生物群落与外部环境的关系。在概念范畴、规律模型上，它们主要涉及种群、生态系统、生态演替循环、生态平衡、群落模型和生态系统模型等，其中种群、群落和生态系统是基本概念。所谓的生态系统，是指生命有机体同其生存环境之间，以及生物群落与自身所处的环境之间相互关联、相互作用所构成的一个相对稳定的自然系统。生态系统作为自然界的基本功能单位，是一个不断进行物质、能量、信息交换与流动的、保持相对动态平衡的开放系统。在其中既有生产者、消费者、分解者，又有包括土壤、空气等组成的非生物环境，它们共同组成食物链和食物网；动态性、开放性、自我调节性以及相关性是基本特征。

所谓的生态平衡，是指"一个生态系统在特定时间内通过内部和外部的物质、能量、信息的传递和交换，使系统内部生物之间、生物与环境之间达到互相适应、协调和统一的状态，这种状态具有一定的自控制、自调节和自发展的能力"。② 这在本质上就回答了一个处于稳态的、顶级的生态系统是如何形成和维持平衡的问题。针对生态平衡规律的这一理论特质，有学者提出，将有利于人类生存的道德义务纳入其中，就可以促进生态规律向生态道德规律转化。而从人与自然关系的角度来看，人生于自然、长于自然，自然是人类的无机身体，离开了自然提供的物质条件，人类很难生存发展。人类作为大自然进化的产物，是生态系统的普通一员，维持系统整体的平衡有序是每个成员应尽的义务。在生态系统中，每一个自然存在物既是作为个体存在，同时也是作为整体存在，它们共同维持系统的和

---

① 〔美〕霍尔姆斯·罗尔斯顿：《哲学走向荒野》，刘耳、叶平译，吉林人民出版社，2000，第13页。

② 钱俊生、余谋昌主编《生态哲学》，中共中央党校出版社，2004，第40页。

谐性、多样性、秩序性和完整性。而生态系统的这些特性恰恰表征出自然所固有的不以人为判据的价值，换句话而言，非生命的自然存在物、生命有机体、物种和生态系统整体都是价值的载体。人类的一切价值都是源于自然，而生态学的描述恰恰为这些潜在价值的显现提供了可能性。所以，生态价值观能够得以确证是得益于生态学提供的理论范式和科学支撑。正如罗尔斯顿所说："只有通过在另一极端的涉及自然史之丰富性的学科，如进化论、生物化学或生态学所提供的思维范式的转变，我们才能将价值理论重新确立起来。"①

三 生态文明视域下生态价值观的科学内涵

那么，到底何谓生态价值观？生态价值观与价值观是何种关系？所谓价值观？李德顺先生主张，"严格意义上的价值观如同物质观、时空观、真理观、历史观等，作为一门理论分支，是关于某个对象领域的学说系统"。②一般来讲，对于价值观的理解，有广义和狭义之分。从广义来看，价值观作为人对世界的总的看法，其内蕴两层基本含义：一方面指人们对价值本质的认识；另一方面指人们对人和事物进行评价的标准、原则、方法的观念体系。江畅教授在《论价值观与价值文化》一书中指出，"在人们进行价值判断和形成价值观念的过程中，也会逐渐形成用以判断事物是否有价值及其价值大小的总体性的、根本性的看法，这就是我们通常所说的价值观"。③从狭义来看，也有部分学者立足于思维方式和价值取向，将价值观界定为人们对客观事物和自我行为结果的评价及看法的总和，认为其对人们的价值判断、行为准则和行为方式起着决定性作用。钱俊生教授认为，价值观作为世界观的核心要义，不仅是对人们的思想观念、理想信仰的概括总结，而且也会对"人类的行为和活动起先导、支配和调节的作用"。

虽然人的价值观念一旦形成就具有一定的稳定性，但是其也会随着时代的变迁而发生相应的变化。原因就在于，价值观作为社会意识的因子，本身就是对社会存在的一种现实反映。因为人并非抽象的、思辨的存在物，

---

① 〔美〕霍尔姆斯·罗尔斯顿：《哲学走向荒野》，刘耳、叶平译，吉林人民出版社，2000，第 165 页。
② 李德顺：《价值伦——一种主体性的研究》，中国人民大学出版社，2017，第 137 页。
③ 江畅：《论价值观与价值文化》，科学出版社，2017，第 15 页。

而是处于一定历史境域的现实的存在物。正如马克思在《关于费尔巴哈的提纲》中所指出的："人的本质不是单个人所固有的抽象物，在其现实性上，它是一切社会关系的总和。"① 因而一个社会有机体的物质前提，如地理环境、自然资源、人口数量质量等一旦出现了变化，必然会促使社会群体及其全体社会成员的价值观念或迟或早发生相应的改变。而人的价值观念，作为其内心深处的价值理念、价值取向，是价值观的研究对象。所以，本质上人类的价值观具有一定的普遍性、稳定性、境域性和情境性等特点。

在价值观理论体系的构成上，生态价值观是其中的重要组成部分。以历史为尺度，我们可以发现，作为价值观基本组成部分的生态价值观，在严格意义上难以清晰明确地区分为古代、近代和现代三个历史阶段。原始文明时期人类对自然的价值取向是敬畏和依附；农业文明时期人类对自然的价值取向是认知和利用；工业文明时期人类以工具理性来界定自然价值，这一时期的基本价值取向是控制和征服。所以说，在近代人类的价值观念体系中并没有生态文明意义上的生态价值观。如果环境污染、自然资源枯竭等一系列生态问题没有威胁到人类的生存发展，那么在价值观研究领域里，生态价值观理论也就不可能成为当今的显学。正是全球性生态危机的日益凸显，迫使人们开始重新批判审视自己的自然观念、伦理观念和价值观念，反思自己的行为方式和价值取向，从而使生态价值观的现代复归得以可能。透视生态危机产生的深层根源不难发现，其实质是近代以来人类所遵循的传统价值观陷入理论困境，其与人类的可持续发展之间存在不可调和的矛盾。

正是基于这样的时代背景，在价值观方面生态文明建设就要求从以人为中心的传统价值观转向人与自然互为本位、协调共生的生态价值观。鉴往而知来，要想探索生态价值观的科学内涵，就应该对人类的文明史进行回顾、梳理和诠释，特别是对人与自然关系的发展变化要有较为精准的体认。针对生态价值观的基本内涵，目前学界普遍认同将其界定为处理人与自然关系的观念。从人类发展的历史进程上看，人与自然关系主要经过了这样几个阶段：原始文明时期，人类是敬畏和依附自然；农业文明时期，人类是利用和适应自然；工业文明时期，人类是征服和改造自然；生态文明时期，人类是尊重和爱护自然，以实现同自然的和谐共生为基本目标和

① 《马克思恩格斯文集》（第 1 卷），人民出版社，2009，第 501 页。

价值取向。作为超越传统工业文明价值观的生态价值观，摒弃了以往价值观对人类主体地位的绝对化，引入了自然的内在固有的生态尺度，重新审视了自然的价值，从生态视角反思了人与环境的责任与义务，使人类的道德共同体得以生态化，进而重构了人与自然之间的价值维度。

关于生态价值观，当前学理界多采用线性思维进行界定，主要有以下几种基本诠释：一是把生态价值观简单等同于关于自然价值的看法，多见于其形成之初；二是立足于生态伦理学角度，主要从人类中心主义和非人类中心主义的差异出发，把生态价值观视为一种弱式人类中心主义价值观；三是从人类文明形态出发，把生态价值观视为生态文明建设的"意识形态"；四是从国家治理出发，以生态哲学为依托，认为生态价值观是生态哲学的价值观，即绿色价值观或"生态优先价值观"；五是着眼于生态价值观的基本内涵，从总体上对其进行诠释，认为生态价值包括了生态的经济价值、生态的伦理价值和生态的功能价值，并把这三种价值分别看成生态文明建设的价值论基础、基本原则和文化基础。总体上，尽管对生态价值观的含义的界定是多元化的，但主要是从人与自然关系出发，更多集中于生态环保意识方面。这些界定有很多可取之处，值得学习借鉴，但也存在一些不足之处，主要表现为：前四种界定的视角过于单一，缺失了综合性视角，有待在今后研究中进一步加强和拓展；第五种界定是最为详尽全面的，但欠缺了内在相关性、整体性研究，其实效性较差。

因此，为了更好地贯彻绿色发展理念，我们有必要对生态价值观的内涵进行梳理和确论，以便为其培育和践行奠定基础。具体来看，针对生态价值观的理解，目前学理界比较具代表性的主要有这样几种观点。钱俊生教授认为，生态价值观主要研究自然资源和生态系统的价值，并提出要建构新的价值评判标准和价值体系。余谋昌教授认为，生态价值观就是自然价值观，其不仅包含科学、伦理学和哲学三个层次的含义，而且在古代社会、近代社会和现代社会三个阶段里具有三种不同的历史表现形式。戴秀丽博士主张，"生态价值观是人们长期认识自然，利用和改造自然过程中，逐渐产生的有关环境意义、好坏、美丑、利害等观点和看法，以及人类看待人与自然关系及利用生态环境的基本价值取向"。[1] 也有一些学者立足于

---

① 戴秀丽：《生态价值观的演变与实践研究》，中央编译出版社，2019，第28页。

生态伦理学指出，生态价值观所强调的人对自然的道德责任和义务是在人与自然的相互关系中显现和实现的。[①] 还有一部分学者认为，生态价值观是一种有机主义价值观。[②] 也有学者提出，生态价值观作为现代生态世界观或有机世界观的组成部分，是关于生态价值的根本观点，促进人与自然的双向协调发展是其根本宗旨。[③] 此外，还有学者从社会意识构成出发，把生态价值观视为社会意识形态的组成因子，认为生态价值观有广义和狭义之分。在广义上，生态价值观指"在人与人的社会关系中形成的对人与自然的价值评价"；在狭义上，生态价值观是对"人与自然价值关系的反映"。[④] 国内也有学者从生态价值与生态价值观的内在关系出发，主张生态价值观是以生态价值为研究对象，是关于生态价值的基本看法和根本观点。

综上所述，学界对生态价值观的界定主要遵循了三条基本进路：一是立足于价值论哲学，从主客体层次及主客体的关系出发进行探究和确论；二是以生态学作为理论范式，来确证生态价值及生态价值观；三是从人与自然关系维度出发，研究生态价值观的理论架构及时代价值和理论意义。那么，作为生态文明建设价值根基的生态价值观，其内涵亦即根本规定性可以从本体论、价值论和认识论三个维度加以诠释。

首先，在本体论上，以自然观为理论基点的生态价值观具有实体意义。生态价值观作为生态文明建设的价值根基，其对自然的理解和诠释以现代自然观为理论依托。现代自然观或系统论世界观建基于自然科学特别是现代物理学最新理论成果之上，其超越了古代有机论自然观，也摒除了近代机械论自然观。古代有机论自然观采用类比方式把自然隐喻为活的有机体，直观、想象、猜测、推演等是认识自然的基本方式，但古代有机论自然观本身缺少了科学理论的支撑。近代机械论自然观将自然视为受力学规律支配的机器，恒常不变的数学法则表征着自然运动的根本秩序。而现代自然观作为一种生态的有机论自然观则认为，人置身于其中的自然是一个有机

---

① 参见〔美〕霍尔姆斯·罗尔斯顿《环境伦理学：大自然的价值及人对大自然的义务》，杨通进译，中国社会科学出版社，2000。

② 参见王丽辰、孙珮云《有机马克思主义的生态思想探析》，《长安大学学报》（社会科学版）2017年第1期。

③ 参见叶平《新世纪协同进化的社会生态学》，《济南大学学报》（社会科学版）2003年第2期。

④ 特力更：《生态价值观的多维解读》，《内蒙古社会科学》（汉文版）2013年第2期。

的、系统的整体即自组织系统，有机性、整体性和生态性是自然的根本特质。正如卡普拉在《物理学之"道"：近代物理学与东方神秘主义》一书中所指出，世界应被"看成是一个不可分割、相互作用、其组成部分是永远运动着的体系，而观察者本身也是这一体系必不可少的一部分"。① 因为就人与自然的关系而言，一方面，自然界作为人类的无机身体为人类生存发展提供了物质前提；另一方面，人类作为自然界的一部分要遵循自然规律，合理运用自然规律改造自然。

正是源于此，当今的生态价值观不仅强调人类是价值的主体，同样也承认自然既是价值的主体也是价值的客体。在价值主客体关系上，生态价值观不仅继承了价值"关系说"的合理内容，而且以生态学为视角重新诠释了价值主客体及两者的关系。所谓的价值"关系说"，是将"意义"本身视为"一个关系范畴，指相互联系和相互作用所产生的效果和影响"。② 具体而言，对何为价值主体的问题，生态价值观强调人与自然互为本位，也即通过交往实践的媒介作用形成了多极主体。所谓人与自然互为本位，既不是单方面"以人为本"，也不是单方面"以生态为本"，而是突出强调人与自然作为多极主体在交往实践过程中相互依存，进而生成了一个不可分割的生命共同体。

在这个生命共同体中，无论何种存在，其价值既是以自身存在也是以他者的存在为前提的，人与自然的交往历来都不是单向度的而是双向互动的。马克思在《1844 年经济学哲学手稿》中，透彻地阐释了人对自然的绝对依赖性，换句话说，自然是人类生存发展必不可少的物质前提。针对价值的来源，马克思在《〈政治经济学批判〉序言》中，着重强调了价值的自然前提。事实上，不难理解，任何价值的创造或生成都离不开劳动，也需要劳动对象，需要有一个自然前提作为基础。在《哥达纲领批判》中，马克思曾这样论述道："自然界同劳动一样也是使用价值（而物质财富就是由使用价值构成的!）的源泉，劳动本身不过是一种自然力即人的劳动力的表现。"③

除此之外，现代生态学的科学理论已经使我们明确意识到，任何一种

① 〔美〕弗·卡普拉：《物理学之"道"：近代物理学与东方神秘主义》，朱润生译，北京出版社，1999，第 11 页。
② 李德顺：《价值论——一种主体性的研究》，中国人民大学出版社，2017，第 29 页。
③ 《马克思恩格斯文集》（第 3 卷），人民出版社，2009，第 428 页。

自然存在物对于生态系统而言都具有意义和价值，并且自然的价值不是源于人类评价的主观价值，而是基于生态评价的客观价值。为此，自然价值论伦理学的代表人物罗尔斯顿主张，"事实与价值相交融，与有机体所含的信息一样真实，有时甚至就与这种信息为一体，只不过我们对它作了不同的描述"。① 在此基础上，罗尔斯顿进一步指出，在自然中无论是有意识的有机体还是无感觉的存在物，乃至整个生态系统都是具有实体意义的价值主体。在一定程度上，罗尔斯顿的价值论思想为拓展生态价值观的实体意义提供了有益的尝试。

总之，在本体论意义上，以现代自然观为逻辑前提的生态价值观内蕴相互衔接的三层含义：一是有机体、生态系统、自然界都是有机的、有生命的实体；二是自然界的有机个体之间、物种与有机体之间、有机体与环境之间是相互依存的、不可分割的整体，这种内在依存关系同样具有实体意义；三是自然界的动态运动、生命过程也都具有实体的含义。

其次，在价值论上，生态价值观承认价值是一种关系现象，同时也肯定自然具有内在价值。是否承认自然具有内在价值，是区分传统人类中心主义价值观和生态价值观的重要标准之一。传统人类中心主义价值观认为，自然只具有工具价值，人类的利益和需要是评判自然价值的唯一判据。生态价值观认为，自然是价值的生发器，其不仅具有满足人类需要的工具价值，还具有内在价值、系统价值。所谓自然的内在价值，是指自然本身所固有的优异属性或特性，其是用于满足自身生存发展需要的客观存在。简单地讲，"内在价值指那些能在自身中发现价值而无须借助其他参照物的事物"。② 这种内在价值本是自然情景所固有的价值，但它同人类的经验存在一定关系，即自然的价值是通过人类经验得以澄明和显现的。

在大自然中，工具价值像一个网，内在价值是网中之结，二者交织于生态系统之中。"内在价值和工具价值彼此互换，它们是整体中的部分和部分中的整体，各种各样的价值都镶嵌在地球的结构中，犹如宝石镶嵌在其

---

① 〔美〕霍尔姆斯·罗尔斯顿：《哲学走向荒野》，刘耳、叶平译，吉林人民出版社，2000，第 163 页。

② 〔美〕霍尔姆斯·罗尔斯顿：《环境伦理学：大自然的价值以及人对大自然的义务》，杨通进译，中国社会科学出版社，2000，第 253 页。

底座中，价值的底座就是价值的生养母体。"① 针对自然内在价值的探究和确论，现代生态价值观不同于以往的价值观，它通过生态学的相关知识加以佐证，其中最具代表性的是罗尔斯顿的内在价值自生论。罗尔斯顿以有机体为例，论证了自然缘何具有内在价值。有机体作为一个自组织系统，能够依据相关的生存信息，在控制中枢的调节下，来实现自我的维持、延续和再生。遗传基因在整个过程中起到重要的作用，因为遗传信息是决定有机体行为的动因，并且决定生命的这种基因同时是一个逻辑系统，生命正是使用某种符号逻辑，把分子的位置和形状当作生命的符号来使用。有机体在表现其遗传结构的物理状态时，自身就是一种价值状态。所以，罗尔斯顿大胆断言道，有机体不但是一个价值系统，而且是一个价值评价系统；有机体具有自在的价值，它能对自身自发地进行评价。

在生态系统中，有机个体与物种不是彼此分离的，物种所固有的内在特性要通过有机个体才能得以表征，因为作为生物"目的"的基因系统只存在于有机个体之中。"物种并不是一个实在的个体，也没有感觉能力，而只是一个过程。"② 所以说，作为过程的物种在其形成中，必须对有机体实存状态进行超越，这样才能使自身处于一种有价值的应然状态。在大自然中，任何一个物种想要维持自身存在，首先就要协调好自身与其所处小生境的复杂关系，将自身的完整性融合于生态系统的完整性之中，从而使系统成为价值转换器。就此，罗尔斯顿指出，物种对于生态系统而言具有源自生存环境的内在价值，而生态规律则是它们生存和繁衍的规律。

基于把生态规律当作评判物种是否具有内在价值的尺度，罗尔斯顿进一步指出，无论是有意识的人、有感觉的动物，还是无感觉的植物，都具有内在价值，但不同物种的内在价值并不是平等的，而是具有一定的等级结构。如果用曲线来表示，那是一个递增的曲线，大自然就是沿着这条上坡线创造出越来越高级的、内在的、非工具的价值。从生态学的角度来看，任何自然价值都是生态系统进化的产物，它们按照一定的程序进化而来。生态规律不是某种主观的东西，也不是某种存在于人脑的东西。人类的生

---

① 〔美〕霍尔姆斯·罗尔斯顿：《环境伦理学：大自然的价值以及人对大自然的义务》，杨通进译，中国社会科学出版社，2000，第297页。

② 〔美〕霍尔姆斯·罗尔斯顿：《哲学走向荒野》，刘耳、叶平译，吉林人民出版社，2000，第391页。

存以服从一定的自然的和生态的规律为基础，并且人类要努力与之保持协调。同时罗尔斯顿反对把价值判断看成完全来自人的主观决断，认为在自然中有些价值是客观存在于没有感觉的有机体和那些遵循某种行为模式的有评判能力的存在物身上。人类与生态系统中的其他有机体与物种相比，只是在内在价值上居于价值等级结构的顶峰而已。

最后，在认识论上，生态文明诉求的生态价值观具有非常鲜明的生态整体性或整体主义取向。那么，生态价值观缘何具有整体性？对此，我们可以分别从理论来源、理论范式两个方面进行确证。就其理论来源而言，哲学向度上的生态价值观有着厚重的整体论思想的理论根源。从整体视角出发了解和认知自然的思想，在西方最早可以追溯到古希腊的米利都学派。

米利都学派的创始人泰勒斯主张，通过水这一物质性本原阐释和描述自然的整体性。之后，古代直观辩证法的首创者赫拉克利特，以对自然观察为出发点，将"自然理解成一个始终如一的整体；这样的整体既不产生也不消逝"。① 在此基础上，他进一步阐释了宇宙或世界、一切事物都是处于不断的变动过程之中，都会从一种状态转向其反面的状态，因为事物自身包含着差异和对立，"并在对立中保持平衡"。至此，我们不难发现，赫拉克利特将事物内秉的矛盾视为促进世界成为统一整体的动力因。爱利亚学派的巴门尼德则把存在直接归结为"一"。在《残篇》中，他这样写道："存在不可能有一个开端或终结，因为它不可能从'非存在'中产生出来或还原为'非存在'；它没有过去，也没有将来，只有现在，它是连续的和不可分割的。"② 概括来讲，巴门尼德视域里的存在是整体性的、不可分割的、绝对自我同一的，因为"它是处处都同一的东西，没有可以使它分割的东西"。③ 古希腊的唯心主义大师柏拉图认为，世界之所以是一个具有同一性的整体，原因就在于某种预先设定的、有序的、潜在的整体性世界图式是其存在的摹本。关于世界是否具有整体性问题，亚里士多德给予肯定性回答，他认为共相作为个别事物的共同属性，使世界具有了整体性。虽然古希腊整体论思想缺少科学理论支撑，却为古代有机论自然观提供了源头活水。

---

① 〔德〕E. 策勒尔：《古希腊哲学史纲》，翁绍军译，山东人民出版社，1996，第47页。
② 〔德〕E. 策勒尔：《古希腊哲学史纲》，翁绍军译，山东人民出版社，1996，第52页。
③ 〔德〕E. 策勒尔：《古希腊哲学史纲》，翁绍军译，山东人民出版社，1996，第52页。

随着科学的发展，尤其是新物理学革命的发展，我们关于世界的图景从机械还原论转向了现代有机整体论。关于何为世界、自然的问题，现代科学与古典科学形成了鲜明对比。古典科学更注重"世界的简单性和原子构成性"；现代科学不仅凸显了"整体的观念、非还原的观念、非决定论的观念、复杂性观念、不可逆的观念"，而且"与自然界生命的原则、有机的原则相衔接"。[①] 正是因现代科学的推动，近代以来淡出人们视野的整体论思想开始逐渐回归。但现代整体论与古代的整体论思想相比较，无论是在内涵方面还是在理论特质上，都存有很大差别。

针对整体论思想的具体内涵和特质，环境史学家卡洛琳·麦茜特作了较为系统的概括和总结：第一，一切事物都是处于相互联系、相互变动之中。就整体与部分的关系而言，整体规定部分，但部分发生变化也将相应引起其他部分乃至整体的变化。第二，整体大于部分之和，即整体的功能不是部分功能的简单相加。第三，知识具有延续性，依靠上下文内容才能获得最终的结论。在整体论中，每一部分的意义、内涵，任何时候都是源于整体的。第四，过程与部分相比具有优越性。第五，人和非自然物是同一的。特别地，与自然文化二元论相反，依据整体论观点，人类和自然都是宇宙的一员。[②] 所以，生态价值观所诠释的整体，不是建构在直观、猜测基础之上缺失具体内容的、含糊不清的、笼统的整体，而是包含着具体内容，具有多样性、复杂性和统一性的系统整体，如人与自然的生命共同体。

就理论范式而言，以生态学为范式的生态价值观突显了生态学所固有的整体性特质，使人们理解自然的观念态度、观察自然的方式方法发生了根本性转变，生态整体性思维逐渐替代了分析还原性思维，成为人们认知人、自然和社会三者内在关系的主导性思维模式。至此，生态价值观视域下的人与自然的生命共同体成为一个和谐的、协调的、复合的、生态的有机系统。那么，缘何生态学能够成为生态价值观的理论范式呢？原因就在于，生态学的知识改变了以往人类对自然的理解，使人们通晓自身与生存环境的内在关系，从而开始学会用有机系统的、生态整体的观念看待自然、人与自然的关系，这一显著转变在生态学的"阿卡狄亚"传统亦即田园主义中得到充分显现。

---

① 吴国盛：《科学的历程》，北京大学出版社，2002，第553页。
② Carolyn Merchant, *Radical Ecology: The Search For a Livable World*, Routledge, 2005, pp. 77-78.

　　在 18 世纪生态学发展之初，以英国自然博物学家吉尔伯特·怀特为代表的田园主义就倡导人们与自然和平共存，希望人们过简单而和谐的生活。位于汉普郡乡下的塞尔波恩，不仅是吉尔伯特·怀特的故乡，也是他后来长期生活工作的地方。在塞尔波恩乡间，吉尔伯特·怀特以一种生态整体的视角对当地的动物、植物、森林、土壤和气候的实际状况进行了观察和研究，他发现生态区域内的不同物种间相互关联、相互依存，它们生存的生态系统就像是"一个复杂的处于变化中的统一生态整体"。① 这种田园主义态度对生态学的发展产生了深远的影响，促使人们开始摒弃以往对自然的碎片化研究，有机的、整体的、联系的研究方法重新回归科学领域。

　　总之，生态学作为一门研究自然界有机体之间、有机体和环境之间关系的科学，既为我们展现了一幅充满生命力的、多极化的、完整的、稳定的和美丽的世界图景，也从根本上改变了人类看待自然的基本视角和理念，进而为人类价值观念的生态性变革提供了理论范式。自然价值论伦理学的提出者罗尔斯顿认为，要重新认知自然内蕴的固有价值或内在价值，就需要建构一种有别于传统的、新的价值论范式，以便使自然价值的确证具有合理合法性。而这种新的价值论范式的建构，"只有通过在另一极端的涉及自然史之丰富的学科，如进化论、生物化学或生态学所提供的思维范式的转变，我们才能将价值理论重新确立起来"。②

① 唐纳德·沃斯特：《自然的经济体系——生态思想史》，侯文蕙译，商务印书馆，1989，第25页。
② 〔美〕霍尔姆斯·罗尔斯顿：《哲学走向荒野》，刘耳、叶平译，吉林人民出版社，2000，第165页。

第三章 生态价值观的理论架构

在现实的生活世界里，价值观不仅为社会所倡导的基本理念提供规范性判断，而且也是社会理念的重要构成部分。绿色发展理念所诉求的生态价值观，一方面继承了生态文明视域下生态价值观的科学内涵；另一方面也凸显了绿色发展理念的独有的理论特质。这集中体现在以下三个主要方面：一是消解对自然的漠视，重新诠释自然的价值，力求形成绿色思维模式。在人与自然的关系上，使我们既考虑人类的利益，又能兼顾生态环境的权益。二是生产方式的生态化、绿色化。在生产方式上，要求我们摒弃传统的高污染、高消耗的工业化生产，建立生态的、集约高效的生产方式。三是生活方式要去资本逻辑化，摒弃物质至上主义（物质主义）的生活理念和价值观念，在不破坏生态平衡条件下建构理性生产生活方式。在生活、消费观念上，要求我们消解异化消费，建立合理的、绿色的消费理念，并形成与之一致的社会消费结构。所以在社会的现实生活中，作为实践主体的人究竟以何种观念看待自然、社会、人类自身以及三者的关系，直接关涉社会经济建设和人类的长远发展。为此，在探究绿色发展理念对生态价值观内涵拓展的基础上，通过深入细致地梳理和论证其理论结构及建构原则，以便为进一步推进我国生态文明建设和美丽中国建设提供理论根基和实践进路。

第一节 绿色发展理念对生态价值观内涵的新拓展

在价值观念上，绿色发展理念一方面扬弃了以往推崇个人利益至上的传统人类中心主义的价值观，另一方面也破除了非人类中心主义单纯以生态为本位的价值观，其实质是力图构建一种人与生态互为本位的、多主体际的共同体价值观，亦即人与自然和谐共生的价值观。从内在相关性上看，虽然绿色发展理念和生态文明对价值观的基本诉求具有一致性，但在具体内容上还是存在一定差异性和不同之处，其突出表现在两个方面：一是绿色发展理念更好地突显了"绿色"在生态文明建设过程中的本真含义及价值；二是在价值观念上，绿色发展理念不仅继承了生态文明对价值观的生态性变革，而且立足于人与自然是生命共同体的逻辑前提，对生态价值观进行了深化拓展和理论创新。为此，我们将从工业文明和生态文明所秉持的不同价值观念出发，深入探究绿色发展理念所诉求的生态价值观。

一　"黑色发展"的传统价值观：征服自然的人类中心主义

如果用各种不同的色彩来形容人类发展的模式、理念、道路及其现实成效，那么黑色则代表着屈从于资本逻辑、以牺牲环境为代价、走先污染后治理的传统工业化的发展道路，故而其通常被称为"黑色发展"。传统工业文明作为"黑色发展"的典型，被学理界普遍认为是一种"黑色"的文明形态，也就是说"黑色"是对传统工业化所造成的资源浪费和环境污染最为真实的直接表达。在能源动力使用方面，传统工业化发展主要依赖于石油、煤炭等化石性燃料，这些燃料的使用造成了环境污染、生态失衡等现象，从而使生态环境出现了不同程度的黑化现象。这些问题的产生与传统工业化时代所坚持的价值观存在一定关系，而传统人类中心主义就是工业化时代发展所遵循的核心价值观念。

那么，究竟什么是人类中心主义？所谓人类中心主义，也可以称为人类中心论，简单讲就是将人类视为一切的中心的基本观点。《韦伯斯特新世界大字典》认为人类中心主义包含两层含义：一是人作为实体是宇宙的中心、目的；二是以人类的价值观念来衡量和理解宇宙或自然的一切事物。美国学者 W. H. 默迪则将人类中心论区分为三种，即前达尔文式的人类中心主义、达尔文式人类中心主义、现代人类中心主义。在此基础上，W. H.默迪强调现代人类中心主义的基本观点是"我们认识到一个个的良好存在既有赖于它的社会群体，又有赖于它的生态支持系统"。[①] 而日本生态马克思主义学者岩佐茂认为，人类中心主义可作两种理解：一是人类中心主义"仅把自然当作人的手段来利用的态度，常作为批判别人的用语"；另一种

---

① 〔美〕W. H. 默迪：《一种现代的人类中心主义》，章建刚译，《哲学译丛》1999 年第 2 期。

理解是，人类中心主义是"指人从人的立场出发对自然的实践态度，常在肯定意义上使用"。①

在我国环境伦理学界，杨通进教授则分别从认识论、生物学、价值论三个层面界定和诠释人类中心主义。在认识论层面，人类中心主义指"人所提出的任何一种环境道德，都是人根据自己的思考而得出来的，都是属人的道德"。在生物学层面，人类中心主义特指"人是一个生物，他必须要维护自己的生存和发展；囿于生物逻辑的局限，老鼠以老鼠为中心，狮子以狮子为中心，因此人以人为中心"。从价值论层面看，人类中心主义内蕴三个逐层递进的、内在关联的基本理念：首先，"道德只是调节人与人之间关系的规范，人的利益是道德原则的惟一相关因素；在设计和选择一项道德原则时，我们只需要看它是否使人的需要和利益得到满足和实现"。其次，"人是惟一的道德代理人，也是惟一的道德顾客；只有人才有资格获得道德关怀"。最后，"人是惟一具有内在价值的存在物，其他存在物都只具有工具价值；大自然的价值只是人的情感投射的产物"。②

在《确立生态价值观是生态文明建设的重要保证》一文中，钱俊生先生认为人类中心主义内蕴两层根本含义：一方面是将人类视为世界和一切事物的中心和评判一切的圭臬；另一方面是将人类的利益视为其他事物的出发点和归宿。在《生态文明论》一书中，余谋昌先生对人类中心主义的理解与钱俊生教授的观点不谋而合。韩东屏先生认为："人类中心主义并不是一种理论，而是一种立场，即从人出发，以人为中心，按人的需要或利益来思考人与对象关系的立场。"③ 李德顺先生则从实然和应然的角度出发，主张"人类中心"观念是相对于人类自身而言的，在科学层面上无论是宇宙还是世界都没有所谓"中心"，因此这一观念并非属于对世界的客观描述或事实描述，其实质是一种价值判断、价值观念。所谓人类中心的观念，"主要意味着人在自然界面前的自我权利和责任意识，意味着人的行为的出

---

① 〔日〕岩佐茂：《研究环境伦理学的基本视角》，韩立新译，《哲学动态》2002年第4期。
② 转引自徐嵩龄主编《环境伦理学进展：评论与阐释》，社会科学文献出版社，1999，第18～19页。
③ 韩东屏：《非人类中心主义环境伦理是否可行？》，《伦理学》2001年第7期。

发点和选择的界限所在"。①

综上所述，可从四个方面来理解人类中心主义。"第一，人类中心主义是一种价值论，是人类为了寻找、确立自己在自然界中的优越地位、维护自身利益而在历史上形成和发展的一种理论假设。第二，人类的整体利益和长远利益是人类保护自然环境的出发点和归宿点，是促进人类保护自然行为的依据，也是人与自然关系的根本尺度。第三，在人与自然的关系上，人是主体，自然是客体；人处于主导地位，不仅对自然有开发和利用的权利，而且对自然有管理和维护的责任和义务。第四，人的主体地位，意味着人类拥有运用理性的力量和科学技术的手段改造自然和保护自然以实现自己的目的和理想的能力，意味着人类对自己的能力的无比自信和自豪。"②

如果追溯这一思想的理论渊源，那么在西方思想文化中，可追溯到古希腊的智者学派。智者学派的普罗泰戈拉流传后世的不朽名言，即"人是万物的尺度，是存在的事物存在的尺度，也是不存在的事物不存在的尺度"，使人类成为认识世界的主体的理念得以确证。③ 但是，如何理解普罗泰戈拉名言中所提及的"人"这个词，也就是说从何种意义或维度来诠释"人"已然成为理论界争论的焦点问题。在学理界一种颇具有代表性的观点认为，"人"是个体主义的人；与此相悖的观点则是将"人"诠释为"类"或者"作为一个集体（民族、部落）的众人"。例如，一些生态哲学家认为引起生态危机的人类中心主义，实质是个人中心主义的变种，由于人们仅以个体利益或少数个人的利益为出发点来看待、衡量自然的价值，所以对待自然时缺失了整体的、长远的眼光和态度。尤其是在资本主义社会里，这些少数个人作为资本的真正掌控者普遍持有这样的观念，即自然资源是无限的、没有主人的；人为了满足自己的欲求可以随意利用、盘剥自然资源和生态环境，且无需为自己的行为承担任何义务和责任。正是在这种思想的指导下，资本主义社会在快速发展的同时给人类带来了毁灭性的生态灾难，如发生于 20 世纪的全球十大环境污染事件。

---

① 李德顺：《从"人类中心"到"环境价值"——兼谈一种价值思维的角度和方法》，《哲学研究》1998 年第 2 期。
② 傅华：《生态伦理学探究》，华夏出版社，2002，第 15~16 页。
③ 〔德〕E. 策勒尔：《古希腊哲学史纲》，翁绍军译，山东人民出版社，1986，第 87 页。

虽然人们对"人"这个词的理解存有差异，但是普罗泰戈拉关于人类主体的思想的确使西方人类中心主义的形成和发展成为可能。特别是在近现代的西方社会，自古希腊发轫的人类中心主义作为具有主导地位的价值观，在社会生活的各个领域里，其作用被发挥到了极致。尤其是随着科学技术的进步和人类实践能力的不断提高，人类逐渐成为控制和征服一切的主宰。在对待自然的态度上，近代以来人们秉持了人类中心主义价值观，否认自然界具有内在的固有价值，只承认自然界的外在价值或工具价值（对人而言），从而使自己在肆意征服自然的道路上越走越远。

要言之，人类中心主义价值观主要包含两层理论内容：一方面从人类的需要和利益出发来对待自然，将自然当作人类为了满足自身的欲求而利用技术加以改造的对象；另一方面认为自然资源既然是无主之物，那么人类就拥有随意使用自然资源的权利。除此之外，由于传统人类中心主义价值观只承认人类是唯一具有内在价值的存在物，所以人类只需对自身负有责任和义务，而其他自然存在物、生态圈都没被纳入人类道德关怀的对象范围之内。在本质上，传统人类中心主义价值观以一种价值主观论的方式对自然进行价值评判，将能否满足人类的欲求作为唯一的尺度和标准，其不承认自然具有外在于人的价值。在工业文明初期，由于人们完全奉行以人类为中心的基本理念，将个人或少数人的欲求和利益放在首位，视单纯的经济增长和财富积累为社会进步的基本标准及目的。由此导致与经济社会迅猛发展相伴而生的是自然资源的紧缺不足、环境污染的持续加剧，并且这些生态问题已然开始威胁到人类的可持续发展。

在工业文明时代，传统人类中心主义价值观是一种具有反生态性质的价值观。回顾这一时期资本主义的整个发展历程，我们不难发现，工业资本家为了满足自身的贪欲和对财富的无限渴望，一方面通过无休止地压榨和剥削工人阶级使资本得以增殖，另一方面则遮蔽了自然资源和生态系统对于资本增殖的不可或缺性和重要性。马克思在《经济学手稿（1861—1863年）》中，曾明确指出："大生产——应用机器的大规模协作——第一次使自然力，即风、水、蒸汽、电大规模地从属于直接的生产过程，使自然力变成社会劳动的因素。（在农业中，在其资本主义前的形式中，人类劳动只不过表现为它所不能控制的自然过程的助手。）这些自然力本身没有价值。它们不是人类劳动的产物。但是，只有借助机器才能占有自然力，而机器是有价值的，它本身是过去劳动的产物。因此，自然力作为劳动过程的因素，只有借助机器才能占有，并且只有机器的主人才能占有。"① 工业资本家借助科技进步及大机器的强大力量，改变了自然物的本真状态使其成为资本增殖不可缺少的前提条件，而且在资本逻辑和人类中心主义价值观的双重作用下，人类赖以生存的自然环境遭受了前所未有的破坏，甚至已经超出了生态系统自我承载和修复的能力极限。这在美国生态学家康芒纳看来，正是人类利用自然环境来制造财富的手段和方法毁灭了自然环境本身，因为"当前的生产体系是自我毁灭性的，当前的人类文明的进程也是自杀性的"。②

总之，就工业文明的整体进程看，当人们以人类中心主义价值观指导自己的实际行动时，实质是将"个人"或"少数人"的利益、欲求作为出发点和尺度，而罔顾"全人类"及子孙后代的生存需求。以此为据，我们就不难理解，缘何有学者直接断言生态危机实质就是人类文明的危机，特别是以人类中心主义价值观为导向的传统工业文明出现了前所未有的危机。但是，我们也不应一味指责和诘难人类中心主义，还需从正反两个方面来看待其现实作用和理论意义。从正面作用来看，在传统工业文明形成发展进程里，人类中心主义作为社会的核心价值观念，是人类获得巨大成就的价值论根基。从负面影响来看，在人类中心主义价值观指引下人类为了满足自己的目的、利益、欲求，以浪费资源、破坏环境为代价来求生存和发展，进而使自然的生态平衡被破坏，以致今天我们不得不面对的恶劣的生态环境，其结果是人类自身陷入了不可持续的生存困境。所以有学者指出："生态危机提出了这么一个问题：行为变化所要求的道德是否遵从我们过去所持有的以人类为中心的原则，或者我们的伦理原则本身部分地是错的和需要修正的？"③

正是基于此，人类开始不断批判审视和反思考量自身的思维方式、价值观念、道德理念、自然观、发展观等，力图探寻其内在存在的问题、缺陷和不足，以期为解决当下的环境污染、资源匮乏、生存困境等问题提供

---

① 《马克思恩格斯文集》（第8卷），人民出版社，2009，第356页。
② 〔美〕巴里·康芒纳：《封闭的循环》，侯文蕙译，吉林人民出版社，1997，第237页。
③ 〔美〕赫尔曼·E. 戴利、肯尼思·N. 汤森编《珍惜地球：经济学、生态学、伦理学》，马杰等译，商务印书馆，2001，第240页。

合理的、恰当的、可行的路径和方案。在思维方式上，分析还原论备受质疑，取而代之的系统整体论受到学理界的普遍重视及认同；在价值观上，针对工业文明价值观的反生态性，人类开始对生态价值观进行确论和培育；在道德理念上，面对日益严重的生态危机，生态伦理学应运而生；在自然观上，笛卡尔—牛顿的机械论自然观让位于生态有机论的现代自然观；在发展观上，可持续发展观念、绿色发展理念自 20 世纪 70 年代开始被陆续提出来。至此，人类的文明形态从工业文明逐渐迈向了绿色的、可持续的生态文明。针对人类中心主义价值观，生态文明并非全盘否定，而是批判和摒弃了其个人至上的错误观念，继承和发展了其以人为本的合理之处，并在此基础上进一步建构自身所需的生态价值观念。

二 "绿色发展"的生态价值观：绿色与发展的双向协调共生

"绿色发展"概念的提出，最早可以追溯到联合国计划开发署发表的《2002 年人类发展报告》之中，到了 2011 年我国国民经济"十二五"规划中则进一步指出其对生态文明建设的重要作用及其现实意义。作为建设生态文明现实路径的绿色发展，"就是要发展环境友好型产业，降低能耗和物耗，保护和修复生态环境，发展循环经济和低碳技术，使经济社会发展与自然相协调"。① 2015 年 10 月 26 日，党的十八届五中全会在北京召开，会上提出的绿色发展理念主张通过绿色和发展的协调共进，使人口、自然资源、生态环境三者之间达到生态的、有机的平衡，以便实现人与自然、人与人的真正和解。"绿色发展，就其要义来讲，是要解决好人与自然和谐共生问题。"②

在发展观上，"绿色发展"和"黑色发展"代表着两种完全不同的发展方向、发展道路、发展模式、发展目标和价值旨归。"十三五"规划明确指出，绿色发展就是"推进美丽中国建设"，"促进人与自然和谐共生"，"坚定走生产发展、生活富裕、生态良好的文明发展道路"。③"绿色发展"作为可持续发展战略的现实应用，不仅强调实现经济—社会—生态发展的可持

---

① 《十七大以来重要文献选编》（中），中央文献出版社，2011，第 747 页。
② 《十八大以来重要文献选编》（下），中央文献出版社，2018，第 162 页。
③ 《中共中央关于制定国民经济和社会发展第十三个五年规划的建议》，人民出版社，2015，第 9、23 页。

续性和协调性，而且凸显了绿色作为发展底色所内秉的文化价值、经济价值和生态价值。因为在人类生存发展中，"绿色是永续发展的必要条件和人民对美好生活追求的重要体现"。① 在价值观上，"黑色发展"奉行传统人类中心主义，以"个人"或"少数人"的利益和欲求为出发点，认为自然只具有满足人类需求和利益的工具价值，是人类主体利用和征服的客体对象；而"绿色发展"秉承和发展了生态文明理念所诉求的生态价值观，以满足人民的美好生活需求为出发点，认为自然是多种价值的载体，坚持人与生态互为本位，认为人与生态是不同层次的价值主体，绿色与发展是双向协调共生的关系。"以人为本"，强调人作为主体的价值在经济社会发展中的重要性和本位性，但同时反对将其凌驾于自然价值之上。所谓"以生态为本"则主张人之外的其他存在物也拥有价值主体的某些特性，人类既不是唯一的价值主体，也不是其他非人存在物价值的唯一判据。

在绿色发展中，绿色和发展内秉三层相互关联的含义：首先，绿色是发展的底色和价值旨归。因为"绿色是永续发展的必要条件和人民对美好生活追求的重要体现"。② 也就是说，绿色发展理念的根本目的在于人的自由而全面的发展，其所强调的发展既不是"以人为本"也不是"以生态为本"，而是生态与人互为本位的、双向互动的发展。因为从本体论意义看，"主体不是唯一的，事物本身是它的主体，在生态系统中，不仅人是主体，生物个体、种群和群落也是生态主体"。③

其次，绿色是发展得以实现的现实基础和物质保障。人作为自然之子，本身就是创生万物的大自然的一部分，人的生存与发展时刻都离不开一个良好的生态环境。正如庄子所言："天地与我并生，而万物与我为一。"历史已经告诫我们，没有一个良好的自然环境，人类很难做到长久生存和永续发展。如果我们对自然资源、生态环境的开发利用不遵循自然规律，超出了生态系统的承载能力使其难以实现自我修复，那么自然将给予人类无情的惩罚，使人类生存发展难以为继。为此，恩格斯曾告诫我们不要沉醉于对自然的过度开发和掠夺之中，因为自然会以其特有的方式报复人类，

① 《十八大以来重要文献选编》（中），中央文献出版社，2016，第792页。
② 《十八大以来重要文献选编》（中），中央文献出版社，2016，第792页。
③ 余谋昌：《生态哲学与可持续发展》，《自然辩证法研究》1999年第2期。

让我们的生存发展陷入困顿之中。恩格斯曾这样写道:"阿尔卑斯山的意大利人,当他们在山南坡把那些在山北坡得到精心保护的枞树林砍光用尽时,没有预料到,这样一来,他们就把本地区的高山畜牧业的根基毁掉了;他们更没有预料到,他们这样做,竟使山泉在一年中的大部分时间内枯竭了,同时在雨季又使更加凶猛的洪水倾泻到平原上。"① 所以说,我们保护生态环境其实就是保护自身,只有生态良好人类生活才能美好。

最后,发展是实现人与自然、人与社会、人与人和解的必要条件和基本途径。对于人类社会而言,只有不受资本逻辑宰治的、不以破坏生态为代价的发展,才有资格被称为合乎人性的真正的发展。这种真正的发展,其终极目标就是人的自由而全面的发展,就是人类的彻底解放亦即人与人、人与自然真正地和解。正如马克思所说:"这种共产主义,作为完成了的自然主义,等于人道主义,而作为完成了的人道主义,等于自然主义,它是人和自然界之间、人和人之间的矛盾的真正解决,是存在和本质、对象化和自我确证、自由和必然、个体和类之间的斗争的真正解决。"② 这种为人类彻底解放而奋斗的发展,其根本诉求是将人类"从自然的枷锁中""从经济落后和压迫性的技术体制中"真正解放出来,从资本逻辑的抽象统治中、"从文化和心理异化中"解放出来,亦即"从一切非人性的生活"中解放出来。

绿色发展将人与自然的和谐共生视为其所应遵循的基本价值遵循,这在本质上深化了马克思主义自然观的理论内涵,将"人与自然的统一性""人与自然的和谐性"作为发展的根本原则。那么,绿色发展理念与生态价值观究竟有何种内在关系,或者说绿色发展理念对生态价值观的新拓展究竟体现在哪些方面?概言之,这种新拓展主要表现在两个方面:一是绿色发展理念论域下的生态价值观是一种共同体价值观,其在理论特性上除了具有生态有机性、系统整体性,又新增了动态关联性、协调共生性;二是在这一共同体价值观中,主体并非是"单极的"主体,而是人与生态互为本位的"多元的"或"多极的"主体。对此的解读,我们首先需回顾生态文明所诉求的价值观念,并以此为逻辑基点进行深入探究和确证。

生态文明作为对工业文明的变革和超越,其所诉求的生态价值观是人类

---

① 《马克思恩格斯文集》(第9卷),人民出版社,2009,第560页。
② 《马克思恩格斯文集》(第1卷),人民出版社,2009,第185页。

对生态危机的价值根基进行的一次全新的解构，也就是力图从价值哲学角度探究解决生态灾难的致思理路。在研究内容上，人与自然的关系问题是生态价值观首要的、核心的问题，生态价值或自然价值是其核心范畴；在理论特质上，生态价值观作为有机整体主义的价值观，系统整体性、生态有机性是其根本特征；在价值取向上，生态价值观既不赞同人类依附自然也不赞同人类征服自然，而是主张人与自然和谐共处；在价值判断上，生态价值观强调人与自然在一定意义上都具有主体性地位，人与生态互为本位。所以，生态价值观不认为只有人类才有生存的权益，承认生态环境也具有存在的权益，并且认为两者之间既非对立也非绝对平等的关系，而是一种和谐共生的关系。

生态价值或自然价值作为生态价值观的核心范畴，是由"生态"和"价值"构成的复合概念；普遍性、情境性、整体性、有用性、共享性是其基本理论特质。从人与自然关系出发，我们不难发现，生态价值并非"生态"和"价值"的机械式叠加和组合，而是以人类的实践活动即劳动为媒介的两者的融合。所以，我们不能将"绿色发展"的生态价值观简单地划为人类中心主义的或者非人类中心主义（自然中心主义）的，其根本原因在于价值离不开人及其活动，问题的关键是我们从何种角度来诠释人类中心主义。

在对待自然的态度上，如果只是简单地抛弃人类中心主义而一味强调自然中心主义或生态中心主义，那么实质上就否定了或取消了人类的生存发展及其价值意义。在自然界里，人类同其他物种一样为了维持生存必然会将自然视为工具或手段，因为人类的生活就是一个利用自然来实现"需求—生产—消费—废弃的过程"，自然环境是人类维持生存发展的不可缺少的物质前提和基础保障，没有良好的生态环境，人类难以永续发展。为此，"绿色发展"的生态价值观既不是"以人为中心"也不是"以生态为中心"，而是从"人的立场"出发，以人与生态互为本位来看待自然和诠释自然的价值，以期形成一种绿色和发展协调共生的价值观念，即共同体价值观。在价值观上，以生态为本位就是"以地球生物圈的整体性为价值本位，追求地球生物圈的整体合理性，是一种'生态——经济——社会'的整体价值观"。① 所谓的人与生态互为本位，就是立足于人的立场，从联结人与

---

① 刘思华：《论以生态为本位的科学依据与理论框架》，《中南财经政法大学学报》2002 年第4 期。

自然的现实媒介——劳动实践出发，运用多元主体的交往模式将以生态为本和以人为本有机融合。

那么，如何才能实现以生态为本和以人为本的有机融合？关键之一在于，从何种角度来理解以人为本。从社会历史的角度看，以人为本就是肯定人在社会历史发展中居于主导地位，具有主体性作用。从价值观的意义角度来看，以人为本尽管确论了人自身存在的意义及价值，即人的价值是一种主体本位性价值，但是并不把人的价值置于其他非人存在物的价值之上。从发展观的角度讲，以人为本超越了传统发展观的局限性，强调人、自然和社会三者和谐发展，要求发展应兼顾局部利益、整体利益和长远利益，既要注重经济效益、社会效益，也不能忽视生态效益。

关键之二在于，如何理解以生态为本。从内涵来看，"以生态为本"包括三层主要内容。第一，在现实的生活世界里，人与自然作为一个生命的共同体，其现实形态表征为生态、经济和社会三者组成的有机系统整体，并且无论是人类还是其他物种都是以"存在主体"的形式生成于其中。第二，在这个有机系统中，虽然人类和其他一切物种都处于普遍联系之中，且是在与他者的关系中确立自身的，但是非人存在物"并非仅为人的存在而存在"，其本身作为保有共同体稳定、繁荣、和谐不可或缺的因子所内秉的存在权益，使其生成为具有自主性、固有价值和道德地位的实体。诚如利奥波德所言："当一个事物有助于保护生物共同体的和谐、稳定和美丽的时候，它就是正确的，当它走向反面时，它就是错误的。"[①] 第三，生命共同体作为整体"比个体更为重要，它作为独立的整体价值和所有生命物种的利益共同体，一方面拥有独立的生存发展权利，一方面赋有对包括人类物种在内的所有生命物种持续生存发展应尽的义务"。[②]

关键之三在于，主体缘何不是"单极的"而是"多极的"。传统西方哲学是以主客二分的对立模式来认知和诠释世界的，故而人类的实践活动往往被视为单一主体与客体之间二元的单向度的互动过程。这一观点认为，无论何种交往实践行为（包括价值评价）都内含两极即主体和客体，前者

---

① 〔美〕奥尔多·利奥波德：《沙乡年鉴》，侯文蕙译，吉林人民出版社，1997，第213页。
② 刘思华：《论以生态为本位的科学依据与理论框架》，《中南财经政法大学学报》2002年第4期。

是实践行为的发起者，后者是实践行为的承受者；实践过程即是行动主体作用于客观对象的行为过程。所以，这在实践上势必导致"单极主体论"。在"单极主体论"的交往结构里，主体与客体之间往往沦为黑格尔式的"主—奴"关系，所以说，这种"主—客"单极交往结构本质上是与人类交往实践本性相对立的。因此，在实践活动方面，如将传统的"主—客"（改造与征服）实践框架应用于生态领域，必然会陷入矛盾对立的困境。这种模式的思维自然会引导人（主）与自然（客）的交往实践走向对立，最终产生生态危机。

而马克思理论视域下的交往实践，则是一种将"实践"和"社会关系"两者相统一的理论模式。简言之，"交往实践是多极主体间为改造和创造共同的中介客体而结成交往关系的物质活动"。① 这种多极主体的多元交往模式是以客体为载体和中介，以实践活动为基质，从而使这种双重关系在模式上能够统一起来，形成"主—客—主"多元反馈的交往实践模式。这一模式在主客平等观念的基础上，通过对多极间交往关系的整合、规范和统一，达到各交往主体和客体之间关系的动态平衡和主体行为过程的可持续性，在这一理论的指导下，实现这种交往实践关系的动态平衡既是多极关系之间的"和谐的因"，亦是多极关系之间的"和谐的果"；这种行为过程的持续性既是当今我们处理人与自然关系应该秉持的准则，亦是现实生活中我们主体间社会交往关系的首要原则。在人与自然的关系上，马克思首先承认了自然界对人而言所具有的优先地位，进而指出"人对自然的关系直接就是人对人的关系，正像人对人的关系直接就是人对自然的关系，就是他自己的自然的规定"。②

我们知道，人与自然相互制约的双重关系源于人类实践；同样，人与自然之间的多极交往、相互改造、和谐共处，是以实践为中介基础的。在人与自然的关系上，"主—客—主"框架，即多极主体的交往实践观主张："每一极主体面对的自然环境，不仅仅与己相关，而且也与另一极主体相关，因而绝不能仅为一己私利而损害生态，进而损害他人的生存利益；另

---

① 任平：《走向交往实践的唯物主义：马克思交往实践观的历史视域与当代意义》，北京师范大学出版社，2017，第20页。
② 《马克思恩格斯文集》（第1卷），人民出版社，2009，第184页。

一极主体，或者是共在的他人，或者是我们的后代。"① 所以，在生态价值观建构过程中，只有从交往实践论域下的多极主体出发，以生态学的相关理论为支撑，人与生态互为本位即"主—客—主"框架才能够得以确证。总之，绿色发展理念所诉求的生态价值就是建立在人与生态互为本位，即以人为本和以生态为本有机结合基础之上的，通过实现人、自然和社会三者的和谐发展，以便进一步追求人类发展出的终极价值即人的自由全面发展。②

第二节　生态价值观建构的理论基石

在绿色发展理念视域下，尽管生态价值观的理论内涵得到了新的拓展，但是为了更好地对其进行全面透彻的诠释，非常有必要从以下三个层面，即生态伦理学、生态现象学和生态文化出发对生态价值观构架的理论底基进行研究和论证，并在此基础上进一步确证其建构的方法论原则，以期为进一步探究其培育和养成的社会实践路径和主体培育途径提供所需的理论基础和价值支撑。

一　生态伦理学：生态价值观的伦理根基

生态伦理学作为对日益凸显的生态危机的一次伦理反思，实质是环境伦理学内部分化发展的一条基本理论向路。关于环境伦理学和生态伦理学的关系，学界存在不同的观点和看法，有的学者认为两者没有本质区别，在一定意义上两者可以等同；也有学者认为两者之间存在差别，生态伦理学只是环境伦理学的一个分支。在研究对象和范围上，李培超博士认为环境伦理学是针对环境问题的一次伦理思考，而生态伦理学则是依托生态学的相关知识对西方传统伦理学进行的理论变革。③ 韩立新博士认为："如果采用'环境伦理'称呼这门科学，会凸显人与自然之间的关系，强调人对

---

① 任平：《走向交往实践的唯物主义：马克思交往实践观的历史视域与当代意义》，北京师范大学出版社，2017，第 295 页。
② 张敏、胡建东：《忽视还是关怀？——论马克思多主体交往实践观的生态维度》，《太原理工大学学报》（社会科学版）2018 年第 1 期。
③ 李培超：《伦理拓展主义的颠覆：西方环境伦理思潮研究》，湖南师范大学出版社，2004，第 30、31 页。

环境的责任和义务，在理论倾向上可能导致人类中心主义，而用'生态伦理'来称呼这门科学，那它强调的就是无中心的生态系原理，在生态系中人没有什么特殊地位，人和其他物种是平等的，这就否定了人类中心之说，带有生命'平等'色彩。"①

在发展脉络方面，生态伦理学的致思理路经历了"由实体观念的自然到生态观念的自然"的转变。在研究对象和范围上，其不仅关注所有的生命有机个体，而且非常重视生态系统整体；在基本范畴上，其主要运用了价值、权利、责任和义务等伦理学概念，由此形成个体主义和整体主义两大理论流派。以生物中心主义为代表的个体主义流派将权利作为理论基石，对生物的个体生命展开伦理关怀；以生态整体主义为代表的整体主义流派则是从整体视角出发，把价值作为逻辑基点，将伦理关怀赋予自然尤其是生态系统。所以，生态伦理学对生态价值观的现代复归和发展起到了至关重要的作用。

在生态伦理学理论内部，如何将人类伦理道德关怀对象的范围拓展至非人的自然存在物，是个体主义路向和整体主义路向都需率先回答的理论问题。对此，个体主义路向的主要思想，如施韦泽的敬畏生命的伦理思想、泰勒的生物平等主义伦理思想、辛格的动物解放的伦理思想等都将人之外的其他生命有机体，如动物、植物等纳入伦理道德关怀的范围之内。其中，泰勒的尊重自然的伦理思想是生态价值观复兴发展的重要理论来源之一，这主要反映在他的生物中心主义自然观和尊重自然的态度之中。

首先，在生物中心主义自然观里，泰勒就人类缘何是宇宙生命共同体中的普通一员而非主人提出了五点论据。第一，人类与其他生命个体一样，都会为了自己的生存和福利必须去面对一些"生物学的和物质的需求"。因为"对生存的物质要求影响着所有生物，人类以及非人类，必须不断地调节自己以适应环境的变化和周围其他生物的活动"，所以说，满足生存需求是人类能够追求其他价值的前提和基础。第二，无论人类还是其他生命个体都拥有自身的善，并且"善"能否得以实现"取决于并非总是由我们或它们所控制的不确定性"。在泰勒的理论视域里，事物的善等同于其自身的存在，因为事物都是"拥有自身善的实体"。为此，他这样论述道："凡是活着的存在物都可以恰当地被说出拥有善。"在此基础上，泰勒指出人类具

---

① 韩立新：《环境价值论》，云南人民出版社，2005，第14页。

有认识自然和利用自然的能力，但是这种能力只具有偶然性和不确定性。所以，"我们的生命和福利取决于偶然和意外、外界事物的影响和变化过程，而这些东西我们既无法预测又无法控制使其朝着对我们有利的方向发展"。至此，人类思维的至上性和非至上性、人类实践的能动性和创造性都被遮蔽和抛弃了。第三，宇宙共同体中的所有生命个体（包括人类），都拥有一种有别于人类的"自由意志""自主性""社会自由"的自由，其在人类与非人类"力争实现自身善的过程中是极其重要的"，泰勒称其为"第四类自由"。"第四类自由"作为一种不受约束的自由，对"所有生物来说都是一种工具性的善"，是人类与其他非人生物组成"存在物共同体"所需的自由。第四，在时间先在性上，人类较其他物种而言出现在地球上的时间相对较晚，所以人类是宇宙的新成员。依据进化论观点，"人类可以被证明是地球生命共同体中的成员，这跟我们与其他生物拥有同样的起源有关"。第五，人类与其他非人类存在物间存在这样一个事实，即"没有它们我们无法生存，而没有我们它们却可以生存"。①

在此基础上，泰勒进一步论证了自然界因何是一个相互依存、彼此依赖的有机系统，并同时指出人类要实现自身的价值不仅要明确自己在共同体中的地位，而且要维持好生命共同体的稳定。总之，泰勒以进化论和生态学为理论支点，通过分析论证人类对生态系统而言只是"自然秩序不可缺少"构件，进而确证在自然界里人类与其他非人自然存在物拥有平等的生存权，是源于它们自身的生物本性。虽然不同物种的生物本性各有差异，但是不同物种相互依存，共同构成了一个"地球生命共同体"。尽管这一地球生命共同体思想存在理论上的一些缺陷，如只看到了人的自然属性而忽视了人的社会属性、没能正确把握人类思维的至上性和非至上性等，但是其关于人对自然的依赖性、人与其他物种的相互依存性等一系列观点为我们深入理解作为共同体价值观的生态价值观的理论特质及其合理性提供了新的伦理视角。

其次，在尊重自然的态度上，泰勒通过强调自然界的生命个体作为具有固有价值的实体，确证了其是人类道德关怀的对象，人类对其应担负相应的道德责任和义务。为此，泰勒以价值概念为理论基石，首先区分了主

---

① 〔美〕保罗·泰勒：《尊重自然：一种环境伦理学理论》，雷毅等译，首都师范大学出版社，2010，第 64~73 页。

观价值观念和客观价值观念，并在此基础上提出了以客观价值观念为逻辑基点的"存在物善"，即拥有自身善的个体生物（实体），并且将固有价值归属于这一具有自身善的实体。简单讲，生物个体的善是由其本性所决定的，这是基于生物本性的事实性描述。在本质上，善就是每一个生物个体都拥有不以人类的目的和利益为判据的固有价值，这是对善的一种规范性描述，因此，在道德领域里"我们行动的整个观念完全是由固有价值决定的"。① 所以，我们不仅要意识到自己对生物个体应持有尊重态度，而且也要知道自己和生物个体间存在一定的道德关系。他主张，自然界一切生命个体都拥有源自其生命本真的客观的善，而且作为整体的生物共同体也具有统计学意义的善。但是泰勒所理解的生物共同体，是由作为物质实体的生物体所构成的，并且在共同体内的生物体之间是相互关联的，这些生物体与环境之间也是相互联系的。泰勒论域下的固有价值概念和生物共同体观念，不仅拓宽了我们研究人与自然是生命共同体思想的理论向路，而且深化了我们对生态价值观中的固有价值、内在价值和工具价值的理解和诠释。关于人之外的自然存在物是否具有内在价值以及缘何具有内在价值的解读和诠释，整体主义路向比个体主义路向更具合理性。

坚持整体主义路向的主要是生态整体主义的三大流派，即利奥波德的大地伦理学、奈斯的深层生态学和罗尔斯顿的自然价值论伦理学，其中罗尔斯顿的自然价值论以其独特的理论特质为生态价值观的确论提供了伦理学的支撑。从理论内容和特点看，罗尔斯顿的自然价值论伦理学并没有脱离传统价值论伦理学的领域，其以价值为逻辑起点论证了人之外的自然存在物和生态系统整体的内在价值、工具价值、系统价值以及对它们的评价和判断，以期为尊重自然、关爱自然、保护自然提供道德依据。依据传统价值论伦理学的理论逻辑，在自然界中只有人才具有价值主体的地位，其他非人存在物是只具有工具价值的客体，价值是客体对于主体的效能和意义。在价值评价过程中，人才是唯一的评价主体和尺度。

对于上述观点，罗尔斯顿首先指出自然才是价值的根源，人的价值也不能脱离自然而生成，"价值的涵义远非单纯地是人类利益的满足"。"价值

---

① 〔美〕保罗·泰勒：《尊重自然：一种环境伦理学理论》，雷毅等译，首都师范大学出版社，2010，第 49 页。

有多个方面，具有其源于自然之根的结构。"① 其次，针对价值评价问题，罗尔斯顿从自然史出发，以生态—整体论为方法论原则将价值评价体系生态化，进而提出自己的自然价值评价理论。在罗尔斯顿的论域下，对自然价值的评价不是单向度的、单极的，而是在人与自然的相互关系中展开的，因为"对自然的评价是人与自然相互作用的结果"。主体的评价活动不是在自然之外，而是在自然场之内即在生态共同体之内。

所以说，人与自然之间不是彼此隔绝、对立的关系，而是共存、共融的关系。评价主体不是单向度地评价客体的价值，而是在一个由两者共同组成的自然场（生态共同体）中，并通过两者的交互作用共同完成评价活动。这意味着自我的价值是在与他者的关系中才得以确立，而不是以其他的方式获得，换句话讲，理性和内在价值不是价值的唯一判据，人是在同自然的交往中、与自然的互动中完成对其的评价。所以，评价并非是一种主体自我的辩证性评价，而是主体自我在自然场域里与客体间的生态性评价。"评价行为不仅属于自然，而且存在于自然之中。"② 就其实质而言，这种自然价值评价更像一种非中立的、更深的认知世界的方式，其与人类的产生一样，都源于自然的进化过程，是自然整体进化的一部分。

在此基础上，罗尔斯顿依托生态学和进化论、系统论述了自然价值的起源和生成，并以此为逻辑基点指出自然价值的分布并非表现为均衡的状态，而是呈现为金字塔式的等级结构。在这个等级结构里，虽然自然价值的分布是不均匀的，但呈现方式有着一定的规则，内蕴其中的工具价值、内在价值和系统价值是相互交织、紧密相联的。自然的工具价值，是指对其他自然存在物的有用性；内在价值则特指其自身所固有的，不以人或其他存在物为判据的价值；系统价值并非生态系统各部分的价值之和，而是专指自然生态系统所充盈的创造性过程。"这个过程的产物就是那被编织进了工具利用关系网中的内在价值。系统价值就是创生万物的大自然。"③ 所

---

① 〔美〕霍尔姆斯·罗尔斯顿：《哲学走向荒野》，刘耳、叶平译，吉林人民出版社，2000，第 208 页。

② 〔美〕霍尔姆斯·罗尔斯顿：《环境伦理学：大自然的价值以及人对大自然的义务》，杨通进译，中国社会科学出版社，2000，第 277 页。

③ 〔美〕霍尔姆斯·罗尔斯顿：《环境伦理学：大自然的价值以及人对大自然的义务》，杨通进译，中国社会科学出版社，2000，第 255 页。

以说，无论自然的生态系统能进化出多少个体价值，它们都不能脱离环境而存在，事物的内在价值也只是整体价值的一部分。

工具价值和内在价值不是相互孤立的，而是相互转化、相互交织的，两者是你中有我、我中有你的生态辩证关系。具体来讲，内在价值是工具价值的基础，系统价值是联系两者的纽带。就内在价值和工具价值的关系，罗尔斯顿以光的波粒二象性隐喻道："内在价值恰似波动的粒子，而工具价值亦如由粒子组成的波动。"在动态的、开放的自然生态系统中，无论是工具价值还是内在价值都是通过个体表征出来的，但是个体价值还不是终极价值，系统整体的价值才是至善。所以，金字塔式的自然价值结构模型由宇宙自然系统、地壳自然系统、地球生态系统、有机自然系统、动物自然系统、人类自然系统和人类文化系统的价值构成，并且不同界面的价值的主体性各不相同，人类文化系统的价值主体性最高，而宇宙自然系统是"完全客观性的价值"，其中工具价值在相互开放的不同界面之间来回流动，成为联系个体价值的纽带。

至此，我们不难发现，罗尔斯顿从个体和整体两个层面出发对自然价值进行了系统界定：一是无论是有机个体还是生态系统整体，都因其固有的与自然相关联的自然属性而具有价值；二是有机个体和生态系统的内在价值，是不依据他者目的而确立的客观价值；三是自然作为价值载体，承载着不同层面的价值，并且这些价值呈现出一种金字塔式的等级结构。在自然价值等级结构中，人类文化系统价值作为主观性价值处于塔顶，宇宙自然系统价值作为客观性价值位于塔座，主观性价值呈现出从高到低的发展趋势。总之，罗尔斯顿以生态学为理论范式，对自然的价值是客观的还是主观的、自然是否具有内在价值等一系列问题展开了系统梳理和论证，而这些探究为从价值论伦理学角度诠释生态价值观的基本对象，即自然价值提供了理论导引。

二 生态现象学：生态价值观的重构之维①

生态现象学作为生态哲学的新样态，其既要解蔽人类中心主义的狂妄独断，同时又要消解自然中心主义对近代启蒙哲学所强调的主体性的否定，

---

① 张敏：《论生态现象学与价值观的生态涵育》，《学习与探索》2021 年第 5 期。

就其本质而言，生态现象学是建立在对人与自然原初关系和生命体验进行现象描述、本质呈现基础上的科学理论形态。从其理论目标来看，它通过"体验""意向性"等现象学方法来导引人类体悟自然之美，感受自然之价值，以便解构现代西方哲学对人类中心主义的形而上学预设，进而为建设生态文明提供理论进路。而任何一种文明形态的建设发展，都离不开对人类主体自身的理念体系，特别是思想观念、思维模式、道德观、价值观的变革和完善。所以，针对生态文明建设进程中人类价值观念的生态缺位，生态现象学通过生活世界化的自然、遭遇环境、生态理性、生命体验、审美意识等概念在很大程度上满足了"解决现代人类价值观念与生态文明客观要求不相适应的现实矛盾"的问题的要求。简言之，生态现象学的主导思想就是："根除与替代那些根深蒂固的、但却对环境造成破坏的伦理与形而上学预设，帮助我们从观念性根基上与那些破坏生态环境的行为抗争，从而拯救我们的地球家园。"①

在人与自然关系问题的研究领域里，最早把现象学方法引入其中的是美国哲学家伊瑞兹姆·考哈可，他以现象学的"悬置"的方式，先将我们对人造器物的各类经验暂时"遮蔽"和"搁置"，然后再以描述和显现的方式导引我们追思人与自然间被淡忘的原初的同生共融的关系。为此，生态现象学一方面是通过解蔽统摄近代西方形而上学预设的主客二分思维范式；另一方面是以主体的生命体验来重新回归自然本真，以便确立人与自然交互共生的生活世界。正如，克劳斯·黑尔德所言："生活世界本身就是'自发地'发生的、具有'大自然'特征的显现过程。"② 实质上，生态现象学是通过"悬置"和"描述"的方法，以"呈现"取代了"论证"，从而显现和还原出自然世界与人类社会的本真关系，让主体在生命体验中感受自然对于人类主体生存发展的根本性意义。在其视域里，大自然并非缺乏主体在场的纯粹自然，主体也不是脱离客观自然而存在的抽象主体。生态现象学所坚持的"生态"毫无疑问是主体在场的"生态"。但是，这种"主体在场"所突出的主体性从根本上区别于建立在理性主义基础之上对自然进

---

① 〔美〕伊恩·汤姆森：《现象学与环境哲学交汇下的本体论与伦理学》，曹苗译，《鄱阳湖学刊》2012 年第 5 期。

② 〔德〕克劳斯·黑尔德：《世界现象学》，倪梁康等译，生活·读书·新知三联书店，2003，第 202 页。

行随意宰治的那种主体性，其更多地是强调主体在与自然发生关系时产生的直观感受、生命体验和情感共鸣。所以，区别于自然主义和人类中心主义的极端观点，生态现象学强调要在人与自然之间寻求一条"中间道路"，以重新构建人与自然的共生关系。为此，它通过科学把握人类与其生活世界交往的具体关系，对意识的意向性和自然的因果律之间的有效结合方式进行明确揭示和说明，以便科学地建立意识与自然的合理联系，从而使大自然的本真得以显现，成为"生活世界化的自然"。所以说，生活世界不仅仅是凸显着在场人的生存世界，更是一个涵容了大自然和人类文化的境域。

生态现象学是以现象学的方式来描述和呈现自然，在描述、呈现、还原的过程中使其本质得以彻底显现。在此基础上，生态现象学所提出的"生活世界化的自然"，对于回归自然的本真尤为重要。其原因就在于：一方面其直接关涉"自然的观念"这一基础性问题；另一方面其也为价值观的生态化提供逻辑前提。

为此，有必要从"生活世界"概念出发，对"生活世界化的自然"所指称的具体内容做进一步阐释。那么，首先就需要透彻理解"生活世界"这一概念。胡塞尔认为，我们在生命过程中能够直接切身感受到的，并不是经由自然科学的抽象方式所建构起来的派生世界，而是我们的生命体验遭遇的那个生生不息且唯一实在的经验世界——日常生活世界。但近代以来，人们对自然所持有的态度受制于科学主义所主导的工具价值观念，所以一旦以此来审视生活，那么最初建立在直观经验上的多姿的生活世界就必然会被魅化为先入为主且"不真实"的主观幻象而遭到放逐。但在这一过程中，自然的本真价值也将会被彻底遮蔽，自然成为人类随意宰治的实体对象，进而使创生万物的大自然丧失了其生态本位。而"生活世界化的自然"则是一种有别于科学主义所理解的"自然"。科学主义以还原主义所强调的精细化、标准化、微观化的思维看待自然，将自然视为由许多单个物体组成的集合。其结果必然是，自然成为人类主体随意宰治的毫无灵性的客体，人类丧失了对自然的伦理关怀和道德责任。而"生活世界化的自然"，则强调要将生活世界中一切与主体生命谋面的自然之物都视为真实的经验存在，视为能够为我们所直观到的实体。这种直观刨除了那种带着科学主义价值观念的理性思维，而完完全全将自然看作是可以体验、感受到的意义存在。因为，居于生活世界的人类主体本身就是具有意识目标和价值意义的"此在",而作为"此在"存在前提的自然也在参与"此在"的生命过程中承载着各种不同的非凡意义,正是这些存在着的意义使自然价值的确证具有合理合法性。

总之,"生活世界化的自然"不只是代表人们对待自然的基本观念,更深层的含义是指存在于主体生命活动过程的活生生的自然本身,而生态现象学正是要对这种肉眼可见、与人相关的实体自然进行描述,以便呈现出自然对于主体生存发展的意义和价值。"生活世界化的自然"是内涵丰富、意义广泛的"此在"自然,而并非与人无关或者只局限于工具价值层面的冰冷对象。当人们以"生活世界化"的观点来看待自然时,人们就可以在最原始的经验基础上对自然进行现象学描述,以此发掘出人与自然那种最本真、最合理、最具生态性的交往关系,让人在利用、体验、感受自然之余时刻怀有一颗敬畏、感激之心。恰如戴维·伍德所指出的那样,生活世界化的自然观念为我们正确理解人与自然的关系提供了一个"中间地带",或者说一条"中间道路",从而为传统价值观念的生态化即生态价值观的确立提供理论支撑。①

任何一种观念或意识的产生都与主体所置身的环境密切相关,都是对当下在场的存在的现实反映。生态价值观的显现也绝非偶然,它是随着人类环境危机的产生而产生的,所以消解人与自然的疏离和对峙是其核心目标。针对这一问题,生态现象学试图通过对自然价值的描述呈现,在坚持主体性的基础上为构建人与自然之间合理交往方式提供理论支撑,以便帮助深陷环境危机的我们重新树立生态友好的自然观和价值观。为此,生态现象学以"生活世界化的自然"为逻辑基点,通过意向性的活动和生态理性使生态价值观得以澄明。在人与自然的辩证关系上,生态现象学既反对自然主义视野下的自然观念,也反对形而上学视野下的自然观念。无论是近代哲学开启者笛卡尔所提出的"我思故我在",还是近代哲学终结者黑格尔所提出的"绝对精神",都是以一种形而上的观点来看待自然,视自然为经由人的意识之普遍怀疑和先验判断后所呈现出来的感性对象。据此,自然始终都是依赖于人的意识而存在的,而未被意识到的自然对人毫无意义和现实性可言。但这与事实相悖,自然作为一个绝对意义上的先在性对象,

① 参见赵玲、王现伟《国外生态现象学研究述评》,《科学技术哲学研究》2013年第2期。

是全部意识发生的逻辑前提和基质条件。虽然先在自然在某种意义上确实需要被主体意识到才能和人发生后续的交往关系，但是自然的"先在性"是毋庸置疑的。没有人的意识、没有人的活动，自然依旧真实存在。生态现象学家还认为，恰恰由于自然是不依赖于人的意识之存在物，所以人的意识永远只能在通向穷尽自然奥秘的途中，而无法在逻辑上达至终点。正是秉持意识自觉性，通过意向性活动的指引，人才能始终对自然保持敬畏之心和感激之情。恰如胡塞尔在《逻辑研究》中所指出的，意向性活动能够为主客体的统一搭建桥梁。

所以，生态现象学反对以还原论的思维进路来生成主客体的和谐关系，坚定继承了胡塞尔的反相对主义的理论态度，认为人作为有限性和无限性相结合的生活世界的道德主体，在与周遭世界相遇的过程中对各种自然存在都具有不言自明的伦理责任。从胡塞尔的意向性学说来看，人的意识在"内感知—体验"的先天二元结构的作用下，会有效地建立起意向活动与意向相关项之间的相互关系。"意向性"作为胡塞尔超越论现象学的核心概念，从根本上表征着意识的意向构造能力和成就，它意味着"在现象学角度上对主客体关系的最简略描述：'意向性'既不存在于内部主体之中，也不存在于外部客体之中，而是存在于整个具体的主客体关系本身。在这一意义上，'意向性'既意味着进行我思的自我极，也意味着通过我思而被构造的对象极"。[1] 人的意识的意向性作为主体意向生活的两个端点，其内在结构暗示着意识与对象的自明性特征，是对现实性中的意识所隐蔽着的潜能性之揭示。所以，将其运用到生态现象学的分析中来就不难发现：根据意向性理论的结构特征，主体不但能够通过意识的明证性预见到自身行为所带来的生态风险，而且可以通过意识的构造和再造功能对当前的行为后果进行理论反思以及实践补救。与此同时，意向结构和意向活动的明证性特征也从一个侧面表明，人类行为并不始终处于盲目的、非理性的和失控的状态，而且人类本身也是一个明确的具有责任意识和道德意识的行为主体。在这种交互观念下，人与自然的交往不应停滞于工业文明时期人类价值观念的工具理性状态，而要进入具有反思—否定向度、以价值理性和工具理性交相辉映为逻辑架构的生态理性状态。

---

[1] 倪梁康：《胡塞尔现象学概念通释》，商务印书馆，2016，第 270 页。

　　在生态现象学看来，生态危机的产生与那种先入为主、与生俱来的价值观念有关，尤其是自笛卡尔以来的理性主义哲学，或者说主体性哲学所鼓吹的那种对客体自然肆意宰治的观念。并且这种观念通过哲学论证具有了合法性，进而成为制约与主导人类进一步生存发展的核心价值观念。首先对此进行解构的是生态哲学，其诉求重建一种能够消解人与自然疏离的价值理性观念。对此，卡雷斯·布朗恩指出："这种价值理性，相对于我们当前的理性概念，将开始着手对内在于非人自然中的善和价值进行阐明，引导我们走上一个经验上的（如果不是本体论的）生态伦理学的基础。"①不言自明的是，在某些方面生态现象学与生态伦理学类似，二者共有的一条理论进路就是试图从价值论层面来论证人类保护自然的合理性和正当性。但是存在明显差别的是，生态现象学对于价值概念的论证进路往往都力求从深层次的生态理性来进行说明。可以说，生态现象学不但要构建合理的价值论，还要构建一种科学的理性观。

　　诚然，生态现象学同样也承认自然的固有价值和内在价值，因为不论是从逻辑上还是从经验上看，这些价值都确确实实是存在的。但是，与生态伦理学试图从本体论的高度赋予自然那种不依赖于人而存在的内在价值所根本不同的是，生态现象学则强调从主体的经验活动入手，在人与生活世界的自然之遭遇过程中，通过意识明见性所获得的关于自然的种种经验，对自然的固有价值进行澄明和显现。为此，生态现象学以胡塞尔的意向性理论为基础，提出要在强调人的主体性价值的基础上论证自然的固有价值，进而实现主体的感性现实经验与自然的客观价值逻辑的高度契合，也即要走向一种有限的生态理性。从人的意识发展规律和生态哲学的学科特征来看，从人的现实的感性经验活动出发，将其作为生态价值观养成的客观现实基础，必然是一个应该坚持的正确方向。并且从生态现象学提出的一系列概念中也不难发现，生态现象学作为一门全新的生态哲学已经从基础理论层面为论证明晰自然价值的具体生成和逻辑结构做好了准备。现象学虽然在一开始的逻辑起点上批判了自然主义，但是对于主体"此在"经验的

---

① C. S. Brown, T. Toadvine, "Eco-Phenomenology: An Introduction", in C. S. Brown, T. Toadvine eds., *Eco-Phenomenology: Back to the Earth Itseif*, Albany: State University of New York Press, 2003, p. xii.

高度重视预留了一条通向生态理性的理论道路。对于这一点，梅勒曾指出，生态现象学是以"显示—描述"为阐释路径的，具体而言，就是让"人们试图回忆起和具体描述出另外一种对于自然的经验方式，以及尝试指出，对自然的纯粹'工具—计算性'的处理方式是对我们的经验可能性的一种扭曲，也是对我们体验世界的一种贫化"。① 概言之，生态现象学要通过"悬搁"的方法让主体对以技术座架为特征的人工化世界暂时遗忘，在此基础上以描述和显现的方式对现有的理性观念进行重构，这使得我们摒弃了近代以来的极端化的理性主义，通过"遭遇环境"亦即遭遇生活世界化的自然来体验自然的意义，澄明自然的价值，进而使生态价值观的涵养得以可能。

三 生态文化：生态价值观的文化底色

生态文化作为生态文明时代的主流文化，是对以往人类文化形态特别是工业文明的主导文化的扬弃和超越，其建基于对人类价值观念的生态缺失、伦理道德行为失范的批判和反思。那么，何谓生态文化？国内有学者指出，生态文化是对以人为中心的传统文化的超越；也有学者认为，生态文化是以生态有机世界观为核心的后现代文化；还有学者指出生态文化是生态文明的文化形态。如王从霞认为，生态文化的出现是为了解决科学文化与人文文化的疏离所造成的生态危机。② 在根源上，生态危机就是人类自身的价值理念和文化观念发生了前所未有的危机。如果从人类文化发展特点出发，我们不难发现，人类文化的样态是与人类文明形态相适应的。具体来看，生态文明之前人类文化大致有三种，即原始文明的自然文化、农业文明的人文文明或田园文化和工业文明的科学文化，而生态文明所诉求的文化形态则是生态文化。就如何界定生态文化的问题，有学者提出应从狭义和广义的层面加以探究。余谋昌先生认为，狭义的生态文化是指"以生态价值观为指导的社会意识形态、人类精神和社会制度"；广义的生态文化是指"人类的新的生存方式，即人与自然和谐发展的生存方式"。③

---

① 〔德〕U. 梅勒：《生态现象学》，柯小刚译，《世界哲学》2004 年第 4 期。
② 王从霞：《生态文化："两种文化"融合的文化背景》，《科学技术与辩证法》2005 年第 6 期。
③ 余谋昌：《生态文明论》，中央编译出版社，2010，第 10 页。

在内容结构上，广义的生态文化涵盖了人类社会生活的方方面面，既有物质的、精神的、制度的还有科学的、技术的、行为的等等。在物质层面，生态文化反对传统的消费型生产生活方式，倡导绿色的、低碳环保的生产生活方式。在精神层面，生态文化摒弃了传统人类中心论的反生态、反自然的伦理价值观念，力主唤醒人们的生态觉悟，树立顺应自然、尊重自然、爱护自然的生态意识。在自然观上，生态文化以生态学、新物理学和复杂性科学为理论依托，从近代机械论自然观转向现代有机论自然观。在文化价值取向上，生态文化扬弃了近代人本主义或工具主义的价值取向，确论了人与自然和谐共生的生态价值取向。总之，在绿色发展理念视域下，广义的生态文化是指以人与自然共存共荣为根本宗旨的生存文化；狭义的生态文化是指以价值主体、自然价值为核心问题的生态意识、生态价值取向、生态审美等观念形态。"生态文化的核心价值观就是以探索人类的生命本体，探索人对环境的需求和适应能力，探索人的全面发展的可能性为重心，认为人类与自然应当是一种和睦的、平等的、协调发展的新型关系。"①所以说，生态文化是生态价值观生成演化的底基和底色。

从生态文化的生成逻辑出发，我们可以发现其经历了启蒙、断裂和重构三个阶段。严格讲，启蒙时期的生态文化不算是真正意义上的生态文化，受有限的科学知识和低下的认知能力的制约，那一时期人们对自然的价值取向是敬畏和崇拜。随科学的进步，人类的主体意识、主体能力和认识能力的不断提升和加强，对自然的敬畏之情转变为征服之欲，自然被排斥在人类文化之外，早期人类建构的具有生态性质的文化开始逐渐坍塌断裂。在表现形式上，生态文学作品突出表现了不同历史时期生态文化的基本特征。就生态文学的理论特质而言，其作为一种启示录体裁的文学，以宇宙自然、人与自然的关系为研究对象，力图从生态的、整体的角度唤醒人们的生态意识，以便使人类能够自觉地去承担对自然的生态责任、生态义务。

我们可以从四个维度对生态文学加以阐释："第一，生态文学是以生态系统的整体利益为最高价值的文学，而不是以人类中心主义为理论基础、以人类的利益为价值判断之终极尺度的文学；第二，生态文学是考察和表现自然与人的关系的文学；第三，生态文学是探寻生态危机的社会根源的

---

① 王从霞：《生态文化："两种文化"融合的文化背景》，《科学技术与辩证法》2005年第6期。

文学；第四，生态文学在很大程度上可以被看成是表达人类与自然万物和谐共处的理想、预测人类未来的文学。"① 从上述衡量准则看，人类初民关于宇宙生成的神话因蕴含了充满神性的生态观念，成为启蒙时期生态文化的原初文学形式。在这些神话中，一切自然存在物都被理解成具有灵性的、活的有机体，自然被赋予了养育者的光辉形象，这种思想观念影响了文艺复兴时期的阿卡狄亚文化或田园文化。

在西方传统的田园文化里，主要采用一种整体的、生态的全新视角来看待和诠释人与自然的关系。在历史上，自然仁慈、慷慨的母亲形象在古希腊荷马黄金时代的自然观中已然初见端倪。到了文艺复兴时期，一些文学作品表现出对田园生活渴望和向往，隐喻了人们需恪守自然秩序而生活的道德信念。到了中古时代，人类是以敬重的态度来看待自然，自然往往以女性供养者的形象出现在当时的文学作品里，她是为世界提供预设秩序的"上帝"。在这一预设秩序中，隐含着人们在现实生活中遵循的一些道德行为准则，其实质是促使人们的生活方式、行为方式能够与自然秩序相一致。因为作为自然构成部分的任何一个有生命的存在物，都在自然统一整体中占有一定的位置，并肩负维持这一整体秩序的责任。可以说，当时的人们是以一种整体的、联系的态度对待自然，认识到自然与人类之间的紧密联系。尽管在随后的几个世纪里，这一传统没有成为西方的主流文化，却对18世纪阿卡狄亚主义生态学和19世纪浪漫主义以及20世纪生态文学产生了深远的影响。无需赘言，在这一时期的生态文化中，人对自然的崇拜和依附的价值取向表现得淋漓尽致。但是17世纪机械论出现后，宰治自然、征服自然的观念取代了崇拜自然、依附自然的观念而成为近现代世界的主导理念，生态文化从启蒙走向断裂，转向工业时代的科学文化。

随着生态学的发展，人类对自然的认知有了强有力的科学基础，而生态危机的出现进一步加快了生态文学的发展。其间出现了大量的生态文学著作，比如缪尔的《我们的国家公园》、梭罗的《瓦尔登湖》、利奥波德的《沙乡年鉴》、康芒纳的《封闭的循环》等等。这些作品无一例外是以生态学知识为基础，采用整体的、生态的视角去描绘自然，阐释人与自然的关系，从而反映出人们对自然的价值取向逐渐生态化。那个时代的自然作家

---

① 王诺：《欧美生态文学》，北京大学出版社，2003，第7~9页。

开始反对技术社会运用冷漠的、分析还原的方式对自然进行研究，渴望同自然之间建立直接的、有机的联系。由于自然作家的作品逐渐为大众所接受，人类对待自然的态度也随之发生改变。

尤其是 20 世纪 60 年代之后的现代生态文学，对自然的描绘更多是基于生态学的相关知识。例如，美国的海洋生物学家卡逊在《寂静的春天》一书中，以大量翔实的科学事实揭露和批判了杀虫剂 DDT 给人类环境带来的危害，其目的就是要告诉大家这样一个事实：大自然是一个复杂的、平衡的整体，置身于其中的所有存在物之间以及它们与环境之间有着密切的、不可任意割裂的关系；自然之中不存在完全孤立的事物，每个事物之间都相互关联、相互制约，共同构成了一个流动的、自我平衡的系统。她说："这个土壤综合体是由一个交织的生命之网组成，在这儿一事物与另一事物通过某些方式相联系——生物依赖于土壤，而反过来只有当这个生命综合体繁荣兴旺时，土壤才能成为地球上一个生机勃勃的部分。"① 而我们一旦破坏了物种间生态关系，后果将很严重。这就要求我们在处理人与自然的关系问题上，应该树立生态价值观、整体利益观，即从整个生态系统出发，而不能仅从人类的利益出发审视问题。

总体上，20 世纪的生态文学与以往的生态文学不同，其对自然的解读更多是基于现代科学，尤其是基于生态学提供的相关科学知识。而文艺复兴时期以及 18~19 世纪的生态文学在对自然的解读过程中，更多是从直观的、经验的、人性和信仰的角度出发追求人与自然之间的和谐，这两个时期的生态文学著作更多侧重于采用整体论的方式描述自然。所以，在它们的自然观中，整体论的痕迹比较明显，相比较而言，生态的观念还是处于萌芽状态。而 20 世纪的生态文学对自然的描述不仅基于整体论思想，而且是以现代生态学为科学依据。所以，现代生态文学力图建立一种生态整体自然观，以便改变人类是自然主宰的观念，重建人与自然的和谐关系，它表述的是一种生态的、整体主义的核心价值观念。

现代生态文学，特别是 20 世纪 60 年代后的生态文学所倡导的自然观，是一种整体论的自然观，其独特之处在于，同时兼顾了生态学知识和整体

---

① 〔美〕蕾切尔·卡逊：《寂静的春天》，吕瑞兰、李长生译，吉林人民出版社，1997，第48 页。

论思想。这一特点的突出表现如下。首先，在对待自然的态度上，这种生态整体自然观依托现代生态科学提供的相关知识把生态系统视为一个有机整体，强调以一种整体的视角看待人与自然的关系，因为自然界的所有自然存在物都紧密相联、休戚相关。按照生物学的观点，人是自然的一分子，是整体的一部分。所以我们应在自然之中看自然，而不能从人类自身出发看待自然。这就要求我们采用一种系统的、整体的观念看待自然。其次，采用整体论的视角观察自然、描述自然和诠释自然。最后，在价值观上，这种生态整体自然观认为不仅生命个体有价值，作为整体的自然也是一个价值实体。现代生态文学内秉的生态观点非常彻底地否定了一些现代文学漠视自然的态度，反对将自然视为冰冷的需要人来监管和修复的荒野之地。可以说，"现代文学的典型的看法是：现代人虽然有巨大的技术力量，却发现自己远离了自然；他的技艺越来越高超，信心却越来越少；他在世界上显得非同凡响，非常高大，却又是漂浮于一个即使不是敌对，也可以说是冷漠的宇宙之中"。①

在此基础上，现代生态文学以确立一种生态自然观为己任，试图重建人对自然的伦理观念。例如，利奥波德在《沙乡年鉴》中就试图唤醒人类对自然的伦理情怀，让我们学会像山那样思考。在他的视野里，美洲郊狼的嗥叫是"一种不驯服的、对抗性的悲哀，和对世界上一切苦难的蔑视情感的迸发。……然而，在这些明显的、直接的希望和恐惧之后，还隐藏着更加深刻的涵义，这个涵义只有这座山自己才知道。只有这座山长久地存在着，从而能够客观地去听取一只狼的嗥叫"。② 这昭示着人类只有以伦理的态度对待自然，才能真正地理解自然。以史为鉴，我们不难发现，人类是以自然价值为基础来创造属人的独特文化价值，并且在两种价值的交互作用中，既发展人类的历史也发展自然界的历史。因此，我们不仅要承认自然价值，而且要保护自然价值。对生态文化的系统梳理，有助于从一种全新的文化视角去理解和诠释生态价值观，从而深化我们对这一价值观念的理论认知，以便为进一步探究其建构的方法论原则提供文化底基。

---

① 〔美〕霍尔姆斯·罗尔斯顿：《哲学走向荒野》，刘耳、叶平译，吉林人民出版社，2000，第32页。

② 〔美〕奥尔多·利奥波德：《沙乡年鉴》，侯文蕙译，吉林人民出版社，1997，第121页。

第三节　生态价值观建构的方法论原则

针对人与自然的关系，以生态价值观为指引的绿色发展理念，一方面强调自然资源、生态系统、自然环境等对人类生存发展所具有的根源性和本源性；另一方面在肯定人类主体地位的同时，也承认作为客体的其他物种乃至整个生态系统所具有的内在价值、固有价值、工具价值。所以，在本体论上，生态价值观是一种内蕴共同体性质的价值观，实现人与自然互为本位、协同进化、共荣共生、和谐发展是其根本性价值旨归。在认识论上，生态价值观为我们理解自然的价值提供了认知原则。在方法论上，生态价值观为我们改造世界的实践活动提供了道德规范。作为生态文明建设和绿色发展主流价值观的生态价值观，依托生态学的相关知识来认知和诠释自然，因此，本书提出以生态学范式，进而以此为逻辑基点，以生态—整体论和道德情感体验为原则来进行生态价值观构建。在生态价值观建构的方法论体系中，生态学范式、生态—整体论原则和道德情感体验原则之间相互衔接、相互交织，从不同层面彰显了生态价值观的基本内容和理论特质，其中生态学范式是整个方法论体系的灵魂和逻辑起点；生态—整体论以生态学范式为理论依托对自然价值的合理性进行确证；道德情感体验原则是建基于生态—整体论之上，以情感、体验这种价值意识的精神形式对自然价值进行判断和确论。

一　生态学范式：生态价值观的理论建构范式

作为从规范角度消解生态危机的生态伦理学，其终极目标是要重拾人对自然的伦理关怀，而这一价值目标能否实现取决于对理论范式的选择。因此，生态学因其内秉的整体论特质以及与价值的潜在关联性而备受生态整体主义流派青睐。那么，生态学范式何以能成为生态价值观的重构的恰当选择？

众所周知，传统伦理学作为研究人类社会伦理关系的规范学科，主要是研究人和人的社会生活的道德问题。但是，人类社会发展引发了日益严重的环境问题，生态伦理学试图从规范角度对其进行解答，以便为解决问题提供有效的理论和实践的路径。就其实质而言，生态伦理学的出现表明我们开始意识到传统伦理学对伦理关系的预设存在一定的局限性，将伦理关系限定在人自身的范围已经不能应对生态危机的挑战。德国哲学家施韦泽曾强调，无论是人类还是动物、植物，自然界的一切生命都不应有高贵的或者低贱的区分。因为伦理学本无所谓的界限，所以敬畏生命是我们每个人需要遵守的道德规范。施韦泽的敬畏生命的伦理思想，实质上内隐了这样两个问题：一是人类道德关怀的范围是否仅限于人本身；二是何种途径可以实现人类道德关怀范围的拓展。

在传统伦理学的论域里，只有具有内在目的、内在价值的人才能成为道德关怀的对象，生态环境因其只具有工具价值而不能进入道德关怀的范围，进而成为道德关怀的对象。所以，如何界定自然价值或生态价值，重构人与自然和谐共生的生态价值观成为解决问题的关键之一。对此，生态伦理学理论内部的一些研究者通过理论范式的生态化，即生态学范式的确证来实现这一价值观的建构。但生态伦理学、环境伦理学并非实证科学，因此作为实证科学的生态学何以能够成为生态价值观建构的理论范式呢？生态学自诞生之日起，就是研究自然界的有机体之间、有机体和其所置身的环境之间关系的一门自然科学。那么，生态伦理学作为规范性学科缘何能借助生态学重新诠释自然的价值，进而实现伦理道德关怀范围的规范性拓展，或者简单讲，生态学何以能成为生态价值观乃至生态伦理学的理论范式？应当说，这完全是得益于生态学所特有的强烈的形而上学意蕴。

在理论范式上，建基于生态学的生态价值观，着重强调应从生态的、整体的视角出发理解人、自然和社会三者的内在关系，并将三者视为一个复合的有机生态系统。本质上，人与自然和谐共生的生命共同体就是一个复合的生态有机系统。生态学概念于1886年由德国博物学家海克尔提出，时至今日生态学已经形成了研究自然、人与自然关系的系统全面的理论体系。如果追溯生态学产生的渊源，那么不难发现，其肇始于早期的自然博物学家关于自然的理念之中。在那一时期，这批学者虽然主要是以管理者的姿态来面对自然，但是他们却是采用整体视角对自然进行观察和描述。18世纪英国博物学家吉尔伯特·怀特在《塞尔伯恩博物志》一书中，就采用了一种生态的、整体的思想观念来描述塞尔伯恩周围的生态环境和物种的生存状况。由于常年生活在塞尔伯恩地区的乡间，吉尔伯特·怀特注意到生态区域内的众多物种之间存有非常紧密的相互关联性，它们处于一个非常复杂的且不断变化的生态系统之中；而且在生态系统的整个生物链条上，每一个物种都因其独特的作用而占据一席之地。随着生态学的群落、生态位、食物链、生物金字塔、生态系统等一系列概念的提出，人们进一步明确了解到自然的任何一个物种都不能脱离他者而孤独存活于世，各个物种普遍联系、相互依存，共处于一个生命共同体之中。

人类是自然进化的产物，生态规律既是我们应遵循的生存规律，也是指导我们行为的基本准则。美国著名的生态学家巴里·康芒纳概括总结了四条"生态学法则"。具体而言，第一条生态学法则："每一种事物都与别的事物相关。"这条法则强调生物圈内所有事物之间的相互依存、相互影响的内在关联性，不同物种间、种群间、群落和个体间、有机体和环境间相互交织共同构成了一个有着"精密内部联系的网络"。第二条生态学法则："一切事物都必然要有其去向。"这一法则强调，在生态系统中没有什么东西可以被称为"废物"，因为"由一种有机物排泄出来的被当作废物的那种东西都会被另一种有机物当做食物而吸收"。第三条生态学法则："自然界所懂得的是最好的。"康芒纳认为，人工器物尤其是化学制剂对自然生态系统平衡的破坏是不可逆的，因为"一种不是天然产生的，而是人工的有机化合物，却又在生命系统中起着作用，就可能是非常有害的"。第四条生态学法则："没有免费的午餐。"这条生态学法则警告我们，人类会为自己对自然界的不合理利用而付出相应的代价。"因为地球的生态系统是一个相互联系的整体，在这个整体内，是没有东西可以取得或失掉的，它不受一切改进的措施的支配，任何一种由于人类的力量而从中抽取的东西，都一定要被放回原处。"①

总之，生态学作为一门研究自然界有机体之间、有机体和环境之间关系的科学，既为我们展现了一幅充满生命力的、多极化的、完整的、稳定的和美丽的世界图景，也从根本上改变了人类看待自然的基本视角，进而为人类价值观念的生态性变革提供了理论范式。自然价值论伦理学的提出者罗尔斯顿认为，要重新认知自然内蕴的固有价值或内在价值，就需要建构一种有别于传统的、新的价值论范式，以便使自然价值的确证具有合理合法性。而"只有通过在另一极端的涉及自然史之丰富的学科，如进化论、

---

① 〔美〕巴里·康芒纳：《封闭的循环》，侯文蕙译，吉林人民出版社，1997，第 25~37 页。

生物化学或生态学所提供的思维范式的转变，我们才能将价值理论重新确立起来"。①

现代生态学的深入发展，使人们逐渐认识到自然界中的物种是普遍联系的和相互依存的。在生态伦理学中，生态学的这种整体主义原则为利奥波德大地伦理学的建立提供了依据。利奥波德认为伦理学应依据一个共同的前提条件，即每一个个体都是共同体的成员这样一种观念，据此他将伦理关怀从人类延伸到整个大地。在环境思想史和环境主义运动史研究方面，卓有成就的美国著名学者纳什也明确指出，研究相互联系的共同体的生态学为扩展伦理关怀提供了新的科学依据。他指出："在两次世界大战之间，生态学所固有的整体主义得到了科学哲学和神学流派的支持。它们的结合奠定了环境伦理学的理论基础。"② 罗尔斯顿作为一个对生态学有深入研究的著名环境伦理学学家，同样是依据生态学的整体论原则建立了自己的环境伦理学理论。但如何从作为自然科学的生态学的实证性原则推论出自然具有不依赖人类评判的内在价值呢？这个问题从更深刻的层面关涉到生态价值观确立的理论根基。

1986年，在美国科学发展协会的年会上，美国著名的生态经济学家加勒特·哈丁围绕公有地问题的讨论提出了一种基于生态学的道德范式。他的有关观点，被罗尔斯顿认为是一种"基于生态学的道德外延"。罗尔斯顿分析说，哈丁提出的范式受到霍布斯理论的影响，只是一种生态条件制约模式。在哈丁看来，人类的道德观念面对的是生态系统的承载能力，而不是规范。因为生态系统的承载能力是有限的，所以人类有责任在环境所能承受的范围内保持生态系统的稳定。因此，罗尔斯顿认为哈丁的理论是基于一种后达尔文主义生物模型，其根本问题是缺少了对生态系统相互依存、互利共生特征的理解。对于托马斯·考韦尔提出的自然界的动态平衡是一种终极价值，它是人类价值的基础，自然平衡为人类的伦理活动提供了场所的观点，罗尔斯顿认为："对于考韦尔最简单的解读，是不管他所用的夸张语，而认为人类价值的基础仅仅意味着一些其本身并没有价值的限制条

① 〔美〕霍尔姆斯·罗尔斯顿：《哲学走向荒野》，刘耳、叶平译，吉林人民出版社，2000，第165页。
② 〔美〕纳什：《大自然的权利：环境伦理学史》，杨通进译，梁治平校，青岛出版社，1999，第72页。

件，只是人类的价值得在这些条件限制的范围内进行建构。"①

在罗尔斯顿看来，以上这几种观点都属于一种派生意义的生态伦理观，因为它们只是努力寻求在生物物种内的平衡与人类的道德之间建立一定联系。而与上述观点相比，罗尔斯顿更认同利奥波德大地伦理学的基本思想，即扩展道德共同体的边界，也就是要使共同体包含土壤、水、植物和动物等。生物共同体的完整、稳定和美丽被大地伦理学视为最高的善。因为"在生态系统的机能整体特征中存在着固有的道德要求"。②罗尔斯顿清楚地意识到，仅仅用经济价值来衡量土地是片面的，应转变旧的价值尺度，确立新的价值尺度。生态中心论所主张的有机的、整体的生态伦理思想，成为主导罗尔斯顿建构自己的自然价值论伦理学的理论来源。在罗尔斯顿的视野里，生态学不仅是一门自然科学，也是一门伦理学。

首先，与传统的对生物价值的看法相区别，罗尔斯顿重新定义了有机体的客观价值。为此他运用了大量的生态学知识。有机体通过与环境交换信息和能量来保持自身的秩序，实现着生命的维持、延续和再生。有机体之所以拥有客观价值是因为它本身就是这样一个自我维持的系统，而信息和能量是这样一个系统不可或缺的特征。在他看来，"决定有机体的行为的，即使不是感觉，也是某种比行为动因更为重要的东西。决定行为动因的是信息；缺乏信息，有机体就会崩溃为一堆散沙"。③ 在罗尔斯顿看来，有机体这样一个信息系统本身就是一个规范系统，它具有把"是什么"和"应当是什么"区别开来的功能，并且"有机体所寻求的那种完全表现其遗传结构的物理状况，就是一种价值状态"。④ 他认为，在自然中有生命的有机体不能脱离环境而单独存在，它要与环境进行能量和物质的交换，就要作出相应的评价，所以有机体是一个价值系统、一个评价系统。可以说，这种立足于生态学理论对有机体价值的全新界定为诠释自然的内在价值提

---

① 〔美〕霍尔姆斯·罗尔斯顿：《哲学走向荒野》，刘耳、叶平译，吉林人民出版社，2000，第 14 页。

② 〔美〕霍尔姆斯·罗尔斯顿：《哲学走向荒野》，刘耳、叶平译，吉林人民出版社，2000，第 7 页。

③ 〔美〕霍尔姆斯·罗尔斯顿：《环境伦理学：大自然的价值以及人对大自然的义务》，杨通进译，中国社会科学出版社，2000，第 133 页。

④ 〔美〕霍尔姆斯·罗尔斯顿：《环境伦理学：大自然的价值以及人对大自然的义务》，杨通进译，中国社会科学出版社，2000，第 135 页。

供了佐证。在罗氏看来，生态学提供了关于生物体（包括人类在内）与其周围环境之间进行交换的方式，而且这一交换方式也表明生态系统是充满了某种智慧的。一切价值的产生不是独立于相关环境的，价值是在与环境的相关性中被构建出来的。

生态学证明了地球是一个进化的生态系统，而这样一个系统本身是能够产生价值的，也就是说它是价值的源泉，由此生态学为生态价值观的建构提供了理论范式。基于此，罗尔斯顿提出重建价值理论。他认为，应该通过那些更多涉及自然史的学科，如进化论、生物化学或生态学所提供的思维范式的转换来确立价值理论。生态学在此所具有的形而上学的含义就超越了科学的范畴，不仅为罗氏的环境伦理学提供了一种新的价值观基础，而且也为生态价值观的确立提供了可以加以利用的理论范式。

其次，在罗尔斯顿看来，对自然的评价不能是单向度的，而应是互动性的，是建立在一定的生态关系上的，这种评价是一种生态的评价。价值判断并不完全是主体的自我投射，而是对外部世界的一些性质的认知。我们在建构价值观念的过程中的确不可避免地融入了一些人的主观因素，但是必然会有一些先于这一过程而存在的东西，它们是构成价值的必要条件。自然价值既有属于第一、第二性质的价值，又有属于第三性质的价值。罗尔斯顿依据生态学实证知识提出，生态系统中的事实与价值两者之间是密不可分、共同进化的，它们都是创生万物的大自然进化的产物，虽然对于生态系统的生态学描述（事实判断）在逻辑上先于对生态系统的价值评价（价值判断）。就是说，他的做法是力图让这种实证知识一身二任，并以此把这种价值客观化。我们可以看到他如此强调，"DNA 密码-生命的逻辑，不仅在分子层面发生作用，而且在环境表现型层面发生作用"。[①] 他提出，有机体在表现其遗传结构的物理状态时，自身就是一种价值状态。据此，他进一步大胆断言，有机体不但是一个价值系统，而且是一个价值评价系统；有机体既具有自在的价值，它又能对自身自发地进行评价。概言之，罗尔斯顿自然价值论伦理学体系的建构紧密依托现代生态学知识，并运用大量自然规律作为立论根据。在他的视域里，生态学不仅仅是一门自然科

---

① 〔美〕霍尔姆斯·罗尔斯顿：《环境伦理学：大自然的价值以及人对大自然的义务》，杨通进译，中国社会科学出版社，2000，第135页。

学，而且是一门具有终极性质的科学。生态规律不仅是我们必须遵循的自然规律，而且还为我们对自然进行价值评价提供超出第一、第二性质的，更高层次的物质结构方面的根据。它一方面表明创生万物的自然是价值发生的源泉，另一方面也使我们的评价活动能够在生态系统层次上进行。尽管罗尔斯顿以生态学为理论范式对自然价值及其评价的解读，为我们重新诠释人与自然的价值关系提供了全新思路，但是他将实然的生态规律完全、直接等同于应然的价值规律的做法还是值得商榷的。

最后，与上述解决方式相联系的是以何种立场和观点看待生态学的地位问题。一般认为，生态学作为自然（实证）科学是描述性的，伦理学由于关乎价值则是规范性的。罗尔斯顿似乎要通过模糊生态学的地位解决上述问题。他提出，"生态系统的评价并不是科学的描述，更不是生态学本身，而是元生态学"。① 这里我们可以看到，罗尔斯顿承认生态学是基于描述的，同时强调这种描述可以被视为一种具有规范性质的评价活动，由此就充分体现出评价所内含的元层次意蕴。这种对生态学的诠释，实质意味着在他看来生态系统中的事物只要是合乎自然规律就是有价值的。事实上，这种观念全方位地体现在他的目的论式的理论推理中。他通过把生态价值看作被整个系统的存在和进化所内秉的目的来对上述问题加以解决。他提出，就生态系统中有机个体与物种的关系而言，个体有如承载物种之形式的容器，编码了生物的"目的"的基因系统既为个体所有，又是物种的性质。并且在物种的形成过程中，物种会超越个体现有的实然状态，去探求一种有价值的应然状态。而物种的存活是不能离开它周围的小生境的，物种的完整性是适应生态系统的完整性，系统是一个价值的转换器。由此生态系统中物种都有着不依赖于人的内在价值，它们按照生态规律生存、繁衍，保持着生态系统的动态平衡。这样生态规律就可以成为判定物种是否具有内在价值的一种尺度。由此是"生态规律（而非仁爱或正义），为我们的伦理学原则提供了基准或（至少）基础"。② 在罗尔斯顿的环境伦理学中，我们看到了生态学理论范式在解决环境伦理学的建立和发展所必须面对的

---

① 中国社会科学院哲学研究所自然辩证法研究室编《国外自然科学哲学问题》，中国社会科学出版社，1991，第146~157页。

② 〔美〕霍尔姆斯·罗尔斯顿：《环境伦理学：大自然的价值以及人对大自然的义务》，杨通进译，中国社会科学出版社，2000，第29页。

事实与价值过渡问题方面所具有的巨大潜力。我们同时也看到，以这种范式为据的环境伦理学尽管具有高度精致的理论形式，但最终达到的依然只能是以目的论解释价值论。罗尔斯顿认定，"我们关于实在的存在模式，蕴含着某种道德行为模式"。①

二　生态—整体论：生态价值观的科学认知原则

在生态文明建设中，绿色发展理念所诉求的生态价值观，是一种人与自然互为本位、协调发展、共荣共生的共同体价值观。作为共同体的价值观，生态价值观强调人与自然是生态命运共同体，人只是共同体中的普通成员，而不是共同体的权威和主人。正如利奥波德在《沙乡年鉴》中所指出的：大地伦理将共同体的边界拓展至大自然（土地），其是要将"人类在共同体中以征服的面目出现的角色，变成这个共同体中的平等的一员和公民。它暗含着对每个成员的尊敬，也包括对共同体本身的尊敬"。② 而要实现对共同体及其成员的尊重，则需要以正确的价值观为指导。简言之，生态价值观要求我们从生态的视角出发，以一种整体主义的观念看待人与自然的关系，将两者视为一个相互依存、相互制约、相互促进的复合生态系统，以期实现人与自然之间、人与人之间对立和冲突的真正和解。在方法论原则上，以生态学为理论建构范式的生态价值观运用生态—整体论原则解构了传统人类中心主义对价值观的前提预设，从而为消解生态危机的价值论根源提供了科学的认知原则。

在理论渊源上，生态—整体论既承续了源自古希腊的有机整体论思想，也表征出生态学内秉的整体性意蕴和潜在的价值关联性。如果我们追溯整体论思想的源头活水，其最早以有机论的形式呈现于古希腊的宇宙生成学和自然观之中。在宇宙本体论方面，自西方哲学史上的第一位哲学家泰勒斯到古希腊百科全书式人物的亚里士多德都持有这种基本观念，即以动物的隐喻方式将自然理解为具有自我感觉和目的，遵循着固有的秩序运动，充盈着智慧的活的有机体。当时的古希腊人普遍认为，自然是人类的老师，

① 〔美〕霍尔姆斯·罗尔斯顿：《环境伦理学：大自然的价值以及人对大自然的义务》，杨通进译，中国社会科学出版社，2000，第155页。

② 〔美〕奥尔多·利奥波德：《沙乡年鉴》，侯文蕙译，吉林人民出版社，1997，第194页。

自然内在的逻各斯是人类行为遵循的标准和尺度。所以，针对自然的阐释，米利都学派的思想家并非要对其进行直接的事实性描述，而是要深入探寻其行为准则的生成原因。这一思想观念被毕达哥拉斯学派所继承，后经由柏拉图延续到亚里士多德，成为那一时代理论建构所使用的基本原则和观念模式。爱非斯学派的赫拉克利特就曾这样论述道："从对自然的观察出发，把自然理解成一个始终如一的整体；这样的整体既不产生也不消逝。"①

而随着科学的不断进步，人类对宇宙、自然的了解逐渐深入，尤其是近代自然科学体系的建立彻底动摇了古希腊有机论自然观在人们思想观念中的地位，自然不再被视为理性的活的有机体，而变成被人类目的操纵的死寂的机器。史学家柯林武德认为，17世纪的"科学已经发现了一个特定意义上的物质世界：一个僵死的物质世界，范围上无限且到处充满运动，但全然没有质的根本区别，并由普通而纯粹量的力所驱动"。②尤其是，笛卡尔—牛顿机械论自然观的确立，不仅使生物学法则取代了自然内在的灵魂成为运动的物质的基本原则，而且使不变的恒常的数学法则成为宇宙自然生成的规则，自然从一个内在生长的活的有机体转向一架受外因操纵的死寂的永动机。至此，人类开始以机器作为喻体来隐喻自然，动物的隐喻淡出了人们的视野。正如麦茜特所言："与机器相联系的造型的、肖像的和文字的隐喻，把日常生活的经验扩展到想象的领域，在那里机器成了生活本身有序化的象征。"③在这一思想观念的主导下，人们开始以分析还原论或实体论的观点看待自然，自古希腊开始的有机整体论丧失了自身得以存在的形而上学基础，其结果是自然被完全客体化为满足人类欲求和利益的，任人随意控制、征服和攫取的对象。在人类社会生活里，人们思想发生的变革终将影响社会领域的方方面面，如生态危机的凸显与人类自然观念、价值观念、思维方式的转变之间具有密切的关联性。因此，树立关爱自然、敬重自然、保护自然的生态价值观是解决环境问题、破解人类生存困境的有效途径之一。

作为生态价值观建构原则的生态—整体论一方面承续了古希腊有机论

---

① 〔德〕E.策勒尔：《古希腊哲学史纲》，翁绍军译，山东人民出版社，1996，第46页。
② 〔英〕罗宾·柯林武德：《自然的观念》，吴国盛、柯映红译，华夏出版社，1999，第123页。
③ 〔美〕卡洛琳·麦茜特：《自然之死——妇女、生态和科学革命》，吴国盛等译，吉林人民出版社，1999，第113页。

的合理内核，认为人与自然生态系统是相互依存、相互联结的生命共同体；另一方面以生态学的相关科学知识为理论支撑，完成了古已有之的整体论的现代跃迁，使其固有的强烈的物活论、泛神论的神秘主义色彩消失殆尽。在西方思想史上，古希腊的整体论思想最早可以追溯到泰勒斯的本原论。泰勒斯认为水是万物的本原，并用这种物质性的本原来描述和说明自然的整体性。除了泰勒斯的本原论之外，具有代表性的还有留基波的构造论、巴门尼德的浑一论、赫拉克利特的动力论、亚里士多德的共相论和柏拉图的预设论。尽管这些理论都是从不同视角来强调宇宙自然的整体性，但由于没有相应的科学理论作为支撑，它们视域里的"整体"成为一种空泛的整体。而基于生态学的整体论所推崇的"整体"是以多样性、统一性为基点的含有具体内容的、复杂多样的统一的"整体"。因为复杂性科学和生态学已经证明："一个系统不仅是从多样性出发构成的统一性，而且从统一性出发构成的（内在）多样性。"① 在一个生命共同体或生态共同体中，作为系统的整体和作为部分的个体间是相互作用、相互依存、内在关联的关系，具体而言，个体（或者部分）既非与系统隔绝的、孤立的个体，也不是消融于整体之中的个体，个体在保有自我存在的同时又必须依赖于整体，并在与整体的关系中确立自身；整体也包容于部分之中，整体是被延展开的部分。

生态学作为一门实证科学，主要研究生态系统中有机体之间、有机体与环境间的关系，其"是以一种更为复杂的观察地球的生命结构的方式出现的：是探求一种把所有地球上活着的有机体描述为一个有着内在联系的整体的观念，"而这种观念也是早期博物学家对待自然、管理自然的基本信条。② 随着生态学知识体系的完善和发展，特别是取代了有机模型的群落模型概念，更精准地表现出生态系统内在的层次性、多样性和复杂性。群落模型通过研究栖息地复杂的生物个体以及外部环境因素之间的关系，凸显个体生物对整个生态系统的功能性、目的性作用，体现物种及其环境之间的协同性。除了生态群落和生态系统概念之外，还有生态平衡、循环规律、再生规律等，这些概念进一步加深了人们对大自然这个最大的生态系统所具有的整

---

① 〔法〕埃德加·莫兰：《复杂思想：自觉的科学》，陈一壮译，北京大学出版社，2000，第209页。
② 〔美〕唐纳德·沃斯特：《自然的经济体系——生态思想史》，侯文蕙译，商务印书馆，1999，第14页。

体性、流动性、过程性、有序性、相关性的理解，使人们明确意识到自身只不过是自然界的普通一员，在自然系统中包括人在内的所有物种都是密切相关联的，没有哪一个有机个体可以离开自己的生存环境而独立存在。

所以说，生态学视野内的实体都不是孤立存在的实体，而是同置身于其中的内外部环境紧密关联的实体。因此，有学者明确指出："生态学天然地属于整体论，它一开始就是关于事物与其环境相互关联的理解和研究。"①所以，生态学不仅为我们认知世界提供了一种整体论的视角，而且也为我们重新诠释自然价值提供了科学的认知原则。例如，罗尔斯顿在其自然价值论中，就指出生态系统中的有机个体之所以具有客观价值是由于它自身是一个基因系统，在这种信息的遗传过程中它呈现出自身的价值，而用第一、第二、第三性质来说明遗传信息是不够的。"这基于 DNA 事实并不能简单地归结为第一、第二性质，甚至也不能归结为第三性质，而是涉及到更高级的结构层次。"② 价值尽管是通过生命个体体现出来的，但它是超越生命个体的，它是在一种具有整体交互作用的生命之网中表现出来的，所以仅用洛克所说的第一、第二性质的形式是不能完全表现的。因此罗尔斯顿认为有必要把第一性质、第二性质放在生态系统中加以运用，从一种整体的视角来对它们进行考察。至此，我们不难发现，生态学一方面为我们理解和认识自然提供了一种基于科学的整体性观念；另一方面为消解人与自然的疏离和对立提供了新的致思理路。

总体上，生态—整体论对整体论思想和生态学进行了有机结合。这种有机结合是建立在对生态学和整体论辩证理解基础上的内在统一，不是对两者进行简单堆砌和相加，而是生态学凭借自身固有的整体性为传统整体论提供科学基础，从而完成了对传统整体论思想的承续、扬弃和发展。而在生态价值观的确立中，生态—整体论提供了科学的认知原则，强调我们应以生态的、整体的视角、态度和方法看待自然、人与自然的关系，以期建立一种有别于传统经济理性的、生态的、整体的自然价值观念。

① 吴国盛：《科学的历程》，北京大学出版社，2002，第 574 页。
② 〔美〕霍尔姆斯·罗尔斯顿：《哲学走向荒野》，刘耳、叶平译，吉林人民出版社，2000，第 159 页。

三 道德情感体验：生态价值观的伦理体验原则

情感体验作为自然价值或生态价值确论的尝试性路径之一，力图以其对自然的感悟为人与自然的关系提供价值旨归，进而使生态价值观的理论建构得以可能。这一方法论原则通过强调直观、情感、体验对规约人类行为的影响和作用，从而为人类对自然进行价值评价和判断探寻新的基点，以此试图为重建人对自然的价值观念和伦理观念搭建桥梁。在生态价值观中，如何从生态—整体论视角诠释道德情感体验范畴是其确立的关键性问题之一。原因在于，以生态—整体论为基点的道德情感体验因其独特的认知模式在生态价值或自然价值确论中彰显了一种本体论含义，进而使人们体悟了自然之美、自然之善的本真意蕴。

在价值论的体系结构中，情感作为价值意识特有的精神形式不仅反映人类主体的客观需求、内在尺度，而且同主体的态度、内心体验直接关联。所谓价值意识，特指"人们关于自然界、社会和思维的全部意识中关于价值内容的心理、思维、精神活动的总抽象、总概括"。① 从其本性上看，价值意识作为社会意识结构的构件，是通过主体的态度以价值判断为主要形式来表征主体自身的需求及其内在尺度。作为价值意识精神形式的情感，特指"与人的社会关系需要相联系并受社会关系制约的态度"。② 关于体验范畴，学界一般认为它属于人的意识内容，是主体的情绪状态。但也有学者认为，体验是主客体之间的特殊关系；或者从心理学角度把体验界定为人在观察和了解事物时，认知事物或检验行为的方式；或者把体验划归于价值体验范畴之内。

在生态价值观建构过程中，以生态—整体论为逻辑先导的道德情感体验独具内在的本体论含义。生态—整体论内秉的动态过程性原则，强调大自然在动态流动过程中既进化出了人类自身，也创造出了丰富多样的生态系统，它们之间休戚与共，共同编织成了生命之网。所谓的动态过程性，是指生态系统在物质和能量的循环和流动过程中反映出的一种存在状态。在这个动态的流动过程中，我们认知到生态系统内在的丰富性和多样性，

---

① 李德顺：《价值论——一种主体性的研究》，中国人民大学出版社，2017，第 121 页。
② 李德顺：《价值论——一种主体性的研究》，中国人民大学出版社，2017，第 133 页。

直觉到每个物种在进化过程中所蕴含的独特的自然之美，进而体验到大自然创生万物之伟大。正如罗尔斯顿所说，大自然的这种创造性就是一种价值。基于这种动态过程性的原则，我们在体验自然的动态进化过程中感悟到生命存在本身就是一种价值，这种价值不是以人为判据，而是源于自然创造生命的过程，由此获得对生命的敬畏之情。所以说，这种情感就是一种对自然本真的伦理关怀。

建基于生态—整体论原则的道德情感体验，强调人类对荒野自然的直观、情感、体验对人类行为所起到的价值指引和道德规约作用。其本体论意蕴表征为两个方面：一方面，它被认为是人类对善的一种内在体验和需求，是自然存在物内在价值得以确认的法则和尺度；另一方面，又被看作是对近代哲学的主体性认知模式的消解，它要求不用对象性思维看待自然，弱化了人对自然的单向度的主体性地位。其目的在于，力图重新确立人类置身于自然的姿态，使我们能够从与他者关系的角度理解人与自然的关系，进而使人类对自然产生道德认同。这就意味着，人类不仅要学会以自然的方式来理解自然，而且要能够意识到自然内在的、独立于人的价值性。正如利科·利维纳斯所言，人存在的逻辑前提应该存在于同"他者"的关系之中，而且这种关系不只是局限于"存在上"的关系，更是一种伦理道德关系。如果生态伦理学能够把"他者"范围拓展至包含人类以外的自然存在物，那么人类之外的全部自然存在物理所应当被纳入伦理道德关怀范围之内。

在生态伦理学中，道德情感体验的运用主要基于两种基本模式。一种是从个体生命的角度出发，通过道德情感体验方式产生对生命的尊重和伦理价值认同。例如，施韦泽敬畏生命的伦理思想就视个体生命为其关注的对象，生命存在这一事实是道德考虑的必要条件，而如何确定生命本身即为善，是道德情感需要解决的问题。另一种是从人与自然内在的、生态的整体性出发，通过道德情感体验方式使人类真正能够融于自然，从而对自然产生道德情感。生态整体主义者把道德情感体验视为理解荒野、体悟善的基本路径，他们强调应从人与自然的关系角度对荒野进行诠释，荒野不单纯是一个为我们认知自然提供科学研究之地，更是一个人类精神和心灵能够真正返璞归真之地，它象征着自由，体现着自然的野性，是生命的源泉以及价值之地，是人类与自然相遇之地，如果我们缺失了对荒野自然的欣赏和敬重，那么就会削弱生命的道德意义。所以我们不应该以自我为中心把自然视为自己的对象性存在，而应从生态—整体论内蕴的动态过程性原则出发，以自然观察自然，使自身融于自然之中，由此获得关于自然的一种感性信息并建立对自然的道德情感。

道德情感体验作为我们理解自然的重要认知方式，教会我们只有像山一样思考，才能真正理解自然所蕴含的深刻内涵。如果我们意识到，在空旷的荒野之中，狼深沉的、骄傲的嗥叫不单单是一种叫声，而"是一种不驯服的、对抗的悲哀，和对世界上一切苦难的蔑视情感的迸发"，① 那么此时，我们伦理观念已然改变，道德关怀的对象不再仅限于人类自身，自然进入了我们的道德视域。但近代以来的理性主义传统，使我们对待自然的方式过于工具化、理性化。对人类而言，自然作为一架依靠科学技术操纵的冰冷机器，只是"为我之物"。现今，学理界不断质疑这一传统思想。例如，兰德曼认为自然对于我们而言并非荒凉和贫瘠之物，并非单靠技术就能掌握之物。他明确表示："为了因探明自然被隐藏起来的真正的深度，人们绝对不可只靠思想或只靠知觉去研究它；为了有效地探明自然，人作为一个整体必须采取行动，包括具有人之精神最深刻的力量的行动和情感的行动。自然的深刻性只与我们内在的深刻性相应合。与其说这是思想，不如说是体验。"② 关于这种体验，罗尔斯顿明确表示，"当哲学家进入荒野时，能产生一种对自然的哲学体验，而这种体验乃是地球的历史、进化过程及生态系统的最终极的成就"。③ 因为自然野性内在蕴含着价值和完整性，如果我们没有学会敬重这一切，那么我们也不会真正地理解道德的全部含义。

对自然之美进行渲染和描述是文学作品恒久的主题之一，而以道德情感体验方式使人获得对自然内在蕴含的美的认知是早期生态伦理学著作的特点之一。例如，梭罗的《瓦尔登湖》、利奥波德的《沙乡年鉴》都颇具代表性。总体上，这一时期的生态伦理学著作是以提高和培养人们的生态意识作为自己的宗旨，力图使人能够真正地立足于自然本身去理解自然，真正能够回归和融入自然，能体验和感悟自然之美以及其所蕴含的无穷力量，

---

① 〔美〕奥尔多·利奥波德：《沙乡年鉴》，侯文蕙译，吉林人民出版社，1997，第121页。

② 〔德〕M.兰德曼：《哲学人类学》，阎嘉译，贵州人民出版社，2006，第109页。

③ 〔美〕霍尔姆斯·罗尔斯顿：《哲学走向荒野》，刘耳、叶平译，吉林人民出版社，2000，第404页。

并肩负起我们应承担的生态责任。这些著作在探索生态危机的社会根源时，以一种生态的、整体性思想为出发点，把生态系统的整体利益视作最高价值，进而通过隐喻表达出一种情感体验来诉求人对自然的道德责任，力图使人与自然的关系能够由冲突走向和谐。在艺术表现形式上，这一时期的著作多是采用隐喻的方式建立人对自然的情感体验；在表现方法上，通过人对自然的美、自然所蕴含的强大内在力量和精神的情感体验，使人类感悟到对自然的道德责任。

作为浪漫主义者的梭罗就把自然看成一个具有精神的、有机的以及活的整体，他以生态的方式理解自然，关注自然的整体性以及自然存在物之间的相互依存性和关联性，希望建立一个人与自然相互依存的共同体。而至于如何搭建人与自然联系的纽带或桥梁，浪漫主义者多采用直觉、情感体验等方式进行解答。据此，梭罗运用"爱的共同体"范畴来表达了这一思想观念，其本质就是把"爱"和"同感"视为人与自然联结的纽带。因为"爱是那种对精神和物质之间的相互依存和那种'完美一致'的认识，同感是那种强烈地感受到把一切生命都统一在一个惟一的有机体里的同一性，或者说是亲族关系的束缚能力"。①

在这些著作中，道德情感体验不仅是我们理解和体悟自然的认知模式，而且也是我们心灵获得净化的方式。它使我们知晓自然的纯洁、美丽和简朴，而自然能够净化人类的精神，医治工业社会给人类心灵带来的创伤。梭罗在《瓦尔登湖》中写道："湖是风景中最美、最有表情的姿容。它是大地的眼睛；望着它的人可以测出他自己的天性的深浅。"② 在康科德乡间的生活，使他意识到自然之美恰恰源于自然本身，而不是源于人类主体的合目的性的形式。梭罗对于自然的观察和体验不是针对自然中的某一个体，或是从人类自我出发，而是把自己完全融入整个自然，从一种整体的、生态的维度去理解自然，看到自然中各个物种之间以及它们和所处的环境之间的相互依存关系。梭罗通过道德情感体验来表达对自然美的认知，目的在于要寻求一种能够表述生态系统整体利益的方式，而不是表述人类利益的方式。

---

① 〔美〕唐纳德·沃斯特：《自然的经济体系——生态思想史》，侯文蕙译，商务印书馆，1999，第118页。
② 〔美〕梭罗：《瓦尔登湖》，徐迟译，吉林人民出版社，1997，第175页。

综上所述，我们不难发现这一时期的生态伦理学著作试图通过道德情感体验使人体验到作为整体的自然所蕴含的巨大潜能，自然整体和其构成之间的紧密关系，使人获得对自然作为一个整体所蕴含的内在力量、精神和美的体验，以变革人与自然疏离的自然观，建立一种人与自然相互融合的生态整体观。由此，把道德关怀的范围拓展到人之外的其他自然存在物。所以，纵观生态伦理学的整个历史发展进程，可以获得这样的认识：早期的生态伦理学著作试图通过建基于对自然的整体性认识之上的道德情感体验，使人之外的其他自然存在物获得道德身份的认同，而达到这一目的的关键就在于从自然之美中推导出对自然之善。

如何体验自然美？康德认为体验自然美需要人类智性活动，是人的直接兴趣。这种直接兴趣是源于人类理性内在的先验原则与大自然内秉的根据相一致的合规律性。在《判断力批判》中，他明确指出："对自然的美怀有一种直接的兴趣（而不仅仅是具有评判自然美德鉴赏力）任何时候都是一个善良灵魂的特征；而如果这种兴趣是习惯性的，当它乐意与对自然的静观相结合时，它就至少表明了一种有利于道德情感的内心情调。"① 在康德的哲学视域里，对自然美的体验是源于自然本身，它伴随着人的直观和反思，只有人内心真正感兴趣，才能达到对自然美的沉思。因此，自然之美区别于艺术之美，它具有内在的目的性，是表明道德思想境界的一种指归。因为"自然美对艺术美的这种优点（哪怕前者在形式上甚至还可能被后者所胜过），却仍然单独唤起一种直接的兴趣的优点，是与一切对自己的道德情感进行过培养的人那经过净化和彻底化的思想境界相一致的"。② 而人对自然美的直接兴趣与自我内心预设的善内在一致，它是建构在道德善的基础之上的。为此，康德有过这样的论述："但这种兴趣按照亲缘关系说是道德性的；而那对自然的美怀有兴趣的人，只有当他事先已经很好地建立起对道德的善的兴趣时，才能怀有这种兴趣。因此谁对自然的美直接感兴趣，我们在他那里就有理由至少去猜测一种对善良道德意向的素质。"③ 在此，康德的论证为生态伦理学把自然美与自然善联系起来提供

---

① 〔德〕康德：《判断力批判》，邓晓芒译，杨祖陶校，人民出版社，2002，第 141 页。
② 〔美〕尤金·哈格洛夫：《环境伦理学基础》，杨通进、江娅、郭辉译，重庆出版社，2007，第 207 页。
③ 〔德〕康德：《判断力批判》，邓晓芒译，杨祖陶校，人民出版社，2002，第 142 页。

了理论前提。而从生态学的视角出发，不难发现人类对自然美的直接兴趣恰恰是源于大自然创生万物的创造力，它让我们重新看到了自然本身所拥有的价值。这种源于自然本身不以人类为判据的价值，是我们获得自然之善的理论基点。

所以在一定意义上，对自然的审美体验有利于环境保护。对自然美的体验或对自然的审美体验是生态伦理学中道德情感体验的主要表现形式。当利奥波德把维持生态系统的完整、稳定和美丽联系在一起时，他已经赋予自然美以伦理意蕴。在大地伦理学思想中，他就强调道德情感在人与自然关系中的重要作用，认为伦理依靠共同体的本能。当他置身于北美的荒野时，他深深地沉浸在自然之中，聆听着流水的歌声、沼泽地的哀歌、郊狼的嗥叫，体验着自然蕴含的无限生机和无穷魅力，反思了人类个体以及我们的社会对自然的道德漠视。这一生态价值的认知模式教会我们只有像山一样思考，才能真正理解自然所蕴含的深刻内涵，才能意识到，在空旷的荒野之中，狼深沉的、骄傲的嗥叫不单单是一种叫声，而"是一种不驯服的、对抗的悲哀，和对世界上一切苦难的蔑视情感的迸发"。①

在生态伦理学中，当我们对荒野自然产生某种美的审美体验时，就意味着我们内心已经有一个道德善的预设。在这个意义上，自然就不再是工具理性意义上的没有情感的客体，而是一个生态主体，对自然的尊重就是对主体的尊重。由此，就可以逻辑推导出对自然的尊重就是一种人的内心向善，是人的道德表现。这一思想构成了生态伦理学中自然美体验的哲学基础，也是道德情感体验的基础。道德情感体验能使我们从自然美中获得对自然善的认知，其原因在于它依托生态学所提供的相关知识，系统地、整体地研究了自然美中所关涉的各种关系，知晓了人与自然之间的协同共进关系。正如奥斯丁所说："生态学是一门关于地球之美的科学，给我对美作为一种必然实事的哲学理解以更丰富的内容。"② 所以，它所倡导的自然美是一种生态的美，是一种人与自然和谐的整体之美，这种美使我们领略了生命存在的价值及意义，看到了事物之间的内在的价值关联性。

---

① 〔美〕奥尔多·利奥波德：《沙乡年鉴》，侯文蕙译，吉林人民出版社，1997，第 121 页。
② 〔美〕奥斯丁：《美是环境伦理学的基础》，余晖译，《自然科学哲学问题》1988 年第 1 期。

第四章　生态价值观养成的社会实践路径

　　自党的十八届五中全会提出绿色发展理念到十九届五中全会强调经济社会发展全面绿色转型，我们可以发现，这一理念已然成为党和国家促进社会经济的高质量快速发展，推动生态文明制度体系建设的价值指引和行动导向。党的十九届五中全会提出到 2035 年基本实现社会主义现代化的远景目标，特别将"广泛形成绿色生产生活方式"、"生态环境根本好转"以及"美丽中国建设目标基本实现"纳入其中。这就说明，全面实现经济、社会、文化的绿色发展，不仅是建设社会主义现代化强国的必由之路，而且也关乎国家和民族的伟大复兴和赓续发展。要使绿色发展理念全面深入实施贯彻到经济社会发展的方方面面，首先在思想观念和伦理价值层面，就必须正确看待自然以及人与自然的关系，确立尊重自然、顺应自然、关爱自然的价值取向；其次在社会实践路径上，就需要以这一价值取向为指引推进生态治理现代化，健全环境法制体系；最后在生产生活模式上，要在转变传统发展理念的基础上，进一步促进生存发展模式和生产生活方式的生态性变革。

第一节　生态价值观养成与生态治理现代化

　　作为国家治理体系有机组成部分的生态文明制度，不仅是建设美丽中国的制度保障，也是超越资本主义现代化道路和发展人类文明新形态的建设性制度创新。在《切实把思想统一到党的十八届三中全会精神上来》一文中，习近平总书记明确指出："国家治理体系是在党领导下管理国家的制度体系，包括经济、政治、文化、社会、生态文明和党的建设等各领域体制机制、法律法规安排，也就是一整套紧密相连、相互协

调的国家制度。"① 正是基于此，我们不难发现，将"生态文明建设"纳入
"五位一体"总体布局，以"美丽中国"作为直接奋斗目标，体现了党和国
家恢复生态平衡、重构生态秩序、实现生态正义的责任意识。而且现阶段，
"生态文明建设正处于压力叠加、负重前行的关键期，已进入提供更多优质
生态产品以满足人民日益增长的优美生态环境需要的攻坚期，也到了有条
件有能力解决突出生态环境问题的窗口期"。② 因此，为了满足人民对优美
生态环境的需要，我们党和国家不仅从理论上探究生态治理体系和治理能
力现代化发展何以可能的理论基础，而且在实践上积极投身到生态环境治
理行动中，不断推进生态治理现代化。

而如何推进和怎样建构生态治理现代化新发展格局，是我们当前面临
的主要问题。这就要求我们对生态治理的内容结构、目标体系、治理原则
进行深入透彻的研究，以便进一步探究提高治理能力、治理效能的主要策
略和基本路径。在内容构成方面，生态治理包括治理体系和治理能力两个
内在关联的组成部分。从治理角度看，治理体系和治理能力是相辅相成的
关系，两者有机关联，缺一不可，其中制度起着根本性的、全局性的、长
远性的作用。但是，如果治理能力不强、治理效能低下，那么无论多么完
善的制度体系也很难以发挥实际作用。在治理的目标上，生态治理是以推
进"第五个现代化"为现实目标，以建设美丽中国为根本目的，以节约自
然资源和保护环境的基本国策为根本遵循。在治理方针上，生态治理要
"坚持节约优先、保护优先、自然恢复为主的方针"。所以说，生态治理作
为一个多主体参与的行动过程，其是在共治共享的原则下，以生态价值观
念为指导，全员共同参加对生态环境相关的协作共治过程，其根本目标是
实现人与自然的和谐共生。

在本质上，人与自然的关系蕴涵着三重维度，即人与人、人与社会、
人与生态，并且它们之间是相互依存、相互交织、相互影响、相互制约、
相互促进的关系。而在现实的生活世界里，要实现这三重维度之间的协调
发展，就需要在它们之间建构合理的规则和秩序。实质上，秩序作为一种

---

① 《习近平关于协调推进"四个全面"战略布局论述摘编》，中央文献出版社，2015，第65页。
② 《十九大以来重要文献选编》（上），中央文献出版社，2019，第505页。

系统范畴，是指"事物存在的一种有规则的关系"。① 从社会历史的角度出发，我们不难发现，人类社会的秩序作为一种公共秩序是人们在社会交往中形成的现实的交往关系，其中最基本的社会交往关系一定非利益关系莫属。在现实生活世界的社会交往过程中，人们之间形成的利益关系却时常发生冲突和对立，为此可以通过建构一定的规则即秩序，使冲突和对立能够在一定范围内得到协调和限制。例如，当前日益严重的生态危机，实质是人与自然之间的冲突和对立，而要消解这一冲突和对立，首先应从秩序层面建立协调两者共生共荣的规则秩序。那么，在人、自然、社会之间建立良性循环的生态秩序，将是解决生态危机、实现人与自然和谐发展的一个恰当抉择。所以，在推进生态治理现代化新格局过程中，以生态价值观为伦理价值指引对生态秩序进行确证和建构将是其基本目标之一，而这一目标的实现还需要健全的环境法治体系为其提供制度保障。在《中共中央关于全面推进依法治国若干重大问题的决定》中，党中央明确提出，要"用严格的法律制度保护生态环境，加快建立有效约束开发行为和促进绿色发展、循环发展、低碳发展的生态文明法律制度，强化生产者环境保护的法律责任，大幅度提高违法成本"。②

一　生态秩序：生态治理现代化的基本目标

生态治理并非仅限于某一国家或局部区域的治理，而是一种具有全球性质的治理，其根本宗旨和终极目标就是要实现人与自然的共荣共存、和谐发展。所以说，生态治理是实现国家治理体系现代化发展的必由之路，其直接关涉生态文明和美丽中国建设能否顺利进行及实现。在理论上，生态治理是一个构建生态理性的过程，或者说也是构建生态伦理基本原则、伦理精神和生态价值观念的过程。生态伦理基本原则、伦理精神和生态价值观念并非先验自生的，而是人们在反思人与自然关系和开展生态实践中逐渐生成建构的。在社会实践上，生态治理作为一种现实性行动，一方面要依据这些原则和精神进行实践活动，同时也是对其所具有的合理性的检验；另一方面也为这些原则、精神和价值观念的生成提供平台。在治理主

---

① 周怀红、于永成：《伦理秩序的合理性》，《学术论坛》2003 年第 6 期。
② 《十八大以来重要文献选编》（中），中央文献出版社，2016，第 164 页。

体构成上，生态治理是多元主体参与的共享共治的协同治理，治理主体既可以是政府也可以是非政府组织，既可以是群体也可以是个体，既可以是当代在场的人也可以是未来即将到场的人。在治理效能上，生态治理诉求自然秩序和社会秩序之间形成良性互动、相互促进、协同发展的关系。

针对如何理解生态治理的问题，国内学理界存在各种不同的观点。有学者主张，"生态治理是人与自然的和谐相处的动态过程，它要求人类的经济活动必须维持在生态可承载的能力之内；生态治理是人与社会的良性互动过程，它主要通过合作、协商、伙伴关系，确立认同和共同的目标等方式实施对的管理；生态治理的良性互动机制，建立在市场原则、公共利益和认同的基础之上，其权力向度是多元的、相互的，而不是单一的和自上而下的"。① 也有学者提出生态治理有广义和狭义之分，"狭义上，生态治理是指生态学意义上的生态修复与环境污染防治；广义上，生态治理还包含生态文明建设过程中各参与主体的思维理念、行为模式、制度安排和方式手段"。② 从理论内容和结构体系上看，广义的生态治理包括生态治理体系与生态治理能力两个相互联结的有机组成部分；从理论特质方面看，广义的生态治理既包括属于"硬治理"的政策和法律法规，又包括属于"软治理"的伦理道德和价值观；从目标和宗旨看，广义的生态治理诉求建构人、自然、社会和谐共存、协调发展的生态秩序。

"十四五"规划纲要着重强调要"把新发展理念贯穿发展全过程和各个领域，构建新发展格局"，而良好的生态环境是构建人与自然和谐发展新格局的前提保障。所以，与生态环境相关的一系列问题，如生态污染、自然资源匮乏、生态失衡等历来备受我们党和国家的关注和重视，党和国家将推进生态治理现代化纳入国家治理体系和治理能力现代化的总体布局之中。在《中共中央关于坚持和完善中国特色社会主义制度推进国家治理体系和治理能力现代化若干重大问题的决定》中，党中央从制度层面提出了如何"坚持和完善生态文明制度体系，促进人与自然和谐共生"。在原则、目标和宗旨上，该决定明确指出，"必须践行绿水青山就是金山银山的理念，坚持节约资源和保护环境的基本国策，坚持节约优先、保护优先、自然恢复

---

① 薛晓源、李惠斌主编《生态文明研究前沿报告》，华东师范大学出版社，2007，第46页。
② 孙特生：《生态治理现代化：从理念到行动》，中国社会科学出版社，2018，第8页。

为主的方针，坚定走生产发展、生活富裕、生态良好的文明发展道路，建设美丽中国"。① 而生态治理现代化作为构建新发展格局的重大举措，有利于消解人与自然的疏离和对立，促进人、自然、社会三者的和谐共存、有序发展，构建适于绿色发展和生态文明建设的生态秩序是其基本目标之一。

在最广泛的和最普适的意义上，生态秩序指人、自然、社会三者之间关系的良性秩序形式，建构生态秩序实质是以生态利益、生态正义为核心和基准来协调社会秩序和自然秩序之间良性循环及平衡发展。所以说，构建适合生态文明发展的生态秩序，是生态治理特别是生态治理现代化的首要任务和基本目标。在生态治理现代化新发展格局下，生态秩序建构的过程既是一个自然秩序和社会秩序协调发展的过程，也是生态伦理价值和秩序的确证过程。就自然秩序和社会秩序的关系而言，自然秩序是社会秩序得以建构的基础和保障。在此，需要特别说明的是，作为社会秩序建构前提的自然秩序有别于重农学派所理解和倡导的自然秩序。在西方传统经济学里，作为重农学派理论基础的自然秩序是指一种秉承上帝的安排，支配人类社会和自然界且不以人的意志为转移的"客观规律"。

而在生态治理视域里，自然秩序专指自然界的运动规律及其现实状况，所以自然秩序与生态秩序既有关联又有区别。在生态治理视野下的生态秩序，既不是纯粹的自然秩序，也不是纯粹的社会秩序，而是自然秩序和社会秩序协调进化的秩序结构和形式。在现实的生活世界里，自然秩序是社会秩序形成发展的条件和基础，而社会秩序的具体状况直接影响着自然秩序的实际状况和存续发展。正如生态学家怀特所言，人类秩序背后存在一个人与自然的共同体，其"一切都是一个有机整体的组成部分，任何一个他拥有的乡村只不过是宇宙的一部分"。② 在复杂性科学视野里，无论是自然界还是人类社会，它们自身的变迁发展都是一种动态有序的过程。所以，自然界是一种秩序性的存在，人类社会同样也是一种秩序性的存在。在形成发展上，社会秩序的生成离不开现实的人在实践活动中所形成的社会关系，社会秩序是这些社会关系交互作用而生成的结果。故此，任何一个社

---

① 《中共中央关于坚持和完善中国特色社会主义制度 推进国家治理体系和治理能力现代化若干重大问题的决定》，人民出版社，2019，第31页。

② 〔美〕唐纳德·沃斯特：《自然的经济体系——生态思想史》，侯文蕙译，商务印书馆，1999，第40页。

会的生存和发展都要以一定的社会秩序为基础条件和保证。仿如儒家把仁智礼义信推崇为中国传统社会的社会秩序。

作为反映人、自然和社会三者交互关系范畴的生态秩序，其折射出环境危机时代对生态利益的全新界定和诉求。当人与自然的冲突和对立已经开始阻碍人类进步发展时，生态秩序的作用主要是调节人与人、人与自然关系，以便进一步规范人类行为活动，使其既能实现社会利益又不损害生态利益。所以在一定意义上，生态秩序是人与自然的生态伦理关系的一种结构性存在。因此推进生态治理现代化，协调和重构生态利益关系是生态秩序建构的核心和要旨。当生态利益关系不是单纯以人为核心，而是兼顾自然生态系统的权益时，人与自然的关系就可以从冲突、对立趋向和谐、统一。

本质上，建构一种蕴含着自然秩序和社会秩序的生态秩序是生态治理现代化的基本目标之一，同时生态治理也为这一秩序的建构创造充分必要条件。从人与自然关系的维度出发，生态秩序的建构既要兼顾自然生态的权益，又要兼顾社会的公平正义。所以说，生态秩序的建构是一个多极主体的生态利益、发展权益、代内正义和代际正义的实现过程。生态利益作为一个多层次结构，首先表征出自然生态系统对人类主体生存发展需求的满足，所以人类利益是这一系统结构的核心内容。如果立足于生态治理层面，以一种整体视角来协调人、自然和社会三者的利益关系，那么我们首先就需要对与之相关的制度进行建设。具体来讲，一方面，要明确界定自然资源或生态环境的使用权，并将其法制化；另一方面，在享受良好生态环境的同时，也需将人们所肩负的生态义务、生态责任上升至法律层面。

自从党的十八大以来，我国就开始从治理层面逐步就自然资源的开发利用提出了一系列制度化的设计。党的十八大报告明确提出，"建立国土空间开发保护制度，完善最严格的耕地保护制度、水资源管理制度、环境保护制度。深化资源性产品价格和税费改革，建立反映市场供求和资源稀缺程度、体现生态价值和代际补偿的资源有偿使用制度和生态补偿制度"。① 针对生态环境的保护问题，党的十九大报告进一步提出："实施重要生态系统保护和修复重大工程，优化生态安全屏障体系，构建生态廊道和生物多样性保护网络，

---

① 《十八大以来重要文献选编》（上），中央文献出版社，2014，第32页。

提升生态系统质量和稳定性。完成生态保护红线、永久基本农田、城镇开发边界三条控制线划定工作。开展国土绿化行动，推进荒漠化、石漠化、水土流失综合治理，强化湿地保护和恢复，加强地质灾害防治。完善天然林保护制度，扩大退耕还林还草。严格保护耕地，扩大轮作休耕试点，健全耕地草原森林河流湖泊休养生息制度，建立市场化、多元化生态补偿机制。"① 至此，我们可以发现，无论是生态开发保护制度和修复工程，还是资源的有偿使用制度和生态补偿机制，其根本目的和宗旨都是在生态正义或生态公正原则指导下协调多元主体间的生态利益关系。

在环境监管和环境责任落实方面，强调要将其制度化和规范化，要"加强环境监管，健全生态环境保护责任追究制度和环境损害赔偿制度"，要"设立国有自然资源资产管理和自然生态监管机构，完善生态环境管理制度"，其根本目的是以法律制度为调整生态利益关系进行保驾护航，以便形成整体系统的生态秩序。为此，在推进我国生态治理的现代化发展进程中，我们应该紧紧围绕生态秩序的建构贯彻执行好以下几个方面：一是在思想理念上，要以绿色发展理念为指导；二是在价值观念上，摒弃传统以人为中心的价值观，以生态价值观为指引；三是在制度保障上，实行"生态环境保护制度"、建立"资源高效利用制度"、健全"生态保护和修复制度"、严明"生态环境保护责任制度"；四是呼吁全民参与生态治理，以共治实行善治；五是参与全球治理，共同解决全球性环境问题。

二　生态价值观：生态秩序建构的价值取向

在人与自然关系上，以绿色发展理念为理论指引的生态价值观，强调价值主体不是单一的主体而应是多极的或多元的主体，也就是说，价值主体不是仅限于具有内在目的性的人类，还包括自然，因为自然不仅具有满足人类生存发展需要的工具价值，而且具有其独特的固有价值、内在价值。但是，我们承认自然生态具有价值主体的地位，并不是要将其简单地与人类等量齐观，模糊、混淆两者之间固有的本质区别，而是要以一种辩证的、生态的、整体的态度审视两者的主体地位及关系。就其本质而言，作为一个共同体价值的生态价值观，其所诉求的核心是人、社会和自然之间的共

---

① 《十九大以来重要文献选编》（上），中央文献出版社，2019，第36~37页。

生共荣、和谐发展。人作为大自然之子，本身就是创生万物的大自然进化的产物，所以人必然具有自然属性；人作为社会存在物，其本质是一切社会关系的总和。因此，社会不仅是属人的社会，而且也是内蕴自然属性的社会。正如马克思所说："整个所谓世界历史不外是人通过人的劳动而诞生的过程，是自然界对人来说的生成过程，所以关于他通过自身而诞生、关于他的形成过程，他有直观的、无可辩驳的证明。因为人和自然界的实在性，即人对人来说作为自然界的存在以及自然界对人来说作为人的存在，已经成为实际的、可以通过感觉直观的，所以关于某种异己的存在物、关于凌驾于自然界和人之上的存在物的问题，即包含着对自然界的和人的非实在性的承认的问题，实际上已经成为不可能的了。"① 所以说，人类的生存发展以及人类社会的秩序建构都离不开自然生态环境这一基础条件。而在自然生态不断遭受侵害、环境污染困扰人类生活的时代，以生态价值观为指导建构适合人类生存发展的生态秩序是解决困境的有效途径之一。那么，生态秩序的建构何以需要生态价值观作为理论导引呢？首先，应立足于社会秩序的内涵结构、本质特征，对生态秩序、生态正义、生态价值观以及三者之间的相互关系进行梳理、诠释和确证。

在内涵上，秩序作为一种关系范畴，其本真含义是指事物处于某种有规则、有条理的状态。在社会生活领域里，社会秩序是指人们在长期交互往来过程中形成的一种具有稳定性、协调性和一致性的关系，其涉及社会生活的方方面面并形成相应的秩序关系，如经济秩序、伦理秩序、生态秩序等等。简单讲，在社会有机体中，社会秩序作为由多种秩序构成的复杂体系结构，其渗透于各种具体的社会关系之中，如经济关系、伦理关系、政治关系等等。就本质而言，社会秩序是双重属性的统一，即主体性和客体性的统一。从主体性方面看，社会秩序是在社会主体的实践和交往活动中构建、生成、发展的，所以社会主体的价值取向、目的需要、观念意志在其中所起的作用至关重要。因为"在社会历史领域内进行活动的，是具有意识的、经过思虑或凭激情行动的、追求某种目的的人；任何事情的发生都不是没有自觉的意图，没有预期的目的的"。② 所以在任何一个社会的

---

① 《马克思恩格斯文集》（第1卷），人民出版社，2009，第196~197页。
② 《马克思恩格斯文集》（第4卷），人民出版社，2009，第302页。

秩序中，正义问题本身都必然会涉及客观性、必然性、必要性等方面的内容。

除此之外，社会秩序还具有现实性、具体性、稳定性、变动性、协调性。从社会哲学层面上看，社会秩序的稳定性代表着社会生活的实际状况是否稳定有序，社会秩序的协调性代表着社会生活的方方面面之间能否相互协同、恰当配合、平衡协调。因此在一个理想的社会生活里，"社会秩序应是稳定性和协调性的统一，这种统一的结果是和谐性"。① 而对社会秩序和谐性的理解可以立足于两个向度：一是从事实向度出发，对社会存在、状态及其进程展开经验性描述；二是从价值向度出发，对社会存在、状态及其进程展开规范性描述。但无论从何种向度出发，我们都不难发现，人类社会秩序的和谐稳定并不拘泥于纯粹的社会有机体本身，脱离了其所置身的具体境遇如自然条件、地理环境等方面，所谓和谐稳定都将是空洞的、超现实的。因为人类社会孕育于、生成于、发展于自然界之中，而自然界以人类实践活动为媒介成为人类社会的现实对象。正如马克思所言，"在人类历史中即在人类社会的形成过程中生成的自然界，是人的现实的自然界；因此，通过工业——尽管以异化的形式——形成的自然界，是真正的、人本学的自然界"。②

但自工业文明以降，人与自然的关系日渐趋向冲突和对峙，这表现在人类主体性无限膨胀、自然资源日渐匮乏、生态环境不断恶化等方面。而在农业文明时期，尽管作为实践主体的人类借助各种技术力量从事改造自然的活动，但当时人类的实践活动受低下的技术水平制约，对生态环境的破坏没有完全突破自然生态平衡的极值，自然生态环境凭借自身能力还能够自我修复。总体上，这一时期的人类是依附于自然而生存，人与自然之间的矛盾还没有尖锐到威胁人类自身的永续发展的程度，整体社会的生态秩序维系在自然生态平衡（自然秩序）的阈值之内。可是，随科学技术的迅猛发展，人类不仅凭借强大的技术力量不断提高自己认识自然和改造自然的能力，同时也改变了自己固有的自然观念和价值观念。

至此，在人类观念里，自然原初的女性养育者形象消失殆尽，取而代

---

① 高峰：《社会秩序的本质探析》，《学习与探索》2008 年第 5 期。
② 《马克思恩格斯文集》（第 1 卷），人民出版社，2009，第 193 页。

之的是死寂的、数量化的自然资源库形象。当我们把自己与自然的关系视为一种纯粹的资源关系时，自然呈现给人类的只是一种工具价值，换言之，是对人类主体需求和利益的满足。通常情况下，人们谈论资源的时候，多是把它与土地、木材、矿藏和猎物等联系到一起；人类正是通过对这些自然资源的开发利用，使自身的物质欲求得到满足，进而实现自己的价值诉求。但自然界却不能满足人类不断膨胀的各种需求，自然作为一个生态共同体，置身于其中的各个物种之间相互依存、共生共荣，形成的是一种资源关系：所有的物种都需要延续自己的生命和种群，整个自然生态系统也需要维持自身的平衡；它们互为条件进行着能量和价值的交换，使自身得以保存和繁衍。如果我们仅把自然预设成某种资源性存在，那么这种自然也只是在人类控制之下的"自然"。人类给予自然被征服之地的前提预设，实质是从人类自我满足的角度来处理人与自然的关系，这就造成了人类对自然价值取向的生态性断裂，简单讲，就是人类对自然的伦理价值缺失。在这种境域之下，自然灾难频发，生态危机不断爆发，人与自然的关系从有序趋向失序。为此，重构人与自然间和谐发展的秩序既是解决生态危机的有效途径之一，也是生态治理现代化发展的目标指向。

在治理目的上，生态治理现代化并不是简单地对社会秩序进行一次变革，而是以人与自然的和谐共生为其基本价值目标，其实质是将生态秩序重新融入现有的社会秩序体系的探索性活动，以期实现社会正义范围的生态性拓展。针对人与自然关系的失序，生态秩序不仅强调人—自然—社会的复合生态系统是一个相互影响、相互依存的生命共同体，并且力图在其中构建一套以生态正义为核心的、系统完整的道德规则和价值准则，以使失序的人与自然关系转变为有序的人与自然关系。所以，生态秩序能否得以建构，关键在于我们如何理解和诠释生态正义。学理界对生态正义的理解大致可以概括为三类。一是将生态正义等同于环境正义，认为生态正义的问题是人类社会内的正义问题。在生态利益和生态责任上，应给予全体社会成员公平公正的对待。这里需要特别指出，全体社会成员不仅包括在场的当代人，而且也包括未到场的未来人。二是立足于人与自然的关系，认为生态正义概念是正义概念在自然领域的延展，其诉求人对自然享有的生态利益和承担的生态责任对等。三是从广义角度出发，强调生态正义是人与人、人与自然之间的正义，其涵盖了代内正义、代际正义和种际正义。①

总体上看，目前学理界对生态正义解析主要基于以下几个维度。一是从地域和范围角度出发，主张生态正义不应局限于某一国家或地区，而是一种具有全球性质的正义。二是从权利角度出发，认为生态正义关涉的不仅是人类的生存发展权利，而且也涉及其他自然物种的生存权利，所以一定意义上其也是物种间的种际正义。三是从理论特质出发，强调生态正义是社会正义的一部分，是正义在人与自然关系上的现实表征。有学者基于这种观点指出生态正义就是环境正义，两者本质上是内在一致的。四是在平等观念基础上，认为生态正义是人对自然的"应得"。在人与自然关系上，所谓"应得"意指人类获得生态利益的同时也要承担同等的生态责任。

要深入透彻厘清生态正义，就要对正义概念进行系统梳理。从起源上看，正义观念最早可以追溯到原始社会人类初民的平等观念，中西方对正义的理解大致相同，都同私有财产的出现、供给和需求不相匹配密切相关。所以，当前生态正义问题显现的根本原因就在于，自然资源、自然环境日渐趋于稀缺、恶化，已不能满足人类生存发展的需要，进而出现了资源分配不平衡、不公平等一系列相关问题。在中国传统文化中，正义概念最早由战国时期的思想家、教育家荀子提出。在《荀子》一书中，他曾有这样的论述："不学问，无正义，以富利为隆，是俗人者也。"在此，荀子视野里的正义意指平等、公正等。

在词源学上，正义概念原初的拉丁语含义是公正、公平、权利、法、正直等等。在古希腊，柏拉图主张公正或正义作为协调者，居于智慧、勇敢和节制三种德性之上，协调三者关系，维持城邦秩序。在《理想国》中，柏拉图指出："正义是最大的美德。"② 亚里士多德认为公正作为中道，其核心要义是平等。在《尼各马可伦理学》中，亚里士多德认为公正"是一种所有人由之而做出公正的事情来的品质，使他们成为作公正事情的人"。③ 在本真含义上，公正或正义可以诠释为法律、司法上合法性和合理性的判

---

① 徐海红：《历史唯物主义视野下的生态正义》，《伦理学研究》2014 年第 5 期。
② 〔古希腊〕柏拉图：《理想国》，郭斌和、张竹明译，商务印书馆，2002，第 55 页。
③ 〔古希腊〕亚里士多德：《尼各马可伦理学》，苗力田译，中国社会科学出版社，1999，第 95 页。

断；在深层含义上意指伦理道德的价值观判断。因为正义代表着人类对某事、某物持有何种权利、责任和义务的精神态度和意愿，所以说如何平衡、协调权利和义务的配置是其核心问题。在社会历史领域里，正义既有个体的、部分的，也有整体的、共同的。具体来讲，正义可以划分为个体正义和社会正义，并且"个体正义本质上是社会正义的个体化形式"。

在内涵上，社会正义包含两个方面的内容，一方面是指"社会的稳定秩序、和谐统一及发展进步状态"；另一个方面是指"有助于造成这种状态的价值原则即权利（义务）原则，具体为平等（差别）、自由（限制）等价值标准"。① 从历史逻辑出发，我们可以发现，社会正义不是一个抽象的形而上的范畴，而是以思想观念、行为准则、评价标准等规范性描述对现实社会生活的一种价值性显现。柏拉图认定城邦正义作为一种社会正义，其目的就是要"维持城邦的秩序和各阶层的和睦"。② 那么，社会正义作为用于维持社会秩序良好运转的根基之一，其在传统意义上指涉的基本问题是权利和义务如何使人类个体间、人与整个社会共同体之间的资源配置实现平衡和平等。所以在价值取向上，社会正义必然会与作为实践主体的人的目的、意志和愿望直接相联、密切关涉，其实质是以平等为基点来处理、协调生活世界的现实利益关系。由此，我们不难发现，社会正义受其所处的社会历史条件影响，一定程度上折射出其所处时代的社会价值观念。

历史唯物主义明确指出，社会历史条件和社会价值观念是相互影响、相互制约的，其实质是人与自然关系的现实表征。而人与自然之间并非黑格尔所言的"主奴关系"，人类既不是自然的主宰，自然也不是为人类而生，两者相互依存、共生共荣、互为规定、"本质统一"。人类以现实的实践活动（劳动）为媒介，改造自然的同时也改造自身，真正的、现实的自然即是人的本质力量的显现。在人以劳动为中介与自然进行物质的变换过程中，人类通过运用自身的自然力"作用于他身外的自然并改变自然时，也就同时改变他自身的自然"。③

因此，在马克思唯物史观视域里的自然，绝不是纯粹的自在自然，而

---

① 叶万军：《略论社会正义的涵义和性质》，《吉林工程技术师范学院学报》（社会科学版）2006 年第 8 期。
② 唐凯麟主编《西方伦理学名著提要》，江西人民出版社，2000，第 33 页。
③ 《马克思恩格斯文集》（第 5 卷），人民出版社，2009，第 208 页。

是镌刻着人类本质属性的自然；自然的人化过程同人类自我以及人类历史的演化交织而生。这也就是说，不论是人类个体、人类历史还是人类社会的生成发展，都应以自然为前提条件和基础保障。"历史不是作为'源于精神的精神'消融在'自我意识'中而告终的，历史的每一阶段都遇到一定的物质结果，一定的生产力总和，人对自然以及个人之间历史地形成的关系，都遇到前一代传给后一代的大量生产力、资金和环境，尽管一方面这些生产力、资金和环境为新的一代所改变，但另一方面，它们也预先规定新的一代本身的生活条件，使它得到一定的发展和具有特殊的性质。由此可见，这种观点表明：人创造环境，同样，环境也创造人。"①从这一论述中，我们不难发现，人与自然之间不存在某种所谓的宰制关系，与此相反，却是一种相互依存、平等共生的关系。正是这种共荣共生的关系，使人与自然之间内隐了一定的价值秩序，即人类对自然的公平正义。在一定意义上，生态正义是社会正义在自然范围内的延伸，其不仅关涉人与人之间的正义问题，更关涉人与自然之间的正义问题。

而确证人与自然之间是否存在正义问题，其关键之一要看人类是以何种价值观念看待自然。在传统人类中心主义价值观看来，人与自然之间是一种黑格尔式的"主奴关系"，人是至高无上的主人，自然是人的附庸，是人类生存发展的工具。所以自然对人类的意义和价值，就在于满足人类的欲求和利益，而人类作为自然的主人和管理者可以为了自身的利益无节制地使用自然，却不需要对其承担任何责任和义务。因此，人类对自然的行为没有所谓的正义或不正义的问题，换句话讲，两者之间不存在所谓的"应得"关系。

在哲学伦理学上，"应得"是指"一个人如果给了某人应得的或相应的东西，那么前者对后者行为便是正义的行为，因为后者所得到的东西是他应该得到的东西"。②与传统人类中心主义价值观相反，生态价值观在承认自然具有工具价值的同时，认同自然具有不以人类为判据的内在价值或内生价值、固有价值，所以强调人类应以一种道德观念或态度对待自然。具

---

① 《马克思恩格斯文集》（第1卷），人民出版社，2009，第544~545页。
② 〔美〕汤姆·L.彼切姆：《哲学的伦理学——道德哲学引论》，雷克勤等译，中国社会科学出版社，1990，第328页。

体而言，人类为了满足自身生存发展的需求，开发利用自然获得生态利益，但首先应该承认自然拥有生态权利，其次应担负起对其他自然存在物以及生态整体的生态义务和生态责任。这些方面体现了生态正义所诉求的"应得"，亦即人类有责任和义务关爱自然、保护自然、维持自然的生态平衡、保证自然生生不息。这就要求人们在生态秩序的建构过程中摒弃以往的固有观念，将自然生态纳入社会秩序体系之中，而以生态价值观念作为导引是成功建构生态秩序的关键之一。其原因就在于，"环境目标是以公共实在为前提或接受我们公认的价值观为前提的"。①

针对人与自然之间的矛盾冲突，生态价值观因其所秉持的基本立场、基本观点和方法论原则能为这一问题的解决提供恰当的价值指引，以便进一步重构人类价值取向的生态向度。而要确保以生态价值观为导引的生态秩序的建构能够顺利进行，则需要相应的法律法规、制度体系为其保驾护航。所以，面对当前我国生态环境保护存在的一些问题，如生态空间遭受威胁、社会监管和管理制度体系不健全、生态保护法律法规和标准体系不够完善等，自《中华人民共和国国民经济和社会发展第十三个五年规划纲要》发布开始，健全环境保护的制度体系和法律法规就成为我国生态文明建设亟待完成的一项重要任务。

三 生态秩序建构与环境立法价值取向的生态化

作为生态治理中国式现代化目标的生态秩序，其顺利构建还需要相应的环境法律法规提供制度保障。在体系构成上，生态秩序是自然秩序和社会秩序协调发展的秩序，其中表征生态环境状况的自然秩序是确保整个体系稳定的重要支点。生态环境作为一种公共资源，是属于全体社会成员的公众共用物，每一位公民（包括未来社会的成员）都对其拥有平等权益，所以为了协调不同群体或个人对自然资源的使用权及其所应承担的义务和责任，就非常有必要建构恰当合理的制度体系、法律法规。所谓公众共用物，是指"公众可以直接享用的东西，包括空间、物体和功能三个方面，环境资源、自然资源的主体属于公众公用物"。②

① 〔美〕戴斯·贾丁斯：《环境伦理学》，林官明、杨爱民译，北京大学出版社，2002，第64页。
② 孙佑海：《绿色发展法治保障研究》，中国法制出版社，2019，第109页。

在社会生活领域，采用何种观念和方式使用、分配公众共用物，特别是自然环境资源，不仅会给公众共用物本身造成的影响，而且将直接关涉社会的和谐稳定和持续发展。如果对公众共用物的使用或利用不具有合理性、科学性和合法性，其结果是公众共用物会出现不同程度的质量衰退和数量减少。美国著名的生态经济学家加勒特·哈丁在《公地的悲剧》中指出，由于人们普遍认同大家共同所有的公有土地无须支付任何费用就可以任意加以利用，所以每个人都会毫无节制地去使用公共用地，以便使自己的利益最大化。长此以往，这样做的结果是，有限的公地无法承受人们无限地掠夺和盘剥，自身的生态系统遭受严重破坏而逐渐趋于崩溃、坍塌。人们漠视公众共用物（生态环境）的权益，实质就是漠视人类自身的生存权和发展权。

而人与自然之间内蕴一种双向互动的辩证关系：一方面，良好的生态环境是人类生存发展的物质基础和前提保障；另一方面，人通过实践活动使自然被赋予人的本质。人与自然之间的这种显而易见的事实关系，在马克思的视野里其"表现出人的本质在何种程度上对人来说成为自然，或者自然在何种程度上成为人具有的人的本质"。[①] 人类正是以劳动作为媒介，通过与自然的物质交换使自身的生存发展得以实现。"劳动首先是人和自然之间的过程，是人以自身的活动来中介、调整和控制人和自然之间的物质变换的过程。"[②] 如果人类对自然资源的开发利用只是单纯地以自身利益最大化为追求目标，而罔顾自然系统的承载能力，将其视为目标得以实现的条件和途径，那么人们就会凭借科学技术进步的力量以牺牲生态环境、大量消耗浪费生态资源为代价来满足自身毫无节制的私欲。

尽管自然条件、生态因素在人类社会发展中所起的作用至关重要，但是人们却普遍坚持这样一种观念，即自然生态系统是任人攫取、取之不尽用之不竭的资源库。所以在传统的社会观念结构中，生态因素或者环境因素并不占有一席之地，这一状况较为突出地映射于社会经济机制、法律制度体系、伦理道德观念等之中。由于在制度体系中生态观念缺位，加上人类环境保护意识的淡薄，所以随着人类征服自然能力的不断加强，人类行

---

① 《马克思恩格斯文集》（第 1 卷），人民出版社，2009，第 184 页。
② 《马克思恩格斯文集》（第 5 卷），人民出版社，2009，第 207～208 页。

为给自然生态系统造成的破坏已经逼近自然承载能力的极限，自然灾害频发和自然资源日益匮乏成为严重威胁人类自身的生存发展的影响因子。在当今现实的生活世界里，人与自然之间的冲突和对立已然成为不可忽视的、全球性问题。这一全球性的生态问题不仅直接影响着当下人类的社会生活，而且阻碍和制约了人类未来的生存和发展。为此，如何应对全球性生态危机是摆在我们面前亟待解决的现实困境和时代难题。

面对这一历史境遇，在理论上人们开始对居于工业文明社会核心地位的传统伦理观念、价值观念进行审视和反思性批判。在实践方面，20 世纪 60 年代末生态运动开始萌芽，这是那一时期人们为解决生态危机所进行的具体行动和探索性尝试。生态运动从出现之日起，就基于"两个各自独立的动机：第一，保护环境，维持生命攸关的平衡；第二，按照温和技术和人人平等的主旨来改变生活方式"。① 进入 20 世纪 90 年代，蓬勃发展的生态运动获得民众的广泛参与和社会各界的普遍认同，并逐渐渗透进社会生活的不同领域之中，从而促使人们开始重新审视自身秉承的自然观念、伦理观念、价值观念和行为规范。在目标上，生态运动"首先指向的是一种符合自然的生活方式，它不只是要求纯净的空气或是反对污染，还意味着民众对自己生存空间和方式的选择，参与促进政治上的替代方案"。②可以说，无论是理论上的反思还是实践上的环保运动，最后落到实处还需要相应的环境法律法规为支撑和保障。

2007 年，党的十七大报告首次将"生态文明"这一理念写进党的行动纲领，到 2018 年 3 月，在《中华人民共和国宪法修正案》中，生态文明被写入国家根本法，由此可见，我们党和国家对生态文明及其建设的认识经历了一个不断深化的过程。2013 年 12 月，在《大力推进生态文明 努力建设美丽中国》一文中，张高丽明确指出我国的生态文明建设的基础、准则和目标。走中国特色社会主义生态文明发展道路，既不是对工业文明的简单摒弃，也不是对前工业文明的简单回归，"而是要以资源环境承载能力为基础，以自然规律为准则，以可持续发展、人与自然和谐为目标，建设生

---

① 〔德〕汉斯·萨克塞：《生态哲学》，文韬、佩云译，东方出版社，1991，第 107 页。
② 〔法〕塞尔日·莫斯科维齐：《还自然之魅：对生态运动的思考》，庄晨燕、邱寅晨译，生活·读书·新知三联书店，2005，第 5 页。

产发展、生活富裕、生态良好的文明社会"。①

　　纵观人类文明发展历程，我们不难发现，任何一个文明社会的建设和发展，都要以相应的、科学的、合理的制度体系作为可靠保障。正如习近平总书记所言："只有实行最严格的制度、最严密的法治，才能为生态文明建设提供可靠保障。"② 2017 年 10 月，在中国共产党第十九次全国代表大会上，习近平总书记郑重指出，中国特色社会主义进入新时代，"我们要建设的现代化是人与自然和谐共生的现代化，既要创造更多物质财富和精神财富以满足人民日益增长的美好生活需要，也要提供更多优质生态产品以满足人民日益增长的优美生态环境需要"。③ 进入新时代，人们对美好生活的愿景不是单纯表现为对物质生活的追求，而是全方位体现在社会生活的方方面面，特别是对山清水秀的自然风光、洁净宜居生活环境的需求与日俱增。良好的生态环境、生活环境需要全体社会成员共同维护，这不仅需要每个社会公民以正确的生态意识为指导积极参与环境保护，也需要以系统全面的制度体系、严格周密的法律体系作为基本保障。

　　以历史为尺度，我们可以发现，人类很早就开始采用法的形式来监管和规范自身对自然的行为。在西方传统文化中，这一做法最早可以追溯到公元 3 世纪古希腊法学家乌尔比安提出的动物法。乌尔比安认为，作为自然法构件的动物法，其承认动物拥有天赋的生存权利，因为大自然赋予了动物生存权利。对此，美国学者纳什指出，尽管"乌尔比安只把动物包括进他的公正概念，但它却源自这样一种观念：作为一个整体的大自然构成了一种人类应当予以尊重的秩序"。④ 而事实上，在第一次工业革命之后，人类才开始真正制定有关环境的法律法规来约束自己的行为和活动。例如，从 1883 年开始，率先完成工业化的英国就陆续出台了一系列环境法律法规，如《水质污染法》《制减业管理法》《净化大气法》《污染控制法》等。其中，1974 年颁布的《污染控制法》成为英国环境保护的基本法。然而随着环境污染的不断加剧，深受其害的西方发达的工业化国家的环境治理理念

---

① 《十八大以来重要文献选编》（上），中央文献出版社，2014，第 625 页。
② 《习近平关于社会主义生态文明建设论述摘编》，中央文献出版社，2017，第 99 页。
③ 《十九大以来重要文献选编》（上），中央文献出版社，2019，第 35 页。
④ 〔美〕纳什：《大自然的权利：环境伦理学史》，杨通进译，梁治平校，青岛出版社，1999，第 17 页。

开始发生转变，它们更加重视以预防为目的的综合性治理。所以在环境立法宗旨上，西方各国将环境治理的重点放在了"协调发展经济与环境之间的关系或者协调在环境保护过程中所发生的利益矛盾和利益冲突"上。[①] 总体上，西方环境治理、环境立法的思路和框架为我国环境法治体系建设提供了一些有益的启示。

在我国，较为系统的环境立法工作始于 20 世纪 70 年代，1973 年召开的第一次全国环境保护会议提出了"全面规划，合理布局，综合利用，化害为利，依靠群众，大家动手，保护环境，造福人民"的大政方针，并且颁布了《关于保护和改善环境的若干规定（试行草案）》，这是我国关于环境保护的第一个法律法规。[②] 可以说，对环境的保护和改善是这一时期环境政策的主要基调，而环境立法真正被提上工作议程是在党的十一届三中全会前的中央工作会议上。在这次大会的闭幕会上，邓小平作了题为《解放思想，实事求是，团结一致向前看》的主题报告，报告中强调："应该集中力量制定刑法、民法、诉讼法和其他各种必要的法律，例如工厂法、人民公社法、森林法、草原法、环境保护法……，做到有法可依，有法必依，执法必严，违法必究。"[③] 就社会经济发展与环境保护之间的辩证关系，邓小平明确表示，不能只强调经济发展而忽视环境保护。[④] 随后，1979 年出台了《中华人民共和国环境保护法（试行）》，这是我国第一部综合性环境保护基本法。至此，为了减少资源浪费、治理环境污染，我们党和国家加快推进了环境立法的法制化、制度化建设。在思想观念上，生态环境法治意识不断强化，环境保护作为基本国策被置于国家发展的战略高度。

实质上，《中华人民共和国环境保护法》的正式实施标志着我国环境立法工作迈上了新的台阶，环境保护工作从无法可依转向了有法可循，这就为进一步健全和完善环境法治体系打下了坚实基础。虽然环境保护的立法工作不断推进和完善，但是社会经济的快速发展给生态环境的治理和保护带来了巨大压力。特别是到 20 世纪末，自然资源的日渐匮乏、环境污染的

---

① 李晓菊：《环境道德教育研究》，同济大学出版社，2008，第 17~18 页。
② 中国环境科学研究院、武汉大学环境法研究所编《中华人民共和国环境保护研究文献选编》，法律出版社，1983，第 7 页。
③ 《邓小平文选》（第 2 卷），人民出版社，1994，第 146~147 页。
④ 参见刘德海《绿色发展》，江苏人民出版社，2016，第 70 页。

不断加剧不仅制约了社会经济的持续发展，而且也给人们的社会生活造成了不同程度的困扰。在党的十五大报告中，江泽民强调指出："资源开发和节约并举，把节约放在首位，提高资源利用效率。统筹规划国土资源开发和整治，严格执行土地、水、森林、矿产、海洋等资源管理和保护的法律。实施资源有偿使用制度。加强对环境污染的治理，植树种草，搞好水土保持，防治荒漠化，改善生态环境。"①

2003 年 7 月，在全国防治非典工作会议上，针对经济社会的协调发展问题，胡锦涛明确指出："在促进发展的进程中，我们不仅要关注经济指标，而且要关注人文指标、资源指标、环境指标；不仅要增加促进经济增长的投入，而且要增加促进社会发展的投入，增加保护资源和环境的投入。"② 2005 年，国务院颁布的《关于落实科学发展观加强环境保护的决定》强调，解决生态环境问题不能仅仅依靠经济、技术、法律的手段，也要合理使用相应的制度体系、法律法规和行政手段。2018 年 6 月中共中央、国务院出台的《关于全面加强生态环境保护 坚决打好污染防治攻坚战的意见》，着重指出"保护生态环境必须依靠制度、依靠法治。必须构建产权清晰、多元参与、激励约束并重、系统完整的生态文明制度体系，让制度成为刚性约束和不可触碰的高压线"。③ 为了更好地对环境进行监督管理，我国不仅正式成立了国家环境保护局，而且出台了一系列相关的法律法规。环境保护领域的基础性和综合性的法律的出台，实现了在建立生态环境保护法律制度体系方面的突破。

然而，起他律作用的法律制度体系的建构和有效执行，则需要与之相适应的道德体系来支撑。原因就在于，个体行为是否具有道德性，是受自身价值观的制约和影响。而环境法治体系建构和法律实施的主体都是人，而人的思想意识、行为举止则受自己的道德观念、价值观的制约和影响。所以，社会的主流价值观对环境立法起着导引和支配作用。从法律和价值观的关系看，"价值观在法律表达与运作中的不同作用，涉及法律研究的三个方面论题，第一，法有善恶；第二，善法在实践中也未必能顺利执行；

① 《江泽民文选》（第 2 卷），人民出版社，2006，第 26 页。
② 《胡锦涛文选》（第 2 卷），人民出版社，2016，第 67 页。
③ 《十九大以来重要文献选编》（上），中央文献出版社，2019，第 506 页。

第三，价值观最终会对法律的运作作出评判"。① 所以，环境法治体系的建构和生态价值观的养成是相辅相成的。

　　生态价值观对环境法治体系建设的作用，主要表现在价值引导和政策抉择方面。在价值引导上，生态价值观对自然内在价值、工具价值的诠释，为环境法治体系构建提供了基本的价值取向和价值原则。在环境立法过程中，如何诠释自然的价值直接关系到立法的价值取向。如果是以传统人类中心主义价值观为环境立法的导引，那么立法的宗旨就仅囿于人类的利益和欲求。尤其是在自然资源的管理和配置方面，传统人类中心主义价值观主要关注生态环境的实际状态，却很少顾虑自然生态本身的生存权益。如美国早期资源保护运动的根本宗旨，就是"从长远经济利益考虑，对资源要进行'聪明的利用和科学的管理'。限制个人对国家资源的滥用和掠夺，在良好的管理下，使其为全民所用。它的根本目的在于发展经济"。②

　　但是生态价值观促使我们重新认知了自然所固有的内在价值，清楚地意识到良好的生态秩序对人类赓续发展的必要性和重要性。在政策抉择方面，生态价值观为环境保护和生态治理的决策提供了价值原则和道德准则。环境保护和生态治理不仅直接关涉社会各个领域、部门的经济发展和生产经营活动，而且关乎每个社会成员的切身利益和幸福生活。所以，环境法治体系的建构不仅需要考虑不同利益主体的权益，而且需要针对不同行为主体制定行为规范以及明确其需履行的社会责任、社会义务。就价值观与道德观的关系而言，两者具有内在一致性，即有什么样的价值观，就有什么样的道德观。在环境立法中，参与决策的行为主体以何种价值观进行政策抉择，直接反映出其对自然持有何种伦理道德观念。在对自然的伦理态度上，生态价值观强调自然是人类道德关怀的对象，人对自然肩负道德责任及义务。为此，罗尔斯顿认为环境政策就是关于公共土地的伦理。在环境立法中，生态价值观一方面能使立法者以正确的生态意识对待自然；另一方面，也为行为主体提供基本的价值取向和行为规范准则。在现实的生活世界里，一方面，环境法治体系为不同行业、部门、企事业的经营生产活动提供基本规约；另一方面，贯穿其中的生态价值观也促使生产方式逐

① 马小红：《试论价值观与法律的关系》，《政法论丛》2009年第3期。
② 〔美〕奥尔多·利奥波德：《沙乡年鉴》，侯文蕙译，吉林人民出版社，1997，第228页。

渐绿色化与产业结构不断生态转型。

第二节　生态价值观养成与经济社会的绿色发展

何谓真正的人类生活，或者说我们的生活到底有没有本真意义？其实答案很简单，自人类诞生之日起，其生活就是一个饱含意义的经验世界，而且不同历史时期的意义和价值都镌刻着鲜明的时代烙印。假如一个社会只是一味追求物欲、崇尚享乐，那么奢侈、拜金就成为其意义之所在，一旦这种物质至上主义成为社会的主流价值观，人类生活的意义将会丧失其本真含义，一个充满意义的世界就会变成一个毫无理想、毫无信念、毫无道德、空洞的虚无世界。事实上，任何一个社会、一个时代所追求的价值、意义、目的都不是纯粹的、抽象的概念，它们都会具象化在这个社会、这个时代特有的生产生活方式中。在一个力图消解生态危机、倡导绿色发展的社会，绿色是其生产方式、生活方式的应然之色。

正是基于此，在 2012 年中国共产党第十八次全国代表大会上，党中央不仅突出强调了生态文明建设在国家发展建设中的重要地位，而且指明应将其全方位地融入社会生活的各个领域以及社会建设的全过程。也就是说，生态文明建设并非独立于物质文明或精神文明建设之外，而是要与整个社会的经济建设、政治建设和文化建设有机融合在一起。关于生态文明建设所需的发展模式，党的十八大报告明确指出要"推进绿色发展、循环发展、低碳发展，形成节约资源和保护环境的空间格局、产业结构、生产方式、生活方式"。随后，在《大力推进生态文明，努力建设美丽中国》一文中，着重提出了生态文明建设应遵循六条重要原则，其中第五条再次强调要"坚持绿色发展、循环发展、低碳发展的基本路径"。[1] 针对绿色循环低碳发展，党的十八届五中全会认为其是"当今时代科技革命和产业变革的方向，是最有前途的发展领域"。[2] 到 2015 年 4 月，面对经济发展与资源环境之间矛盾的不断激化，为了能从根本上解决这一问题，中共中央、国务院明确指出，"必须构建科技含量高、资源消耗低、环境污染少的产业结构，加快

---

[1] 《十八大以来重要文献选编》（上），中央文献出版社，2014，第 632 页。
[2] 《十八大以来重要文献选编》（中），中央文献出版社，2016，第 826 页。

推动生产方式绿色化，大幅提高经济绿色化程度，有效降低发展的资源环境代价"。① 至此，在党的十八届五中全会提出绿色发展理念前，党中央和国务院以科技创新和变革资源利用方式为着眼点，对我国的生态文明建设提出了推进生产方式绿色化、促进生活方式绿色化的具体构想。

在当今时代，虽然循环经济、生态经济和绿色生产作为经济社会发展的基本观念已经被社会大众所普遍接受和认同，但是其在实际操作中却常常受制于各种因素而得不到有效执行，特别是一些具体领域的绿色化和生态化程度还有待进一步提高。探究问题的成因，我们可以发现，基于绿色发展理念的循环经济、生态经济和绿色生产所诉求的发展模式，突出强调"经济效益、社会效益和生态效益"三者的有机统一，由此就在本质上区别于传统工业社会以牺牲生态环境、消耗自然资源为代价来换取经济效益增长的模式。需要特别强调的是，生态效益的实现往往具有复杂性和长期性，它的形成有赖于社会全体成员在正确的生态价值观念引领下规约自己的行为、协同合作、共同努力。

一 生态价值观养成与经济社会发展的绿色转向

在工业文明时期，社会的文明形态和生产方式都是基于一个基本的前提预设，即人是世界上唯一拥有内在价值的存在物，其他的自然存在物（无论是有生命的还是无生命的存在物）的存在意义，仅仅在于它们具有满足人类利益和欲求的工具价值。从人类社会发展历程来看，大量自然资源被人们无偿用于维持社会经济增长，它们为人类社会发展作出的巨大贡献有目共睹。但事实是，人们错误地以为没有进入实际劳动过程的自然资源，对社会生产而言不具有任何意义和有用性，所以这类自然资源不会带来经济效益或价值。因此在社会发展策略上，人们往往漠视自己的活动对自然生态环境所造成的破坏，进而将人类的文化价值架构于对自然价值的否定和反叛之上。

正是源于这种理念，传统工业文明的经济生活极其不重视对资源的循环再利用，往往采用较为粗放的、单向度的、线性的生产方式进行生产活动。简单讲，这种生产活动就是一个从利用原材料的有用性（商品的自然

---

① 《十八大以来重要文献选编》（中），中央文献出版社，2016，第490页。

属性）到获得劳动产品（商品），再到向自然界排放大量废弃物、污染物的运行过程。长此以往的结果是，自然生态环境不断遭受毁灭性破坏，并进一步形成生态灾难，使人类生存发展遭受严重威胁。与这种观念完全相反，马克思在《哥达纲领批判》中曾这样说道："劳动不是一切财富的源泉。自然界同劳动一样也是使用价值（而物质财富就是由使用价值构成的！）的源泉，劳动本身不过是一种自然力即人的劳动力的表现。"[1]"其实，劳动和自然界在一起才是一切财富的源泉，自然界为劳动提供材料，劳动把材料转变为财富。"[2]

所以，生态文明诉求的生产方式是以节约资源、降低消耗为基本宗旨，强调生产活动应遵循低碳高效、节能减排、绿色循环、生态环保的基本原则。由此可见，生态文明诉求建构一种资源节约型社会。在这种社会中，实践主体不仅承认人类有内在目的或内在价值，而且也意识到自然生态系统具有固有价值或天赋价值。基于此前提预设，社会的物质生产活动应该通过技术进步减少对自然资源的消耗和浪费。在生活方式上，生态文明和绿色发展力求摒弃盛行于工业文明社会的物质至上主义、享乐主义和经济主义，其要求实行一种生态合理的、理性自律的、可持续的消费观念和生活方式。

从思想史的角度看，在西方社会广为流传的享乐主义最早可以追溯到古希腊的昔兰尼学派和伊壁鸠鲁学派的享乐主义。源于古希腊的享乐主义，其能够得以体系化应归功于近代功利主义伦理学。在伦理学史上，享乐主义将内在的恶和善直接同人类的情感勾连，其强调善存于快乐之中，恶存于痛苦之中。根据这种观点，人类从本质上说就是快乐的崇拜者、追求者。在资本主义成熟阶段，以享乐主义为理论根基的功利主义是对资本主义固有本质的一种隐喻式的道德性表述。在本质上，资本主义社会用"虚假的需要"替换了"真实的需要"，从而使"物性"替代了"神性"成为整个社会的真正核心。在这样的社会中，对"物性"资本的崇拜，使生产、消费都具有异化特质，生产和消费都不是为了满足人类生存发展的需要，而是为了满足资本增殖的需要。在物质至上观念的价值指引下，人们普遍持

---

[1] 《马克思恩格斯文集》（第3卷），人民出版社，2009，第428页。
[2] 《马克思恩格斯文集》（第9卷），人民出版社，2009，第550页。

有这样一种生活理念，即富足且优越的物质生活远远要比自身的精神生活更有价值和意义。"所以享乐主义的表现就是：重物质享受和感官享乐，轻精神超越。"①

在资本主义社会，享乐主义和物质至上主义唤醒了人们的物欲和贪念，进而成为推动社会经济发展的重要因子。在价值观念上，享乐主义和物质至上主义与资本主义的政治经济制度具有内在的逻辑一致性。这种享乐主义无孔不入地渗透进西方社会的生活领域，使人们的传统生活观念、价值观念发生了根本性转变。世俗化日益显现于人们的生活中，对物欲的过度渴求逐渐演变成为人们奋斗的动力，由此使奢靡主义、消费主义、经济主义盛行于这样的世界，而伦理道德准则对社会的规范作用却越来越弱，人们行为的动机和目标充斥着对物质的无度贪婪，对"物"的崇拜替代了对"精神"的崇拜。这种物质至上主义必然会导致经济主义和消费主义，因为追求物质财富的无限增长成为人们生活的真谛，而其实现的最有效途径就是无节制地扩大社会生产规模，甚至不惜以违背生态规律来促进经济社会的发展。

物质至上主义导致的经济主义，其核心观点可以概括为以下几方面：首先，将人类行为完全视为一种经济行为；其次，将经济因素夸大为衡量社会发展水平和人民生活幸福程度的唯一标准；最后，将科学技术对经济发展的促进作用绝对化。所谓的消费主义，就是将人生意义和自我价值的实现视为对各种商品或物品的无节制消费。如果经济主义、享乐主义和消费主义成为推进社会发展的根本动力，那么伦理道德对人们行为的规约作用就会逐渐消失，取而代之的是人们对金钱的无限崇拜，对物欲的盲目追求，对过度消费的极度渴求，进而使人们开始倾向于用个人财富的多少来衡量一个人的"尊严"和自我价值。而这些不合理的需求要想得以满足，只有通过不断地扩大生产规模来获得大量商品，继而实现大量消费、奢侈消费、过度消费。所以，以大量生产、大量消费为特点的消费主义或消费文化，是"以资本主义商品生产的扩张为前提预设"。②

在这种历史境遇下，资本主义社会的生产及其方式已经不再是为了满

① 卢风：《从现代文明到生态文明》，中央编译出版社，2009，第222页。
② 〔英〕迈克·费瑟斯通：《消费文化与后现代主义》，刘精明译，译林出版社，2000，第18页。

足人类自身的合理需求，而是要实现资本不断增殖这一唯一目标。因为，资本逻辑"必须通过资本的人格化才能在现实生活（或经验世界）中产生影响，或说资本的增殖必须通过人们的社会生活才能得以实现"。① 按照马克思的观点，资本增殖是通过生产实现的，所以说资本增殖的贪婪本性推动大量生产，而大量的劳动产品（商品）则需要通过大量消费活动才能实现其价值。无论何种生产过程，都需要人的要素、物的要素以及其他综合性要素，其中物的要素涵盖自然环境资源。而为资本逻辑服务的资本主义生产过程，尽管一定程度上造就了物质上的丰富和社会工业的繁荣，但同时也给自然生态环境带来了毁灭性破坏。所以自工业文明出现之日起，不同程度和不同规模的资源浪费、环境污染和生态灾难在西方社会工业化进程中不间断地出现。对此，一些生态马克思主义者指出，"当代资本主义生产与整个生态系统之间产生的尖锐矛盾，即以生态危机表现的生态矛盾，是资本主义制度内的生产方式和生活方式在提供资源和服务时，所造成的环境污染和生态破坏的矛盾"。② 为了消解这一矛盾，日本学者岩佐茂重新批判审视了资本逻辑主导下的生产生活方式，即"大量生产—大量消费—大量废弃"，主张建立有益于环境保护的生产生活方式，也就是用"生活逻辑"来取代"资本逻辑"。

在一定社会历史条件下，生产生活方式实质就是我们的生活模式。而要想变革一种既有的生活模式，就离不开对其主体人的思想理念、价值观念、伦理观念的改变。为此，在思想观念上，党的十八届五中全会提出了绿色发展理念；在生产方式上，力求形成高效低碳、清洁环保的绿色生产方式，以便替代高耗低效、高污染的传统生产方式；在生活方式上，要求变革物质主义、享乐主义、消费主义的生活方式，倡导简约理性、健康幸福的绿色生活方式；在价值观念上，要求摒弃传统的人类中心主义，力图确立人与自然和谐共生的生态价值观。因为在现实的经验世界里，人们的价值观念规约和指引自身的行为和活动，有什么样的价值观就会有什么样的生活模式、生产方式。如果一个社会的主导价值观是物质至上主义、经济主义和消费主义的价值观，那么其生产生活方式一定会具有反生态性的

---

① 卢风：《从现代文明到生态文明》，中央编译出版社，2009，第245页。
② 余谋昌：《生态文明论》，中央编译出版社，2010，第58页。

特质。可以说，绿色发展理念所诉求的绿色生产生活方式能否得以顺利确证，其关键之一就在于能否将生态价值观作为社会的主流价值观用于指导现实的社会实践活动。

二　以生态价值观为基石的生产生活方式绿色化

"人从出现在地球舞台上的第一天起，每天都要消费，不管在他开始生产以前和在生产期间都是一样。"① 因此在现实的生活世界里，人的生活方式直接关涉其获得生活资料的方式。在《德意志意识形态》中，马克思恩格斯曾有过这样的论述："人们用以生产自己的生活资料的方式，首先取决于他们已有的和需要再生产的生活资料本身的特性。这种生产方式不应当只从它是个人肉体存在的再生产这方面加以考察。更确切地说，它是这些个人的一定的活动方式，是他们表现自己生命的一定方式、他们的一定的生活方式。"② 从上述论述中，我们可以得出这样的结论：人的生活方式并非抽象性的、概念性的存在，而是具体的、现实的存在，并且有广义和狭义之分。广义的生活方式，既包括人们获得生活资料的活动，也包括日常的衣食住行的消费活动；狭义的生活方式，特指人们的消费生活。在本部分，狭义的生活方式亦即消费生活，将是我们进一步深入探讨的核心。总体上看，人类的生活方式是在具体的历史境域中得以生成和发展，反映着每个人在特定的社会历史文化条件下从事的实践活动的具体内容和基本特质。

所谓消费生活，"是人为了生存、不断地消费生活资料以维持自己生命再生产的过程，制造消费生活必不可少的生活资料的活动就是生产"。③ 所以说，消费、需求直接关涉生产活动，它们之间互为规定、紧密相联，生产规定消费，消费也规定生产，两者具有内在的同一性。马克思认为，消费和生产的同一性主要体现在三个方面。（1）直接的同一性：生产是消费；消费是生产。（2）每一方表现为对方的手段，以对方为中介，这表现为它们的相互依存；这是一个运动，它们通过这个运动彼此发生关系，表现为互不可缺，但又各自处于对方之外。没有生产就没有消费；没有消费就没

---

① 《马克思恩格斯文集》（第5卷），人民出版社，2009，第196页。
② 《马克思恩格斯文集》（第1卷），人民出版社，2009，第519~520页。
③ 〔日〕岩佐茂：《环境的思想：环境保护与马克思主义的结合处》，韩立新、张桂权、刘荣华译，中央编译出版社，1997，第158页。

有生产。（3）生产不仅直接是消费，消费不仅直接是生产；生产也不仅是消费的手段，消费也不仅是生产的目的，就是说，每一方都为对方提供对象，生产为消费提供外在的对象，消费为生产提供想象的对象；两者的每一方不仅直接就是对方，不仅中介着对方，而且，两者的每一方由于自己的实现才创造对方；每一方是把自己当作对方创造出来。消费不仅是使产品成为产品的终结行为，也是使生产者成为生产者的终结行为。① 在一定意义上，生活方式对生产方式有极强的依赖性，因为生产和消费都是生产要素，作为生产过程起点的生产实质上是为了满足人们的各种消费需要，即消费生活而进行的活动。

人们既有基本的衣食住行的生存要求，也有追求舒适、便捷、优雅、奢侈的生活要求，并且随着社会发展还会有新的需求被不断提出来。但是人类的生活消费也有必要和非必要之分，如果我们的生活消费超越了自己的实际需要，那么这种消费活动就不具有合理性。所以，要全面理解人们为何消费、怎样消费等问题，首先就要界定与其直接关涉的需求。关于需求的界定，马尔库塞认为，"人类的需求，除生物性的需求外，其强度、满足程度乃至特征，总是受先决条件制约的"。② 为此，马尔库塞将人类需求分为两大类，即"真实需要"和"虚假需要"。所谓的"虚假需要"，专指"为了特定的社会利益而从外部强加在个人身上的那些需要，使艰辛、侵略、痛苦和非正义永恒化的需要"，如休闲娱乐、过度消费等等。③ 而"真实需要"，是指公众生存发展的衣、食、住、行等方面的基本生活的需求。

在现实的社会生活中，每个人的生存发展都离不开一个重要的、基本的条件，即对包括自然资源、生态环境在内的各种物品的利用和消费。所以说，消费作为人的特定的生存方式，不仅构成了自己生活方式的基本内容，而且也表征出人们的基本生活理念和价值观念。从消费和需要的关系来看，满足需要是人们消费的根本目的，消费是满足自身需要的基本途径和手段。而人的需求是对人本质的一种具象化，所以消费表征了人生存现

① 《马克思恩格斯文集》（第 8 卷），人民出版社，2009，第 16~17 页。

② 〔美〕赫伯特·马尔库塞：《单向度的人：发达工业社会意识形态研究》，刘继译，上海译文出版社，2008，第 5 页。

③ 〔美〕赫伯特·马尔库塞：《单向度的人：发达工业社会意识形态研究》，刘继译，上海译文出版社，2008，第 6 页。

状和发展趋向。在一定意义上，人类消费观念是具体的、历史的、变动的，不同时代的人们对消费的理解各具时代特点，都有着那个时代社会经济的显著特征。所以，我们不能将消费简单视为一种单纯的经济行为或现象，而应将其视为一种文化现象，消费作为一种文化现象或文化资本，其一方面能反映出人们的道德观念、价值观念，另一方面也成为划分消费者阶层的标准之一。事实上，每个人在购买商品进行消费时，其"社会关系也就显露出来"。① 这是因为"当商品有能力破除社会障碍，消解人与物之间长期建立的联系的时候，相应地也会有一种相反的、非商品化运动，限制、控制和引导着商品的交换"，所以是"通过人们对商品的使用来划分社会关系"。②

如果人们以物质主义、享乐主义、消费主义和经济主义来指导自己的消费生活，那么人们对各种物品的需求就会超出自己的实际需要，甚至以牺牲环境为代价来满足自己的私欲，这就使正常的消费变成过度的、非理性的消费。生态马克思主义者称这种特殊的消费方式为"异化消费"，认为其是生态危机和资本主义危机的成因。异化消费是生态马克思主义依据马克思的异化劳动理论构造出的一个相对概念，指人们通过获得"虚假需求"商品的办法去补偿异化劳动的消费生活方式，从而使资本主义得以用生态危机来延缓经济危机。这种异化消费方式暗隐了反生态性的特质：客体（物）成为控制主体的客体，主体成为依附于"物"（客体）的主体，主体为了满足自身的"虚假需要"，使消费目的不断被异化为消费手段，自然成为目的的附庸品。为此，1992 年联合国环境与发展大会通过的《21 世纪议程》明确指出，以资源浪费为特征的生活方式、消费方式是当今环境危机的不可忽视的根源之一。"但是目前的消费方式，尤其是在消费驱动的工业经济中的消费方式，正是导致环境恶化的元凶，现在的消费情形正是要改变的东西。"③

美国学者艾伦·杜宁在《多少算够——消费社会与地球的未来》一书中，曾有过这样的描述："我们消费者生活方式供应的像汽车、一次性物品

---

① 〔英〕迈克·费瑟斯通：《消费文化与后现代主义》，刘精明译，译林出版社，2000，第 23 页。
② 〔英〕迈克·费瑟斯通：《消费文化与后现代主义》，刘精明译，译林出版社，2000，第 24~25 页。
③ 〔美〕戴斯·贾丁斯：《环境伦理学》，林官明、杨爱民译，北京大学出版社，2002，第 96 页。

和包装、高脂饮食以及空调等东西——只有付出巨大的环境代价才能够供给。我们的生活方式所依赖的正是巨大和源源不断的商品输入。这些商品——能源、化学制品、金属和纸的生产对地球将造成严重的损害。……特别是为消费者社会提供动力的矿物燃料是有破坏性的环境输入品。从地球开采出的煤、石油和天然气持久地破坏着无数的动、植物的栖息地；燃烧它们造成世界的空气污染；提炼它们产生了大量的有毒废物。"① 所以说，消费行为、消费观念不仅存在于我们日常生活的方方面面，如商业流通、文化教育、社会服务等领域，而且存在于生产流通过程的各个环节，如生产、分配、交换、流通等。恰如巴里·康芒纳所言："生态危机是由人类不合理的生产生活方式所致，而不合理的生产生活方式的背后是盲目自大的传统人类中心主义的哲学世界观、价值观和方法论。"② 可见，现代社会消费方式异化的显现有内在必然性，其根源于生产方式的异化、生活方式的异化以及价值观念的异化等诸多方面。因此，摒弃物质主义、享乐主义、消费主义的价值观，促使生活方式绿色化变革，不仅是消解日益严重的生态危机的必然选择，也是生态文明建设和绿色发展的基本诉求和现实表现。

我国在生态文明建设之初，就明确指出要走绿色、循环、低碳的发展道路，要形成节约资源和保护环境的生产生活方式。2013 年《大力推进生态文明，努力建设美丽中国》一文，就如何"以促进绿色、低碳消费为重点，加快形成推进生态文明建设的良好社会氛围"问题，提出了两点基本要求："一是加快培养生态文明意识"；"二是积极倡导绿色生活方式"。在"积极倡导绿色生活方式"方面，文章强调"推进生态文明建设，必须改变不合理的消费方式。当前，要以落实中央八项规定为契机，坚决反对享乐主义、奢靡之风，引导居民合理适度消费，鼓励购买绿色低碳产品，使用环保可循环利用产品，深入开展反食品浪费等行动，使节约光荣、浪费可耻的社会氛围更加浓厚"。③

2017 年 5 月，在十八届中央政治局第四十一次集体学习时，习近平总书记作了题为《推动形成绿色发展方式和生活方式是发展观的一场深刻革

---

① 〔美〕艾伦·杜宁：《多少算够——消费社会与地球的未来》，毕聿译，刘晓君校，吉林人民出版社，1997，第 30~31 页。
② 〔美〕巴里·康芒纳：《封闭的循环》，侯文蕙译，吉林人民出版社，1997，第 234 页。
③ 《十八大以来重要文献选编》（上），中央文献出版社，2014，第 640~641 页。

命》的重要讲话。在这次讲话中，习近平总书记以具体数字为据指出，当前我国在对资源的利用上浪费现象非常严重，如粮食的生产、流通、加工和消费环节浪费现象触目惊心，每年在餐桌上浪费掉的食材能够满足两亿多人一年的口粮，所以推动形成绿色生活方式，倡导推广绿色消费理念的任务不仅艰巨而且重要。① 可以说，对于生态文明和美丽中国的建设而言，绿色消费观念和绿色生活方式的形成至关重要。在此，需要重申的是，我们倡导绿色生活方式、绿色消费，并非要质疑、反对理性的、适度的消费生活和消费文化，人类生存发展离不开衣食住行；我们要反对、摒弃的是以物质主义、享乐主义、消费主义价值观为引导的异化消费。

所谓绿色生活方式，是指"绿色、低碳、循环、简约、可持续"的生活方式。而绿色消费方式，一方面倡导适度、健康、合理、生态的价值观念，另一方面强调消费活动应尽量减少对地球资源和生态环境的浪费、污染，简单讲，就是少污染、少浪费、少破坏。具体讲，绿色消费是在不破坏生态环境的承载力和自我修复能力的前提预设下，做到既满足当代人合理、健康的需要，又不侵害后代的生存空间和生态权益。在更深层次的含义上，绿色消费要求消费者以生态价值观为导引进行理性健康、合理的消费，也就是将生活品质建基在资源节约、环境保护之上，所以健康合理、生态适度是其基本特征。"健康合理"，是指我们的消费水平、消费量既要满足自身物质和精神的需要，又要给子孙后代留下山清水秀、空气清洁的空间格局；"生态适度"，则强调消费要适当，不能因为要满足大众的消费需求而使生产活动不顾及地球生态环境的容量和承载能力。

从狭义角度来看，消费生活即是生活方式。所以人类现有的消费观念的绿色转型，对于生产生活方式的绿色化变革具有极其重要的作用和意义。而能否实现消费观念的根本性变革，关键就在于是否以合理的价值观规约消费行为、消费活动。从价值观和消费观的关系来看，一方面，消费观念浸润于社会价值观中，满足需求是消费的直接目的，而需求则表征了人们对自己生活意义、自我价值的态度和理解；另一方面，价值观是消费观念、消费文化的逻辑前提，有什么样的价值观就有什么样的消费文化。

在本质上，人与自然的关系问题既是生态价值观的核心问题，同时也

---

① 《十八大以来重要文献选编》（下），中央文献出版社，2018，第763~766页。

是消费合理性的核心问题。在传统消费社会里，物质主义的价值观作为社会的主流价值观，其将满足人们的物欲、贪欲作为消费观念、消费行为的根本目标，漠视、贬低人们的精神需要，重物质轻精神，以金钱衡量幸福。在这种观念的引导下，人们被"物"所控制，盲目追求物质财富的增长，最终使整个社会陷入消费的困境之中。对此，艾伦·杜宁这样描述道："在世界上两个最大经济机构——日本和美国——的民意测验显示人们正以他们的消费数量来衡量成功，并且这种势头呈增长之势。"① 在一定程度上，这种价值观不仅直接影响着人们的消费方式，而且在更深层次上干扰了自然生态系统的固有平衡，从而使严重的生态问题纷至沓来。

　　人类正是以生产实践活动（劳动）作为谋生手段，在一定的价值观引导下通过不断改变自然、改变世界，使自身得以生存发展。在人与自然的关系上，自然是人类不可或缺的生存基础和前提，人类的价值观念影响两者关系的发展。在价值观念上，绿色发展所秉承的生态价值观，坚持以人与自然的和谐发展、共荣共生为基本价值取向。在观念认知上，生态价值观使人们深入理解了绿色消费的重要性、必要性。在实践活动上，生态价值观对公众消费行为具有指导和规范作用。但是由于奢侈浪费的消费观念已经在人类思想中根深蒂固，所以要消解物质至上主义、享乐主义、消费主义对人们消费行为的宰治，使适度、合理的消费理论得以确证将会任重而道远。

　　在消费行为方面，价值观对公众消费行为的影响主要表现在消费者看待自然的态度和观念上。如果人们的消费观念受物质主义的影响，那么绿色消费观念及其行为就都难以形成。可以说，绿色消费本质上就是要根除物质主义、享乐主义、消费主义对公众消费观念、消费行为的影响。在消费方式上，绿色消费强调以一种理性的、适度的和健康的方式进行消费。在消费目的上，绿色消费不是仅仅要满足自身的需要和权益，而是更加关注消费活动会给整个社会环境（包括生态环境）带来何种影响。所以生活方式能否实现绿色化，关键之一就是是否以正确的价值观引导人们建立健康的、合理的、适度的需求观念和消费观念。因此，勒克斯等人本主义经

---

① 〔美〕艾伦·杜宁：《多少算够——消费社会与地球的未来》，毕聿译，刘晓君校，吉林人民出版社，1997，第5页。

济学家指出，"价值观与需要是紧密相关的，它们之间很容易相互转化。我们甚至可以说它们是同义词。如果某人需要某个物品或某种体验，我们可以说，他认为该物品或该体验有价值。这样，他就进行了价值判断"。① 在需求观念上，生态价值观要求人们以一种生态理性的观点来看待自身需要与生态环境的关系，以期降低和减少自身需求或欲望带给资源环境的压力和破坏。在消费观念上，生态价值观要求人们以简约的、合理的、适度的价值取向代替奢侈的、畸形的、浪费的价值取向。

总体上，在生态文明建设过程中以绿色发展理念为指引的绿色生活方式，具有以下几个显著特点。首先，在价值观念上以生态价值观替代物质主义的价值观念。在社会生活上，物质主义一味追求物质财富的积累，推崇奢侈的消费，渴望物质享受，由此形成了大量生产、大量消费、大量废弃的生活方式，其结果是给生态环境造成了巨大破坏的同时也使自己的生存发展陷入前所未有的困境。其次，以"简约适度、绿色低碳的生活方式"取代奢靡浪费的生活方式。在需求和消费上，所谓"简约适度"，是指人们既要满足自身的基本生活需要，又要尽量减少对自然资源的消耗，降低对环境的污染。简单讲，就是既不牺牲环境又能满足自己的欲求。但是，"简约适度"不是让大家回归农耕渔猎的原始生活，而是在高科技助力下过生态良好的现代生活。所谓"绿色低碳"，则强调人们要树立节约资源的基本理念，尽量避免自己的生活、消费给自然环境带来不必要的破坏和浪费，自觉抵制那些能给生态环境带来破坏的不良行为。本质上，简约适度、绿色低碳就是"一种能够创造舒适的、非消费的、对人类可行的、对生物圈又没有伤害的，把技术变化和价值观变革相结合的生活方式的导引"。② 最后，在生态价值观引导下，以科技创新助力生活方式的绿色转型。纵观人与自然关系的演化历程，我们可以发现，科学技术是其变化发展的动因之一。在人类文明史上，科学技术是认知自然、改造自然的重要力量，人类社会凭借科技力量创造了自身的辉煌，但同时也加剧了人与自然的冲突和对立。关于科技创造的辉煌成就，马克思曾说："自然力的征服，机器的采

---

① 〔美〕马克·A. 卢兹、〔美〕肯尼思·勒克斯：《人本主义经济学的挑战》，王立宇、栾宏琼、王红雨译，西南财经大学出版社，2003，第 16 页。

② 〔美〕艾伦·杜宁：《多少算够——消费社会与地球的未来》，毕聿译，刘晓君校，吉林人民出版社，1997，第 37 页。

用，化学在工业和农业中的应用，轮船的行驶，铁路的通行，电报的使用，整个整个大陆的开垦，河川的通航，仿佛用法术从地下呼唤出来的大量人口——过去哪一个世纪料想到在社会劳动里蕴藏有这样的生产力呢？"① 尽管在资本主义发展历程中，科技发挥了其强大的创造力，但与此同时也成为资本逻辑的附庸。诚如阿多诺所言，在现代工业社会，技术所主导的生产过程已然烙印了意识形态的痕迹。对此，马尔库塞指出："当物质生产（包括必要的服务设施）的自动化程度达到所有基本的生活需要都能得到满足，而必要劳动时间又降低到最低限度时，这个阶段就到来了。由此出发，技术进步就会超出必需的领域，在这个领域中它曾作为统治和剥削的工具并因而限制它的合理性。"②

可以说，科技的创新发展，尤其是科技的绿色转向是解决当今生态问题的有效途径之一。本质上，科学技术的绿色创新是以维持生态系统平衡为基本前提，运用科技手段来消解人与自然的冲突和对立，进而使两者能够共生共荣、协调发展。从目标宗旨看，科技的绿色发展要转变以往传统科技对自然的漠视态度，重拾对自然的关注和尊重。虽然科学技术使人获得了巨大力量，特别是现代高科技，使人类拥有改变世界的强大工具，但是它们也带来一些负面效应和不良后果。为此，如何合理运用科学技术造福人类，尤其从价值观角度进行反思审视，值得我们深入探究。进入 21 世纪，人类面临着众多具有全球性特质的问题，如石油资源匮乏、粮食短缺、环境污染等，破解这些问题一方面需要依靠技术的不断创新，另一方面也需要一些传统学科观念的不断革新，如经济学、伦理学、哲学的一些固有观念的变革。而这些固有观念的转变或变革的实现涉及多方面因素，其中价值观的嬗变不容忽视。当前，面对日渐严重的生态问题，增强生态意识，树立正确的生态价值观，转变生产和生活方式是破解这一问题的基本路径之一。因为"生态环境问题归根结底是发展方式和生活方式问题，要从根本上解决生态环境问题，必须贯彻创新、协调、绿色、开放、共享的发展理念，加快形成节约资源和保护环境的空间格局、产业结构、生产方式，

---

① 《马克思恩格斯文集》（第 2 卷），人民出版社，2009，第 36 页。
② 〔美〕赫伯特·马尔库塞：《单向度的人：发达工业社会意识形态研究》，刘继译，上海译文出版社，2008，第 14 页。

生活方式，把经济活动、人的行为限制在自然资源和生态环境能够承受的限度内"。① 所以在绿色发展理念的视域下，美丽中国的建设不仅要以生态价值观为价值引导进行生活方式的绿色化转型，同时也需要经济生产的绿色发展，亦即走"循环、低碳、绿色"的发展道路，以便"与生态文明建设相协调，形成节约资源和保护环境的空间格局、产业结构、生产方式"。②

三　以生态价值观为引导的经济发展绿色化③

自人类诞生之日起，如何生存发展就成为人类及其社会亘古不变的问题。尽管不同历史时期的人们对这一问题的诠释各具时代特点，但是都将物质生产实践活动作为人类维持自身生存发展的基本前提和手段。在《德意志意识形态》中，马克思恩格斯曾明确指出，"全部人类历史的第一个前提无疑是有生命的个人的存在"，而生产劳动是人类创造自己历史的第一活动。"因此第一个历史活动就是生产满足这些需要的资料，即生产物质生活本身，而且，这是人们从几千年前直到今天单是为了维持生活就必须每日每时从事的历史活动，是一切历史的基本条件。"④ 生产活动作为人类维持自身生存发展的活动，是由物质生产、人口繁衍两者构成。对此，恩格斯曾这样论述道："根据唯物主义观点，历史中的决定性因素，归根结底是直接生活的生产和再生产。但是，生产本身又有两种。一方面是生活资料即食物、衣服、住房以及为此所必需的工具的生产；另一方面是人自身的生产，即种的繁衍。"⑤ 从历史角度出发，我们可以得出这样的结论：无论是从前的各阶段的人类文明还是现今的生态文明，任何一个时期人类物质生产活动都是以自然环境、自然资源为基础和前提，没有自然产品、自然资源，人类的生活就难以为继。正如马克思所言："没有自然界，没有感性的外部世界，工人什么也不能创造。自然界是工人的劳动得以实现、工人的劳动在其中活动、工人的劳动从中生产出和借以生产出自己的产品的材料。"⑥

---

① 《十九大以来重要文献选编》（上），中央文献出版社，2019，第451页。
② 《十八大以来重要文献选编》（中），中央文献出版社，2016，第486页。
③ 张敏、杜天宝：《"绿色发展"理念下生态农业发展问题研究》，《经济纵横》2016年第9期。
④ 《马克思恩格斯文集》（第1卷），人民出版社，2009，第531页。
⑤ 《马克思恩格斯文集》（第4卷），人民出版社，2009，第15~16页。
⑥ 《马克思恩格斯文集》（第1卷），人民出版社，2009，第158页。

实质上，物质生产活动是一种具体的、现实的、对象化劳动，其从始至终都是以对自然要素，如矿物、沙石、植物、动物、山川湖泊等的改造来实现和满足自身的目的和需求。"人在肉体上只有靠这些自然产品才能生活，不管这些产品是以食物、燃料、衣着的形式还是以住房等等的形式表现出来。在实践上，人的普遍性正是表现为这样的普遍性，它把整个自然界——首先作为人的直接的生活资料，其次作为人的生命活动的对象（材料）和工具——变成人的无机的身体。人靠自然界生活。这就是说，自然界是人为了不致死亡而必须与之处于持续不断的交互作用过程的、人的身体。"① 在人类文明的漫漫历史长河里，人类正是借助各种人造器物、科学技术利用自然创造出属于自己的意义世界。正如马克思所说，"各种经济时代的区别，不在于生产什么，而在于怎样生产，用什么劳动资料生产"。② 所以说，人类有何种生产方式就有何种生活方式，人类需求的不断变化直接推动了社会生产力的不断变革。

在蒙昧时期，人类以刀耕火种的方式祈求自然赋予自身生存的权利，而工业文明时期的人类以先进的技术宰治自然，满足自身对物欲的无节制追求。由此，不仅形成了工业文明社会以大量生产、大量消耗、大量污染为基本特点的经济生产模式，也使人们的生活牢固地被物欲所控制，物质至上主义、消费主义、享乐主义成为占据社会主导地位的主流价值观。总体上看，工业文明的生产方式大致具有以下几个基本特质。首先，社会生产的直接目的是满足人们对物欲的无限追求。正是为了满足无限高涨的物欲，人们在罔顾自然规律的情况下不断向自然无度地索取。其次，在对待资源环境的态度方面，工业文明的生存方式强调经济投入和产出协调平衡，而忽视生产过程、生产结果对自然资源和生态环境造成不良影响的可能性，所以不重视资源节约和环境防污，认为防污减排不属于生产企业应尽的责任和义务。最后，在产业结构上，由于企业生产以实现利益最大化为终极目标，所以往往只生产利润最多的产品，而使其产业结构欠缺合理性和长远性。

正是基于这种经济生产方式，人类获得了前所未有的物质财富，但与

---

① 《马克思恩格斯文集》（第 1 卷），人民出版社，2009，第 161 页。
② 《马克思恩格斯文集》（第 5 卷），人民出版社，2009，第 210 页。

此同时也破坏了地球生态圈的固有平衡，反过来影响了人类自身长远的生存和发展。频发的生态灾难和日益严重的环境危机向人类发出了警告，传统工业文明的经济发展模式已然成为阻碍我们可持续发展的绊脚石。使现有的经济生产模式发生根本性变革，对人类及其社会的可持续发展至关重要。因为"人们在生产中不仅仅影响自然界，而且也互相影响"，所以"为了进行生产，人们相互之间便发生一定的联系和关系；只有在这些社会联系和社会关系的范围内，才会有他们对自然界的影响，才会有生产"。① 在生产过程中，不仅人与自然形成相互影响的关系，而且人与人之间也结成不以人的意志为转移的经济关系。

第一次工业革命后，尤其是资本主义生产方式建立后，人与自然的关系发生了颠覆性改变。在对待自然的态度上，开始从崇拜转向征服；在对自然的价值取向上，自然不再是具有自我灵魂和自我价值的实体，而变成了只具有工具价值的、任人类随意攫取的资源库。在这种价值观念和资本逻辑的双重主导下，人类为了满足自己无止境的欲望，盲目地扩大生产规模，无节制地开发和消耗自然资源，无约束地向自然界排放污染物。尽管在社会生活中，资本主义生产方式创造了前所未有的物质财富，但是也严重地破坏了人类赖以生存的自然环境，进而威胁到人类自身的持续生存和发展。诚如在农业生产上，"资本主义生产使它汇集在各大中心的城市人口越来越占优势，这样一来，它一方面聚集着社会的历史动力，另一方面又破坏着人和土地之间的物质变换，也就是使人以衣食形式消费掉的土地的组成部分不能回归土地，从而破坏土地持久肥力的永恒的自然条件"。② 而要应对这种危机的挑战，在社会生产领域则需要使以往的传统经济生产方式发生生态性变革，建设循环经济、低碳经济、生态经济和绿色经济，从而走绿色生产和绿色发展道路。

在新的发展阶段，为了"缓解经济发展与资源环境之间的矛盾"，中共中央、国务院在《关于加快推进生态文明建设的意见》一文中明确提出了两条解决问题的基本路径：一是"推动技术创新和结构调整，提高发展质

---

① 《马克思恩格斯文集》（第1卷），人民出版社，2009，第724页。
② 《马克思恩格斯文集》（第5卷），人民出版社，2009，第579页。

量和效益";二是"全面促进资源节约循环高效使用,推动利用方式根本转变"。① 为此,在产业结构调整上,我们党和国家反复强调要以科技创新助力实现产业结构向高科技、低消耗、少污染、高效能、绿色化的方向发展,推进循环经济、生态经济的发展,加快经济发展方式的转型。至此,经济生产方式绿色化转型的设想初具规模,随后,党的十八届五中全会提出的绿色发展理念进一步丰富了这一构想。针对经济生产方式的绿色化转型,党的十九大之后的《关于全面加强生态环境保护坚决打好污染防治攻坚战的意见》从节能环保、产业结构升级和提高生产效能等方面,提出了绿色发展的具体构思和设想。在推动"经济绿色低碳循环发展"方面,本着突出重点、抓住重点、控制重点的基本方针,通过对环保不达标的区域、行业、项目、企业进行治理,以便在优化传统产业结构基础上,构建"绿色产业链条"和以市场为导向的"绿色技术创新体系"。在社会经济领域,大力推进循环经济、低碳经济、绿色经济和生态经济;在生产方式上,促进生产方式绿色化,发展绿色技术;在生活方式上,倡导简约适度、低碳环保的生活方式。

那么,何谓循环经济?所谓循环经济,"是一种以资源的高效利用和循环利用为核心,以减量化、再利用、资源化为原则,以低消耗、低排放、高效率为基本特征,符合可持续发展理念的经济模式,是对大量生产、大量消费、大量废弃的传统增长模式的根本变革"。② 在经济模式上,低碳经济主张社会经济生产应遵循三低原则,即"低消耗、低污染、低排放",其目的是通过能源动力系统、技术体系和产业结构的低碳化发展,降低气体的排放量,使温室效应得到有效缓解。

生态经济概念是美国经济学家肯尼斯·鲍尔丁在《一门科学——生态经济学》一书中首次提出的,要探究生态危机背后的经济根源,以期解决日益凸显的经济增长与生态环境保护之间的矛盾。作为经济与生态相结合的生态经济,视人类社会与自然生态系统为复合生态系统,强调将生态学原则运用于社会经济发展及其生活中,重视自然资源、生态环境的固有价值,追求经济效益、社会效益、生态效益三者的有机统一。针对资源环境

---

① 《十八大以来重要文献选编》(中),中央文献出版社,2016,第490~492页。
② 王安:《保障资源安全 助力双碳目标》,《宏观经济管理》2021年第7期。

的合理利用问题，"绿色经济"主张通过合理协调人、自然、社会三者之间的关系，使社会经济能够走上绿色的、生态的发展道路，使生态环境的不断改善与人们美好生活的实现同向同行。可以说，绿色经济为了使社会经济发展对环境造成的损害降至最小，力图通过生产过程、流通过程、分配领域、消费方式的绿色化，高效发挥社会资本、人力资本、自然资本（生态资本）的有用性，从而使社会生态环境的质量得到显著的改善。在本质上，无论是循环经济、低碳经济还是绿色经济、生态经济，都顺应了生态文明建设的基本要求，都符合绿色发展理念的核心要义和根本宗旨。因为"保护生态环境就是保护自然价值和增值自然资本，就是保护经济社会发展潜力和后劲，使绿水青山持续发挥生态效益和经济社会效益"。①

总体上看，这四种经济形式都是以生态经济原理、系统理论为理论基石，以人与自然的复合生态系统为研究对象，关注的核心问题都是如何协调社会经济系统与生态系统的发展，其目的都是要兼顾生态效益和经济效益。在目标宗旨上，这四种经济形式都以改善和保护环境、实现人类可持续发展为根本宗旨，以建设生态文明和环境友好型社会为基本目标。在价值观上，低碳经济、循环经济、绿色经济和生态经济作为生态文明建设和绿色发展所诉求的经济发展模式，都以生态价值观作为导引进行生产活动和经济建设，以期实现生态效益和价值效益的有机统一。在实现手段上，无论是低碳经济、循环经济还是绿色经济、生态经济，都提倡采用以生态学原理和生态经济规律为依托的生态技术或绿色科技。生态技术或绿色科技，不仅主张社会经济系统和自然生态环境是一个有机整体，而且以不损害自然环境和生态系统承载力为前提预设，进而推动社会经济的可持续发展。在生产领域里，生态技术或绿色科技因其低碳高能、循环高效、绿色环保的特质，要求生产过程以绿色科技创新为手段来提高自然资源的再循环程度及有效利用率，其目的也是实现经济效益、社会效益和生态效益三者的统一，进而达到对自然资源的合理使用和对生态环境的有效保护。

具体而言，绿色技术又可以细化为：绿色产业技术、清洁生产技术和生态环境治理技术。绿色产业技术作为高新技术，主要是指用于支持"低投入、低耗能、高产出"的绿色新兴产业发展的技术。清洁生产技术，是

---

① 《十九大以来重要文献选编》（上），中央文献出版社，2019，第450页。

指用于支持既存产业向清洁化、绿色化生产转型的清洁技术。生态环境治理技术，是用于支持污染治理、自然恢复的绿色技术。所谓的能源技术，主要是指用来提高能源利用率和开发利用绿色新能源的新技术。①党在十八届五中全会上提出的绿色发展理念，明确了经济发展所应遵循的基本原则，即资源节约、生态环保、低碳循环、安全高效。在新发展阶段，经济生产绿色化是我国生态文明建设的基本诉求之一，同时也是绿色发展理念引领下我国社会经济发展转变为绿色生态、低碳高效、可持续发展新格局的具体表征。

　　而传统经济的可持续发展及其向生态化转型，是构建社会经济新格局的保证及美丽中国建设的内在诉求之一。以生态经济价值观作为基本理念引导生产与再生产，既为经济生产绿色化提供逻辑基点，同时也规约了其基本进路。在传统经济学的视域里，经济和生态是两个相互独立的、没有任何内在一致性和关联性的系统。传统经济学的价值观只承认商品作为劳动产品具有价值，但认为大自然馈赠给人类的自然资源、生态环境都无需计算价值，因而自然资源等被无偿应用于社会的生产及经济活动，这种价值观认为社会效益和经济效益都同生态效益无涉。所以传统社会对经济行为的规约以及相关经济政策、法规的制定，仅仅涉及了自然资源的配置和利用率，而不关注自然资源、生态环境内在固有的稀缺性和有限性，由此形成了以牺牲环境为代价的经济增长模式。在这种增长模式主导下，今天的生态环境日益恶化，已然成为制约经济和社会可持续发展的重要因素。如何看待自然资源和生态环境，采用什么样的价值观来指导社会生产、再生产，已经成为传统经济学不能规避的问题。

　　而生态经济学强调生态环境与社会经济的协调发展，提出社会生产和经济活动要遵循生态学的基本原理，应把生态技术引入经济的循环发展。在社会经济发展中，循环经济、低碳经济、绿色经济和生态经济都是对生态经济学理论的现实应用。针对经济学与生态学的内在逻辑关系，生态经济学家赫尔曼·E.戴利等曾说："经济学研究的是由商品及其相互关系所决定的体外生命过程，因此是生态学的一部分。"② 生态学让人类真正明了大

---

① 廖小平、孙欢：《国家治理与生态伦理》，湖南大学出版社，2018，第294页。
② 〔美〕赫尔曼·E.戴利、肯尼思·N.汤森编《珍惜地球：经济学、生态学、伦理学》，马杰等译，商务印书馆，2001，第280页。

自然是人类生存发展的物质基础，从生态经济学角度看，生态环境、自然资源内在固有的不可替代性及稀缺性，使其自身一方面具有潜在的效用性价值；另一方面也成为社会经济活动、生产和再生产活动不可或缺的基本要素。所以，以何种价值观看待自然资源和生态环境是传统经济学和生态经济学的本质区别之一。

传统经济学的价值观是以经济—技术为理论范式的，它把人类的利益置于其他物种乃至整个大自然的利益之上，使人与自然的关系呈现出伦理敏感性的缺失。但在实际的生活世界、行为世界里，伦理学却为我们提供着行为准则的最终根据。因为作为实践哲学的伦理学，"不仅是元伦理学或最终根据，而且必须成为人在不同活动领域中的行为指南，成为一种内在的道德关照"。① 在现实的社会经济活动中，无论何种经济的意识、目的、行为、政策及法规都包含着一定的伦理观念，而价值观是其逻辑上的延伸。以这种缺失伦理敏感性的经济价值观为指导的生产活动，对外部资源的利用遵循了"单程式经济"的模式，忽视了生态资本或自然生态成本的使用价值，造成自然资源浪费、大量废弃物污染环境等不可持续的现象。尤其是现代的以石油为能源动力的社会经济，过于强调自然资源、生态环境的使用价值或工具价值，而忽略了它们内在的稀缺性及价值增殖性，所以使自身的发展呈现出重产量、轻环境，高消耗、低效能的情况，其必然造成土壤侵蚀、水资源污染、环境退化，进而制约了整个社会经济的可持续发展。面对这一状况，社会经济发展如何生态化、绿色化就成为亟待解决的问题。

今天，随着自然资源的不断枯竭、生态环境的日益恶化，社会经济发展的自然红利时代已经一去不复返。究其原因，不难发现，传统经济价值观是传统经济发展模式下，进行经济行为和从事经营活动的理论基础和价值旨归。问题在于，传统经济学的价值观体系没有把开展经济活动必不可少的自然生态环境视为一种资本性质的存在，即能够带来经济效益和社会效益的生态资本。依据1987年布伦特兰委员会在《我们的共同未来》报告中的基本观念，生态资本是指生态系统、生物圈、自然环境作为人类赖以生存发展的物质基础，同时也是一种以环境形式存在的资本。随着资源、

① 〔德〕彼得·科斯洛夫斯基：《后现代文化：技术发展的社会文化后果》，毛怡红译，中央编译出版社，1999，第119页。

环境后危机时代的到来，生态资本成为一种稀缺性资本，而土壤和水资源等能否被平衡、协调、合理运用于社会生产以及再生产过程，既是自然资源成为资本的关键，也是传统经济迈向生态经济、循环经济、低碳经济、绿色经济的关键之一。在本质上，以生态经济为代表的社会经济活动强调在生产、再生产过程中，通过生态经济技术的运用使生态系统与经济系统有机结合并成为相互联结的统一整体，从而达到社会效益、经济效益和生态效益的协调统一。从生态学的角度看，"所有的经济系统都是一个大生态上互相依赖的生物物理系统的子系统"。① 所以，摒弃物质至上主义的传统经济，提升生态意识，积极开展循环经济、低碳经济、绿色经济、生态经济建设，使青山绿水真正成为绿色生产力，以促使我国社会经济发展走向绿色环保、生态平衡、产能高效的新格局。

作为社会经济发展绿色化价值导向的生态经济价值观，是对传统经济价值观的本质性超越：一方面，其通过对环境资源内在价值的确证，使土地、水等经济生产的基本因子完成了从资源向资本的转化；另一方面，使生态系统和经济系统间的能量转化、物质循环以及价值增殖成为经济生产遵循的基本规律。生态经济价值观是一种经济价值与生态价值相耦合的特殊价值观，它要求农业生产摆脱以经济利益为核心、以纯粹的财富增长为目的的发展模式，即传统发展观的束缚，力图实现经济价值和生态价值的统一，以便能够达到生态效益、经济效益和社会效益的协调统一。在理论上，生态经济价值能否得以确论，关键就在于基于何种价值观诠释自然价值。

选择何种理论范式对传统价值观进行生态变革，是生态价值观能否得以确立的关键所在。因为，在逻辑上，价值观与其理论范式是内在一致的。按照科学哲学家托马斯·库恩在《科学革命的结构》一书中的观点，每一次科学的革命都会使人类的思维方式发生跃迁，其在社会科学研究上的体现就是价值观的转变。② 正如赫尔曼·E.戴利等所言："既然社会科学的大部分研究都有关价值观问题，并且影响到接受还是拒绝各种范式，所以范

---

① 〔美〕赫尔曼·E.戴利、肯尼思·N.汤森编《珍惜地球：经济学、生态学、伦理学》，马杰等译，商务印书馆，2001，第49页。
② 参见〔美〕托马斯·库恩《科学革命的结构》，金吾伦、胡新和译，北京大学出版社，2012。

式变化可能更是社会科学的特征。"① 那么，缘何生态学范式是生态价值观确证的恰当选择呢？这完全得益于生态学内秉的、形而上的整体性，为我们摒弃传统还原论，确立生态理性、生态意识、生态思维提供了新途径、新范式。建基于机械还原—决定论的现代理论范式，采用机器隐喻看待世界，摒弃了有机的自然观，使自然丧失了其内在有机性和灵性，成为人类征服的对象。这一理论范式对工具理性的强调，造成了科学只关注"事实"，而远离了"价值"，伦理学淡出了科学的视域。基于此，对于人类而言，自然只具有工具价值，而不具有内在价值，自然成为毫无生命的、冰冷的资源，人与环境之间的交互作用被生生割断。至此，消解了西方古典经济学自然资源稀缺性的立论基础，改变了自然资源限制经济增长的传统观念。

而生态学作为一门实证（自然）科学，是研究自然界有机体与其环境间关系、有机个体间关系的学问。换句话讲，生态学正是通过对生态系统内的有机个体、自然存在物间以及它们与其生存环境关系的研究，使人认识到自然是一个充满着相互依存关系的、流动的大系统、大整体。就其理论特质而言，生态学能够提供一种内在包含分析方法的整体性思维模式。它强调自然是一个具有自生能力的复杂系统，其中的无机体、有机体以及周围的环境都是相互作用、密切关联的。因此，基于生态学理论的生态意识，不再把价值视为人类所独有的，其价值观是"一种适度的、自我节制的和完整的价值观"。② 也就是说，生态价值观要求人类对自然的开发利用不应当以自己的利益、需求为唯一尺度，不应当以财富增长为唯一目标。因为，人与自然之间不是征服与被征服的关系，而是天人合一的和谐关系。基于此的社会经济发展不仅避免了对资源、土地及环境的无限制掠夺，而且把自然、土地视为其伦理关怀的对象。社会经济发展对自然生态环境的伦理关怀，"不是来源于追求自利的动机，而是来自人们对生命的感恩之情"。③ 生态

---

① 〔美〕赫尔曼·E. 戴利、肯尼思·N. 汤森编《珍惜地球：经济学、生态学、伦理学》，马杰等译，商务印书馆，2001，第 17 页。
② 〔美〕大卫·格里芬编《后现代科学——科学魅力的再现》，马季方译，中央编译出版社，2004，第 133 页。
③ 〔美〕大卫·格里芬编《后现代科学——科学魅力的再现》，马季方译，中央编译出版社，2004，第 193 页。

价值观不仅体现出包含自然伦理关怀的社会经济发展的价值旨归，而且也体现出绿色发展理念的核心要义。

在发展模式上，绿色发展理念和生态文明建设所诉求的绿色化经济要求以人口、资源、环境相均衡和经济、社会、生态效益相统一的原则为基点，力求达到生态效益与经济效益相平衡，从而使整个系统的物质循环以及能量交换处于低能、高效和资源循环再利用的可持续状态。为此，在社会经济发展过程中，以何种价值观为基点将直接关涉这两条基本原则的贯彻及执行。建基于传统经济价值观的现代社会经济，视生态环境、自然资源为可以无偿利用的仅具有工具价值的因子。在这样的价值观念指导下，社会生产活动过于强调经济增长，却忽视对资源、环境的保护，造成了资源浪费、环境污染等问题。这一系列问题，已然成为制约社会经济可持续发展的重要因素。为此，如何发展经济、怎么发展经济等一系列问题成为社会关注的热点。学理界从理论和实践两个向度进行了研究：理论层面的研究分析论证了经济发展绿色化所诉求的产业结构、生产观、需求观、技术观以及价值观等，进一步确证其内在的价值合理性；应用层面的研究则是探讨如何形成、制定符合经济发展绿色化的经济形式、规划、政策、方案等。今天以绿色发展理念为理论指引的经济发展格局融入了新的发展因子，即均衡、低碳、循环、安全、清洁、节约、高效能及高产能。具体而言，生产方式要清洁绿色、生态有机；资源利用要低碳循环、节约高效；产业结构应生态均衡、组织有序、高效节能；产品结构要绿色有机、质量安全和生态高能。

作为社会经济发展价值旨归的生态价值观，强调不仅社会生产活动应遵循经济效益与生态效益协调发展的原则，而且生产模式、生产理念都应遵循整体的、有机的、生态经济的、生态道德的原则，并进一步要求我们应给予生态环境、自然资源以有机的、整体的、生态的伦理关怀。至此不难发现，生态价值观的方法论原则内在蕴含形而上的整体性和生态性。其中整体性是以生态学为理论底基的，强调人与自然是具有复杂内容的、多样性统一的整体，并在此基础上进一步指出统一性和多样性互为基础。因为在生态系统中，物种多样性是维持整个系统平衡的重要条件，反过来，系统的完整也有利于维持系统的多样性。基于此，在绿色发展理念导引下，以生态价值观为基础的社会经济发展格局就应把整体共生性原则、系统优化性原则作为自己的构建发展的基本方法论原则。

整体共生性原则强调的是自然、人与社会之间关系的整体性、内在关联性和共生性。其目的在于，通过强调有机个体、物种、生态系统、生命过程的实体性以及它们之间的互利互惠、协同共生的关系，转变人类对自然的征服和漠视的态度，从而使人在与自然交往中不仅遵循自然规律，而能够做到从自然本身尊重自然。我们既要承认自然具有一定的道德地位，又不能仅仅从个体一己私利或者局部区域的经济利益出发去保护自然。因为"生态系统在很大程度上是社会利益，而不是私人利益，生态系统需要的是一个社会的道德准则，而不是私人道德准则"。① 例如，在以生态经济价值为指归的生态农业发展中，这一原则就要求农业生产管理应该以生态原则为基点，兼顾经济利益与生态利益的协同发展，以避免农业生产给自然、环境带来的永久性破坏。

系统优化性原则强调整体价值的最优化，即通过构建人、自然和社会三个子系统之间的和谐共生的良性关系，使人与自然的复合生态系统真正处于和谐状态，进而达到整个系统价值最优。在本质上，系统优化性原则是从整体的价值角度出发对三者之间的关系进行全新界定，从局部层面上来看，在每个子系统自身达到优化的同时，更要追求整体的最优化。对于生态系统而言，系统优化性原则与系统的动态过程性密切相关。系统的动态过程性是指生态系统在物质和能量的循环和流动过程中反映出的一种存在状态。创生万物的大自然正是在这种动态的流动过程中既进化出了我们人类，也创造出了丰富多样的生态系统，两者休戚相关，共同编织成了生命之网。在这个动态的流动过程中，我们看到生态系统内在的丰富性和多样性，直觉到每个物种在进化过程中所蕴含的独特的自然之美，体验到了自然的野性之美，看到了荒野内在的生生不息的生命力。这种动态过程性使我们在体验自然的动态进化过程中感悟到生命存在本身就是一种价值，并且这种价值不是以人为判据，而是源于大自然创造生命的过程，由此我们对生命产生敬畏之情，这种情感就是一种对自然的伦理关怀，其恰恰反映了在绿色发展理念引领下农业发展格局的基本诉求。

在具体实践中，生态价值取向是对整体共生性原则和系统优化性原则

---

① 〔美〕巴里·康芒纳：《封闭的循环》，侯文蕙译，吉林人民出版社，1997，第231页。

的最好表达。生态价值取向对价值的诠释是生态学范式的，在承认整体的、系统的价值应优于个体价值的同时，也着重强调了自然的价值是不以人为唯一判据的。所以，在我们制定低碳经济、循环经济、生态经济、绿色经济政策过程中，以正确协调人与自然的关系为立足点的生态价值取向，就要求我们在复合生态系统中，即自然—社会—人的系统中兼顾局部和整体的利益，做到人与自然协同进化，不能为了获得眼前利益，而以牺牲长远利益为代价。因此，就理论特质而言，这两条基本原则与生态价值观具有内在逻辑一致性，进而为建构社会经济发展绿色化的新格局提供恰当的方法论原则。

第五章　生态价值观的主体培育途径

自党的十八大以来，在"加快培养生态文明意识"方面，党和国家多次强调了环境道德教育的必要性和重要性，曾明确指出，"努力使生态文明成为主流价值观并在全社会普及，通过让生态文明知识理念进课本、进课堂、进校园，提高青少年对节约资源、保护环境重要性认识，树立正确的生态价值观和道德观"。① 随后，在 2015 年提出的"十三五"规划纲要中，再次指出要"加强资源环境国情和生态价值观教育，培养公民环境意识，推动全社会形成绿色消费自觉"。② 从对象和范围上看，公民环境意识的培养、生态价值观的教育都是环境道德教育所关涉的基本内容。从根本目的上来看，环境道德教育力图通过向社会大众普及生态知识，使其了解自然环境的有限性、稀缺性以及对人类生存发展的重要性、必要性，进而唤醒大众的生态意识、生态觉悟，使其能够自觉地爱护环境、保护环境，遵循生态规律办事，为解决环境问题而努力。

2018 年 5 月，在《推动我国生态文明建设迈上新台阶》一文中，习近平总书记明确指出："生态文明是人民群众共同参与共同建设共同享有的事业，要把建设美丽中国转化为全体人民自觉行动。每个人都是生态环境的保护者、建设者、受益者，没有哪个人是旁观者、局外人、批评家，谁也不能只说不做、置身事外。"③ 可以说，生态文明建设不是某一个人或者某一个群体的事情，而是需要全体社会成员共同奋斗的事业，因此何种道德意识、价值理念能成为社会主流价值观至关重要。

如果从社会实践主体角度出发，那么我国生态文明能否顺利建设的关

---

① 《十八大以来重要文献选编》（上），中央文献出版社，2014，第 640 页。
② 《十八大以来重要文献选编》（中），中央文献出版社，2016，第 804 页。
③ 《十九大以来重要文献选编》（上），中央文献出版社，2019，第 451~452 页。

键就在于，社会公众以何种自然观念、道德姿态、价值理念来面对自然、看待自然。道德观念作为人和社会存在的前提预设，其直接引导和规范着每个人的目的、意图、动机和行为，决定了人们采用何种态度和观念从事社会实践活动。而就道德观和价值观的关系而言，价值观是道德观的基础，道德观是价值观的现实表征。在逻辑先在性上，价值观先于道德观而存在。每个主体在从事具体实践活动时，其改造客体的思路途径、方式方法不仅受自身科学素养的制约，而且受自身价值观的影响。例如，在生产活动中，秉持工业文明价值观的实践主体只承认自然资源、生态环境的使用价值或工具价值，否认自然具有不以人类为判据的内在价值，认为自然不是人类道德关怀的对象，所以人类为了生存发展可以对其任意攫取和盘剥，而不会因此遭受良心和道德的谴责，更无须背负罪恶感。在这种价值观念的指导下，人类凭借科学技术进步的力量在征服自然的道路上越走越远。

不可否认，人类在这一过程中创造了巨大的物质财富，但同时人类自身陷入了前所未有的生态灾难和发展困境之中。为此，恩格斯早就警示过我们："决不像征服者统治异族人那样支配自然界，决不像站在自然界之外的人似的去支配自然界——相反，我们连同我们的肉、血和头脑都是属于自然界和存在于自然界之中的；我们对自然界的整个支配作用，就在于我们比其他一切生物强，能够认识和正确运用自然规律。"[1] 正是在不断反思和审视人类行为缘何导致了生态危机的过程中，我们不断挖掘危机背后所内隐的深层理论根源。在理论上，人类不当行为所引发的全球性生态危机，实质是人类文化的一次重大的信念危机，而其直接映射于人类的自然观、伦理观、价值观、发展观、技术观之中。所以，推动工业文明价值观的变革，即向生态文明价值观转化，培育社会公众的生态意识、生态道德观念，帮助人们树立生态价值观是解决生态危机的现实的有效途径之一。

关于此，我们党和国家多次强调进行生态文明建设，这不仅直接表现为生产方式和生活方式的大变革，而且在更深层次上关涉每个人的思维方式和价值观念的大变革。而要解决传统价值观的生态缺位问题，培养和提高大家的生态意识，实现价值观的生态性变革，就需要立足于教育，尤其是要发挥环境道德教育对价值观养成的重要作用。那么，首先我们就需要

---

[1] 《马克思恩格斯文集》（第9卷），人民出版社，2009，第560页。

了解广大人民群众，特别是青少年环境道德意识和生态价值观的现状，以便进一步探寻生态价值观养成的现实路径。近年来，针对青少年环境道德教育的现状，我们对山西省部分初高中学生和吉林大学的部分大学一年级学生进行了问卷调查。尽管问卷调查的地域和学生人数非常有限，但是能在一定程度上反映出我们在环境道德及生态价值观教育方面存在的一些问题和不足。从掌握的统计数据看，青少年学生都有着较好的生态环保意识，但是缺少较为系统的生态价值观教育，对一些重要概念存在认知不足、理解不准的情况，这突出反映为在实践生活中往往做不到知行统一。在环保意识重要性方面，通过对调查问卷进行统计，发现97.53%的初高中学生和95.23%的大学生都承认树立环保意识非常重要。

针对生态价值观的相关问题，主要以吉林大学的部分大学一年级学生为调查对象，发放调查问卷1000份，收回有效问卷938份。通过问卷统计可以发现，大学生对生态价值观的基本内容有不同程度的理解和认知，其中持有传统人类中心主义价值观的只占4.77%，认同应该对学生开展生态价值观教育的占96.87%。在生态价值观教育的意义和作用方面，参加问卷调查的学生中，44.84%的学生认为生态价值观教育有助于自身修养和素质的提高；50.70%的学生认为从长远看，生态价值观教育有利于改善生态环境。同时，我们也发现89.36%的学生认为学校不重视生态价值观教育，不仅在理论教学方面缺少系统的相关课程，而且也缺少相关的实践教学环节。从学生自身角度看，35.88%的学生对生态价值观教育不感兴趣，但是98.70%的学生认为生态价值观教育关乎我国生态文明建设的顺利实施。①

尽管上述调查因人数和范围的限制具有一定的局限性，但是在一定程度上反映出我们在生态价值观教育方面存在的问题和不足，同时也为我们进一步深入探究生态价值观的养成提供了一些有益的致思理路。当前，在美丽中国建设的新发展阶段，绿色发展理念视域下生态价值观的养成不仅表征在生态治理现代化、环境法治体系建设、经济发展模式和生产生活方式绿色化等方面，而且更为突出地表现在环境道德教育上，尤其是针对实践主体人性和人格的生态涵养及培育。具体而言，生态价值观的养成主要有

---

① 针对山西省中小学生的问卷调查，系作者指导的硕士研究生完成，并最终形成题为《我国中学环境道德教育问题研究》的硕士学位论文。

两条基本进路：一是在社会实践层面上，主要指生态价值观在社会经济生活建设和发展过程中的现实应用；二是在实践主体层面上，主要是指在环境道德教育中，基于生态价值观的社会实践主体人性的生态化和生态人格的培育。

第一节　基于绿色发展理念的环境道德教育

自党的十八届五中全会提出绿色发展理念，这一新发展理念便被视为引领现代化建设新格局的基本理念，至此，绿色已经成为我国生态文明建设的基调和底色。而生态文明建设既是一个重大的理论问题，同时也是一个重大的实践问题，其直接关乎人民对美好生活的向往能否实现。正如党的十九大报告所指出："我们要建设的现代化是人与自然和谐共生的现代化，既要创造更多物质财富和精神财富以满足人民日益增长的美好生活需要，也要提供更多优质生态产品以满足人民日益增长的优美生态环境需要。"① 对于任何一个社会而言，其生态良好、环境优美、适宜居住的状态的呈现，不仅需要社会经济发展模式、生产生活方式、科学技术以及法制法规走绿色化道路，而且需要全体社会成员共同营造、共同努力、共同爱护，简单讲，就是大家要以正确的伦理观念和价值观为引导去看待自然，规范自己的行为，自觉爱护环境。所以，在绿色发展理念视域下，如何培养公众的生态文明意识、生态伦理观念、生态价值观念已然成为当前环境道德教育面临的现实问题。

一　绿色发展理念：环境道德教育的理念指引

在道德教育领域，环境道德教育作为一个新兴分支，是人们立足于教育本身为解决日渐严重的生态危机所进行的一次有益性尝试。在环境道德教育提出之前，20世纪中叶，西方发达国家的教育界就已经开始关注环境教育问题。1968年，在巴黎召开的世界生物圈大会上，联合国教科文组织呼吁全球建立进行环境知识、环境技能教育协调的专门机构。这是该组织首次在公开场合提出环境道德教育的问题，其目标是要在全球范围内唤醒、

---

① 《十九大以来重要文献选编》（上），中央文献出版社，2019，第35页。

激发社会公众的环境意识。1970 年，联合国教科文组织对环境教育进行了明确界定，并且这一界定获得了大家的普遍认同和广泛接受。1972 年，在斯德哥尔摩召开的首次世界性环境会议上，不仅环境教育被正式命名，而且会议阐释了对社会成员进行环境教育的必要性和重要性。

所谓的环境教育，是指"一个认识价值和澄清观念的过程，这些价值和观念是为了培养、认识和评价人与其文化环境、生态环境之间相互关系所必需的技能和态度。环境教育还促使人们对环境质量相关的问题作出决策，并形成与环境质量相关的行为准则"。[①] 通过上述诠释，我们可以看出，环境教育的宗旨和目标是通过教育手段来帮助人们正确理解人与自然的关系，重新启蒙人们的生态意识，确立合理的生态价值取向，并以此来规约人们的行为活动，使人们能够由衷地尊重自然、关爱自然、保护自然，自觉参与环境保护事务，进而为解决日益严重的生态环境问题贡献自己的力量。

关于环境教育的分类，刘湘溶教授认为环境教育可以细分为狭义的和广义的，并将狭义的环境教育理解为"环境专业教育"，将广义的环境教育理解为"环境社会教育"。所谓环境专业教育，是培养环境技术和环境管理所需专门人才的教育。所谓环境社会教育，是针对全体社会成员进行的环境科学、环境法和环境伦理的三位一体的教育。[②] 在核心要义上，广义的环境教育涵盖了环境道德教育，换句话讲，环境道德教育才是环境教育的精髓和实质。因为环境道德教育的根本宗旨就是要立德，而这里所说的"德"不是仅限于人与人之间的人伦道德，而是沟通人与自然关系的环境道德。

针对人是否应对自然持有伦理关怀的问题，环境道德教育给予了肯定性回答，并将人类道德关怀的范围拓展至其他物种乃至整个自然界。在自然权利上，环境道德教育强调自然具有生存权益，人类应自觉地承担对自然的责任和义务；在价值观上，环境道德教育摒弃了传统人类中心主义价值观，倡导人与自然和谐共生、绿色和发展双向互动的生态价值观。在目标宗旨上，环境道德教育是要启蒙道德主体的生态意识，重新诠释自然的

---

① 刘湘溶：《人与自然的道德话语：环境伦理学的进展与反思》，湖南师范大学出版社，2004，第 196 页。

② 刘湘溶：《人与自然的道德话语：环境伦理学的进展与反思》，湖南师范大学出版社，2004，第 197 页。

价值，重构人对自然的伦理精神。所以，激发社会公民的生态意识、培养生态伦理观、涵育生态价值观，构成了环境道德教育的基本理念及其内容。

那么，环境道德教育缘何能够成为 20 世纪以来教育领域的显学？追本溯源可以发现，从直观上看，环境道德教育缘起于已经威胁到人类可持续发展的生态危机，而生态危机背后隐含的深层根源是人类现有的信仰、道德观和价值观的危机。如今，我们立足于技术或是从经济、法律、管理的角度出发，去寻求解决生态问题的途径和方法，尽管取得了一些较为显著的成效，但是没能彻底解决环境污染、资源匮乏、生态失衡等问题。原因就在于，生态危机是因人类不恰当的行为或活动而出现，所以解决这一问题的关键在人本身，尤其是人以何种思维模式、道德观念、价值观念认知自然、诠释自然、对待自然。可以说，"缺少新的价值观念的塑造，欠缺新的生存理念的培植，缺乏新的伦理素质的养成，环境问题也许能在一时一地解决，却不可能最终普遍解决"。①

在本质上，环境道德教育就是要帮助人们重塑顺应自然、尊重自然、关爱自然的伦理观念和价值观念，以期从根本上解决旷日持久的生态环境问题。人与自然的关系问题作为生态环境的核心问题，能否真正得到解决，关键就在于人的思想理念、思维模式、价值观念、道德观念、行为方式能否重拾生态维度。人与自然之间的对立和冲突，本质上也是人与人的矛盾和冲突。正如马克思所言，"人对自然的关系直接就是人对人的关系，正像人对人的关系直接就是人对自然的关系，就是他自己的自然的规定"。② 因此，要想彻底消解生态危机，首先就需要立足于人类自身寻求解决问题的策略、途径和方案。面对生态危机的持续性挑战，环境道德教育主要以生态学、系统论、复杂科学等相关科学知识为理论依托，采用内化的或导向性的方式促使社会实践主体的思想意识、价值观念、伦理理念、思维方式、行为规范实现生态性变革，进而使自然资源匮乏、生态环境污染等问题得以真正解决。为此，习近平一再强调，"要加强生态文明宣传教育，把珍惜生态、保护资源、爱护环境等内容纳入国民教育和培训体系，纳入群众性精神文明创建活动，在全社会牢固树立生态文明理念，形成全社会共同参

---

① 曾建平：《环境哲学的求索》，中央编译出版社，2004，第 252 页。
② 《马克思恩格斯文集》（第 1 卷），人民出版社，2009，第 184 页。

与的良好风尚"。①

所谓内化方式，主要是将道德观念内化为道德主体的情感、意志和信念，使之成为道德主体的行为自觉。环境道德教育就是要使道德主体接受和认同人对自然应该具有伦理关怀的理念，并进一步将其内化为自己的道德意识、良心、道德情感、道德判断等，进而使主体以生态的、道德的方式与自然进行交往。道德意识作为社会规范意识，是"关于道德的善恶的意识"，而道德的善则是实践主体（人格）"在行为中所体现的主体价值"。所以，实践主体以何种道德意识对待自然，直接规约其以何种价值观对自然进行道德判断。人的道德意识不仅能直接表征人对自然所秉持的价值观，也能为自己的行为提供规范和准则。因为"道德意识是关于行为的意识，是作为主体间的意识的社会意识，同时也是个人意识，是共同意识，同时还是实存意识"。② 道德意识作为一种规范意识，其不同于法律或习俗这些他律的社会规范意识，而是一种建基于自由意志的自律的意识。依据康德的观点，这种基于自由意志的道德意识所规约的行为是"出自义务"的行为。如果人类对自然的道德意识能够确立，那么我们对自然的行为就是"出自义务"，而并非要"尽义务"。"单纯的尽义务行为，只不过是能具有合理性而已，出自义务的行为，才可能具有德性。"③ 由此可以说，道德意识也是价值合理性和目的合理性的辩证统一。在本质上，道德意识是使人成为有德性之人的自我意识，其既可以来源于内在的道德本能，"也有在社会现实生活的经历过程中产生的道德感悟，还有接受外在道德环境的影响和教育"。④ 所以，我们不难发现，针对生态危机给人类生活带来的困境，环境道德教育能帮助人类建立关爱自然、尊重自然、顺应自然的生态道德意识。

尽管我国环境教育比西方发达工业国家开展得要晚，但是我国非常重视环境宣传和教育工作，并出台了一系列相关文件、政策和规定。就环境

---

① 《习近平关于社会主义生态文明建设论述摘编》，中央文献出版社，2017，第 122 页。

② 〔日〕小仓志祥编《伦理学概论》，吴潜涛译，富尔良校，中国社会科学出版社，1990，第 104 页。

③ 〔日〕小仓志祥编《伦理学概论》，吴潜涛译，富尔良校，中国社会科学出版社，1990，第 103 页。

④ 王孝哲：《人的道德意识的来源》，《南通大学学报》（社会科学版）2010 年第 1 期。

宣传教育事宜，1996 年 12 月我国国家环境保护局、中共中央宣传部和国家教育委员会联合印发了《全国环境宣传教育行动纲要（1996—2010 年）》（以下简称"《行动纲要》"）。面对我国工业化和城市化的快速发展所造成的环境污染和生态破坏，《行动纲要》明确指出，要通过环境宣传教育使全民都参与到环境治理和环境保护之中。为此，《行动纲要》首先指出环境宣传教育属于社会主义精神文明建设的重要组成部分，并进一步强调"环境科学知识、环境法律法规知识和环境道德伦理知识"是环境教育基本内容，其中环境道德伦理知识属于环境道德教育的核心内容。在教育范围和教育形式上，《行动纲要》明确指出，环境教育是面向全社会的教育，其对象和形式包括"以社会各阶层为对象的社会教育，以大、中、小学生和幼儿为对象的基础教育，以培养环保专门人才为目的的专业教育和以提高职工素质为目的的成人教育等 4 个方面"。其后的《全国环境宣传教育行动纲要（2011—2015 年）》则进一步着重强调要"把生态环境道德观和价值观教育纳入精神文明建设内容"。2016 年 4 月，国家颁布的《全国环境宣传教育工作纲要（2016—2020 年）》着重强调"树立和贯彻创新、协调、绿色、开放、共享的发展理念，以生态文明理念为引领"，要加强对生态文明主流价值观的研究和培养，以使全民生态文明意识能够显著提升，进而使生态文明的主流价值观被全社会所普遍接受和广泛认同。

至此，我们不难发现，环境宣传教育历来备受党和国家的重视，与此同时，党和国家针对不同历史阶段的时代特点设立了目标和任务，从而形成了独具特色的环境宣传、环境教育的理念。特别是党的十八届五中全会提出的绿色发展理念，不仅注重解决人与自然的和谐共存问题，而且为环境教育指明了方向。只有将绿色发展理念真正贯彻到宣传和教育之中，使其得到社会公众的普遍认同并成为公众道德意识的因子，才能真正使社会的发展方式、生产方式、生活方式走绿色化道路，进而使生态文明建设顺利进行，使建设美丽中国的美好愿景真正实现。而要使绿色发展理念成为当今环境道德教育的理念指引，还须深入加强生态价值观的培育。

二 生态价值观：环境道德教育的核心理念

从产生和发展来看，环境道德教育得以显现绝非偶然，它是为了应对日益严重的生态危机而顺势出现的，所以，环境道德教育的目的具有非常鲜明的时代特质，其宗旨是提高行为主体的环境道德意识和道德水平。生态危机实质是人类自身的文化发生了危机，因此要破解这一难题，首先就应该从人类自身寻找解决问题的基本进路。人类作为主体，都是在一定的目的支配下从事各种各样的实践活动，这种目的不仅直接关涉实践活动以何种形式、何种方法进行，而且直接预设了实践活动的结果。关于人类实践活动的目的性，恩格斯曾这样讲道，"在社会历史领域内进行活动的，是具有意识的、经过思虑或凭激情行动的、追求某种目的的人；任何事情的发生都不是没有自觉的意图，没有预期的目的的"。① 正是由于人类实践活动是一种具有目的性的活动，所以人以何种目的同自然进行交往直接决定着生态环境的现实境况，因为实践的目的既是实践活动的起点，同时也是实践活动结果之所在，同时其也体现着主体的道德意识、价值观念和活动意图，规约了整个活动的目标方向，预设着主体活动的方式和方法。

在人与自然的关系上，如果人类主体是以一种征服或宰治的姿态面对自然，那么人类仅仅将自然视为自己的实践活动的对象（客体），简单讲，就是人类将自然视为为实现自己的目的可以任意加以利用的对象、材料或者工具。在这种观念主导下的人类实践活动，往往是将自然排除在人类道德关怀的范围之外。至此，早期人类所赋予自然母亲形象的道德象征意义、价值意蕴消失殆尽。总体上看，在人类社会工业化的阶段，这种将自然从人类道德关怀的对象中排除的观念突出地表现在那一时期人类所持有的价值观念上。当时的人们信奉以人为中心的价值观，认为只有人才是拥有自身善的道德主体，人的利益和需求是衡量其他存在物价值的唯一尺度。所以，传统工业社会的经济生产活动所追求的目标，就是最大限度地满足人们的物质欲求，由此形成了大量消费—大量生产—大量废弃（污染）的经济发展模式。而自然资源是人类进行生产活动不可缺少的物质基础和前提条件，没有大自然无偿提供的劳动对象就没有人类的生产活动。因为"正像劳动的主体是自然的个人，是自然存在一样，他的劳动的第一个客观条件表现为自然，土地，表现为他的无机体；他本身不但是有机体，而且还是这种作为主体的无机自然"。② 所以说，生态环境的优劣不仅关涉每个人

---

① 《马克思恩格斯文集》（第4卷），人民出版社，2009，第302页。
② 《马克思恩格斯文集》（第8卷），人民出版社，2009，第138页。

的生活品质，更是关乎整个人类的生存发展。"生态兴则文明兴，生态衰则文明衰。"具体而言，在价值观视域下从事实践活动的主体的价值取向直接关涉了生态环境的当下及其未来。

在以传统人类中心主义价值观为主导的工业文明时代，大量消费、大量生产、大量浪费、大量污染是社会经济生产生活最显著的特点，物质财富增长的快慢成为衡量社会进步的标准和尺度。在这种观念的主导下，人们为了满足自己的物质欲求不断毫无节制地向自然索取，并且是以牺牲生态环境的方式来维持社会物质财富的增长，其结果是全球性生态灾难层出不穷、社会环境日益恶化。自20世纪30年代开始，严重危及人类生命的环境灾难在全球范围内不断出现。1930年冬天，比利时马斯河谷发生了毒烟雾事件，一星期内相继有60多人因毒烟雾而失去宝贵的生命。20世纪30年代，席卷美国西部大草原的漫天黄沙，如滚滚黑云，遮天蔽日，把备受经济大萧条折磨的人们再次推向了深渊，人们被迫离开自己生活已久的故土和家园。而当时人们过度迷信科技的力量，认为随着科学技术的不断进步，威胁自己生活的各种生态问题就能得以解决，可是现实却给了人们当头一棒。

在反思美国20世纪30年代沙尘暴背后的成因时，美国著名的生态史学家唐纳德·沃斯特将其归咎于人类价值观发生了异化，异化成为"资本主义精神所教导的生态价值观"。这种异化的价值观包括以下几点内容：第一，自然必须被当作资本。自然被视为一笔经济财富，可以成为利益和特权的源泉以及创造更多财富的工具。树木、野生动物、矿产、水以及土壤，都只不过是既可以开发也可以被运载的商品，因为它们的归宿就在市场。第二，为了自身不断进步，人有一定的权利甚至是义务去利用这个资本。资本主义文明是一种急于向最大极限发展的文明，总是设法从世界的自然资源中获取比它昨天的所得更多的东西。第三，社会制度应该允许和鼓励这种持续不断的个人财富的增长。它应该使个人（以及由个人组成的公司）在积极利用自然时不受任何因素限制，应教导青年举止得当，保护那些成功者的收获不受损失。[①] 通过对上述内容的分析，我们可以得出这样的结

---

① 〔美〕唐纳德·沃斯特：《尘暴：1930年代美国南部大平原》，侯文蕙译，生活·读书·新知三联书店，2003，第6页。

论：生态危机是价值观念异化的结果，实质是人的问题，因此只有变革人类自身的观念，才能为真正解决这一问题开辟道路。正是基于此，20 世纪中叶，西方一些发达的工业国家开始醒悟，倡导环境教育，力图通过对公众进行环境知识、生态意识、环境道德等方面的教育宣传，从根本上解决越来越严重的环境污染问题。

在内容的构成上，环境道德教育非常重视以下几个方面的内容：环境知识体系教育、环境法治体系教育、生态价值观教育、环境义务观教育、环保技能教育等等。在知识体系方面，环境道德教育强调对受教育者展开环境科学知识、生态学知识，以及复杂科学、系统科学方面的相关知识和理论的教育，其目的是让社会大众能够从科学视角去了解自然的奥秘，掌握自然的客观规律，透彻理解自然生态环境对人类的终极意义。在认识论上，人类的认识能力与科学技术之间是相互促进、辩证统一的关系，也就是说，科学技术的进步可以推动人类认知水平、认识能力的提升，反过来，人类认识能力的提升又能促进科学技术不断迈上新的台阶。这也就是说，如果我们缺少生态学方面的理论知识，那么我们既不能理解人与其周围生态环境间的内在有机联系，也不能认识到环境污染、生态危机对人类生存发展的危害性。例如，人工合成的有机氯杀虫剂刚刚问世时，因其较好的杀虫效果获得人们普遍认同，人们在生产中广泛使用这种杀虫剂，但是随着时间推移和科学的进步，人们发现看似给人类带来福祉的杀虫剂却严重危及了人类及其他物种的健康，对人类的生存发展具有潜在的危害。"从任何一种角度上来说，科学都是人类认识他们生活于其中的世界性质的工具，是从根本上指导人类在那个世界上的行为的知识，尤其在与生态圈的关系上。"① 因此，在知识背景方面，环境道德教育通过宣传教育为公众提供认识自然、了解自然客观规律的学习平台，以便为公众的实践活动提供真理原则，使公众依据客观规律行动。

在环境法治体系方面，环境道德教育的主要任务是让社会公众了解环境法律法规的相关知识，并进一步培养公众的守法意识，以便使其自觉以环境法律法规来约束自己的行为，从而实现对环境的法律保护。目前，在社会生活方面，不懂法、不守法是很多环境污染问题出现的现实原因之一。

---

① 〔美〕巴里·康芒纳：《封闭的循环》，侯文蕙译，吉林人民出版社，1997，第 91 页。

除此之外，环境法治体系的不完善、不完备，环境监管不严、力度不足是环境污染行为屡禁不止的制度原因之一。在生产经营活动中，一些企业不仅只是注重自身的经济效益，忽视社会效益和生态效益，而且法律意识淡薄，往往置法律规定于不顾，想尽一切办法逃避责任和义务，不愿为防污、治污投入精力和财力。针对这一现实状况，《中共中央关于坚持和完善中国特色社会主义制度 推进国家治理体系和治理能力现代化若干重大问题的决定》提出了"坚持和完善生态文明制度体系"的四条制度原则：一是"实行最严格的生态环境保护制度"；二是"全面建立资源高效利用制度"；三是"健全生态保护和修复制度"；四是"严明生态环境保护责任制度"。①

就法律、制度和教育三者的关系而言，法律是制度体系得以构建的基本保障，教育是提升社会公众法律意识的基本手段。所以，环境道德教育非常重视对社会公众进行环境法律法规的宣传和教育。但是，环境法律法规能贯彻和执行到何种程度，取决于其实施者和执行主体的思想道德水准。从道德与法律的关系看，法律的价值合理性是道德所赋予的，道德是法律的内在化。所以，环境法治体系建构的价值合理性由生态伦理、环境道德来保障，而环境法律法规贯彻执行到何种程度会受到实施主体价值观念的影响和制约。在环境立法和实施过程中，人们不是主观随意地对法律法规进行制定和修改，而是依据科学事实在正确价值观指导下以公平公正为基本原则。

在1997年的世界环境日，联合国环境规划署指出，不能将生态危机仅仅归咎于人类无限增长的物欲和对科技进步的盲目自信，而要深刻认识到其更深层次的根源在于我们现行的价值观体系出现了生态缺位。随后发表的《关于环境伦理的汉城宣言》指出："我们必须认识到，现在全球环境危机，是由于我们的贪婪、过度利己主义以及认为科学技术可以解决一切的盲目自满造成的，换句话说，是我们的价值体系导致了这场危机。如果我们再不对我们的价值观和信仰进行反思，其结果将是环境质量的进一步恶化，甚至最终导致全球生命支撑系统的崩溃。"② 尽管处理生态环境问题离

---

① 《中国共产党第十九届中央委员会第四次全体会议文件汇编》，人民出版社，2019，第52~54页。

② 许鸥泳主编《环境伦理学》，中国环境科学出版社，2002，第270页。

不开相应的知识和技术，但是更需要以正确的生态价值观为价值引导来规范实践主体的观念、态度和行为，使其能够以一种生态的、环保的、道德的方式进行生产和生活。从价值观的理论特质上看，人类个体的价值观的确立和养成涉及文化、社会、家庭多方面因素，但是文化教育在其中所起的作用最不容忽视。

在教育性质及其目的方面，反映环境道德的生态价值观本身就是环境道德教育的基本理念和核心内容。如果道德教育的目的在于培养人的道德意识、道德情操，那么环境道德教育的最终目的就是要培养人们的生态道德意识，以期为生态文明建设塑造具有生态人性、生态人格的实践主体。从环境道德的产生来看，我们可以发现，它是产生于自然资源短缺、环境污染等生态问题严重威胁到人类自身生存发展的特殊时期。在这一特殊时期，人类为了解决生态危机，实现自身的永续发展，力图通过环境教育使人们认识到自然生态系统的平衡和稳定对自身生存发展的极端重要性，使人们以一种生态理性的观念和生态伦理的态度看待自然、关爱自然，以绿色的、可持续的方式进行社会的生产生活，从而实现经济、社会、生态三者的和谐共生和协调发展。

三 环境道德教育与生态价值观养成的基本内容

那么，环境道德教育究竟以何为基本内容？所谓"环境道德教育内容是指体现环境道德教育目标，直接对教育客体发生作用，从而形成、发展教育客体环境道德认知、环境道德情感、环境道德意志和环境道德行为的内容总和"。① 具体而言，环境道德教育主要由生态伦理观教育、生态价值观教育和绿色发展观教育构成，其中生态价值观教育是核心内容。因为科学的生态价值观可以为我们解决生态问题提供价值预设和认知前提。环境道德教育的宗旨和目的无外乎要实现以下三点：一是培育社会公众（受教育者）的环境道德意识；二是帮助社会公众（受教育者）形成科学的生态价值观；三是使社会公众（受教育者）以正确的道德价值观念规范自己的行为活动，自动自觉参与生态治理和环境保护。

众所周知，自然是人类之母，人类是自然之子。人类作为创生万物的

---

① 柴艳萍、王利迁、王维国：《环境道德教育理论与实践》，人民出版社，2015，第205页。

大自然进化的产物，源于自然、生于自然、长于自然。离开了自然提供的生产资料和生活资料，人类难以维系自身的生存发展。所以，人类只有正确地诠释自然的价值，才能做到真正地顺应自然、尊重自然、爱护自然，而不是为了一己私利去宰治自然、破坏自然、胁迫自然。在环境道德教育中，生态价值观教育不仅可以帮助人们建立对自然的理性的、科学的、生态的价值取向，而且能使人们认知到自然生态系统对人类生存发展所具有的重要意义及价值。

生态价值观作为一种有机整体主义的价值观，其核心范畴是自然价值或生态价值。价值是一个具有多方面含义的概念，一般哲学意义上的价值是表现主客体关系的范畴。在本质上，生态价值既具有哲学上的一般意义，又独具自身所内秉的理论特质。这主要表现在三个方面：一是作为客体存在的生态价值，体现着自然对人类生存发展的有用性，即自然的工具价值；二是作为主体存在的生态价值，表征着自然具有不以人为判据的内在价值，其是源于自然内在的稳定性、创造性、整体性等；三是在人与自然关系上，生态价值能体现出人类协调自身与环境关系的伦理价值判断。

自然究竟具有何种价值的问题，长期以来是学理界争论的焦点。需要指出的是，理论界一直存有这样的错误观念：自然界仅仅具有满足人类利益和需要的工具价值，人类可以依据自身需要随意利用自然资源，因为自然资源是没有主人的，自然的价值是人类所赋予的。在西方传统文化中，自然荒野被看作是一种资源，是人类消费和生产的现实对象，换句话讲，它只有作为生产资料进入社会生产领域之后，才具有经济价值或工具价值，因为不能满足人类主体需要的自然资源就没有所谓的"价值"（特指自然对人类的功用性）。所以，美国著名的环境伦理学家罗尔斯顿认为，消解人类中心主义关于价值的预设，关键在于明确人与自然之间不是只存在所谓的资源关系。当我们将自然荒野的价值确定为一种资源价值时，它就只是为了满足人类需要而存在的自然物，人类可以在日常消费、生产活动中对其进行加工和使用而无需支付任何费用，其结果必然是自然资源、生态环境的极大浪费和严重污染。目前，现代生态学的科学知识已经证明，自然荒野以其独特的生态复杂性、生物多样性成为维持整个生态系统稳定和平衡的重要因子之一。为此，罗尔斯顿说："荒野自然是人与自然的交会之地，我们不是要走到那里去行动，而是要到那里去沉思；不是把它纳入我们的存在秩序，而是把我们自己纳入它的存在秩序中。"① 改变人们对自然价值的错误理解，正确认知自然的价值，树立科学的生态价值观，就是环境道德教育的核心内容和基本任务。为此，在环境道德教育中，要使受教育者接受科学的生态价值观，需要做到以下几点。

首先，要确立这样的观念，即大自然是价值之根、价值之源，人类价值也根源于自然。也许在很多人的固有观念里，价值是主观的、非实存的、物质的。认为离开人类这一价值的评判者自然就不具有价值的观念，其实是一种非常典型的人类中心主义的价值观念。而现代生态科学认为，有机体和环境之间应保持动态的平衡，人类的生存发展应该遵循自然规则、尊重生态规律，人类与自然之间是和谐共存的关系。人类作为有意识、有感知能力的动物并不能脱离自然而存在，而是作为生态系统中的成员存在着，人类的价值同样也不能独立于自然而存在，它是在与环境的密切联系中被建构起来的。因为自然本身并非道德中性的，自然的价值也并非仅限于满足人类的利益和需求。简单地讲，自然不仅有工具价值、外在价值，而且有内在价值或固有价值。

所谓的工具价值或外在价值，特指自然对人类的有用性，其最典型的样态就是人类主体在改造自然界的实践活动中所创造的，能满足人的衣、食、住、行、用等物质需要的经济价值。罗尔斯顿认为，经济价值是大自然的实用潜能，是一种工具价值，它揭示了作为技术加工对象的物质的某些特征，所以自然的经济价值会随着技术进步而不断发生改变。所谓自然的内在价值，是指自然因其内在固有的善而成为一个规范系统，换句话讲，自然就是自身价值的尺度。生态系统中的有机体本身就是一个由基因系统组成的规范系统，它在表现其遗传结构的物理状态的过程中，就使自己处于一个价值状态。这些有机体并不是孤立的，它们是相互联结的生命之网中的"网结"，这些活着的个体就具有某种自在的内在价值。

有机体不仅是一个价值系统，还是一个自发的评价系统。这就意味着，自然界的所有存在物，大到生态系统，小到物种、有机个体都是目的性的存在，都可以从自身来进行自我价值评价。这就意味着，各个物种的价值

---

① 〔美〕霍尔姆斯·罗尔斯顿：《环境伦理学：大自然的价值以及人对大自然的义务》，杨通进译，中国社会科学出版社，2000，第53页。

与人类的评价衡量无涉，因为它们离开人类也能生存，它们能够自己照顾自己，自为地进行它们自己的生命活动。所以，自然的内在价值是其本身固有的，是客观存在的，是维持整个系统存在和发展的善和最高价值。"当一个事物有助于保护生物共同体的和谐、稳定和美丽的时候，它就是正确的，当它走向反面时，就是错误的。"① 我们只有认同自然具有与人无涉的内在价值，才能真正理解自然共同体的价值及意义，才能由衷地爱护自然和尊重自然。生态价值观教育，使我们意识到创生万物的大自然是一切价值的根源，它是工具价值和内在价值的有机统一。

其次，通过生态价值观教育，我们不仅认知到自然价值具有的多样性，也知晓了自然价值具有一定的有限性。自然所承载的价值是丰富多样的，除了经济价值之外，还有生命价值、科学价值、审美价值等。关于自然价值的多样性，罗尔斯顿在《环境伦理学：大自然的价值以及人对大自然的义务》一书中列出了自然所承载的 14 种价值：经济价值、生命支撑价值、消遣价值、科学价值、审美价值、生命价值、多样性与统一性价值、稳定性与自发性价值、辩证价值、宗教象征价值、历史价值、文化象征价值、塑造性格价值和使基因多样化的价值。从以上的划分可以看出，罗尔斯顿并非仅从关系范畴角度来看待和理解自然的价值，而是以生态学范式将自然内蕴的价值与大自然本身所具有的功能和属性紧密关联在一起。

总体上看，罗尔斯顿是采用生态整体主义的观点来诠释自然，认为世界是一个不可分割的有机整体，人类只是这个共同体中的普通一员，而不是它的主宰。可以说，自然界对于人类而言就不再只是一个离开人类就无价值可言、取之不竭的大资源库，与此相反，自然是具有自身价值的。所以环境道德教育的一个重要任务，就是要引导人们认识到自然的外在价值、工具价值具有有限性，并在此基础上清晰把握科学技术与自然承载力的内在关联性。从两者关系看，自然的承载能力可以借助于技术进步而相应提高，但无论科技如何进步，都不可能使自然承载能力无限度增大。所以，对自然的加工与利用要以不损害自然的价值性和价值度为前提，即在地球自身承载力范围内进行实践活动，否则人类生存发展的持续性将受到不可逆的影响和破坏。因此，对社会成员进行环境道德教育既能助力于生态问

① 〔美〕奥尔多·利奥波德：《沙乡年鉴》，侯文蕙译，吉林人民出版社，1997，第 213 页。

题的解决，又能为建设生态文明提供坚实的基础。在任何一个时代，无论何种现实的社会问题，要想获得最终解决，都离不开对主体（人）的改造。同理，当今生态问题的解决也需要对作为行为主体的人进行道德教育。这种道德教育，就是"要增强全民节约意识、环保意识、生态意识，培育生态道德和行为准则，开展全民绿色行动，动员全社会都以实际行动减少能源资源消耗和污染排放，为生态环境保护作出贡献"。①

　　而就人的生态道德意识、生态道德品质而言，尊重自然、顺应自然、珍爱自然、保护自然应是其核心要义和基本内容。人对自然的伦理之情，不仅体现着自身的道德规范，而且反映了自身的最高利益。自然对人类而言，是最终的归属之地和精神家园。对自然界和生命的爱是人们保护自然环境的重要动因，人们只有对自然界和生命产生爱的情感，才会倾注自己的全部身心去认知自然之价值、体验自然之美、珍视自然之存在。承认了自然的美、价值和权益，这就意味着人类要为保护自然环境尽自己应尽之义务。我们进行环境价值观或生态价值观教育，目的就在于使人们发自内心地热爱自己赖以生存和发展的生态环境，并积极参与到保护自然的行列中来，担负起建设美好生态家园的责任和义务。人类有权利追求自身的利益，但是，人类在追求自身利益的同时，也应该意识到自己有保护自然环境的责任，在实践活动中应全力以赴维持自然生态的平衡、稳定、有序和完整。人类利益的实现和价值追求必须建立在生态平衡的基础上。人类对其利益和价值的追求不应该超出自然界所能承受的阈值，也就是不能破坏生态平衡。一旦生态平衡遭受终极性破坏，那么作为生态系统中普通一员的人类就将不复存在。自然界所能承受的生态阈值既是人类行动应遵守的共同边界线，也是人类应当共同遵循的基本伦理准则。坚持人与自然和谐发展的原则，一方面能保障人类的整体利益和长远利益，另一方面又能维持自然界的生态平衡，在发展经济的同时也兼顾好生态效益，以此就能将人类利益的实现建立在良好生态环境的基础之上。

　　对公民进行生态价值观教育不仅直接影响环境道德教育的发展程度，也直接关涉美丽中国建设的实际状况。美丽中国建设"是人民群众共同参

---

① 《十九大以来重要文献选编》（上），中央文献出版社，2019，第452页。

与共同建设共同享有的事业"①，需要我们每个公民贡献自己的绵薄之力。为此，《中共中央、国务院关于全面加强生态环境保护 坚决打好污染防治攻坚战的意见》指出，"必须加强生态文明宣传教育，牢固树立生态文明价值观念和行为准则，把建设美丽中国化为全民自觉行动"。② 作为环境道德教育核心内容的生态价值观，其生成发展根源于人类自身的需要，即源于人类对美好生态环境的需要。如今，我们处于一个价值多元化的社会，生态价值观能否得到全社会成员的认同成为社会共识，关键就在于如何对道德主体进行价值观念的涵养和培育。所谓社会共识，是指绝大多数社会成员针对某一类社会问题、具体事物或某种具体关系形成的较为一致的观念和看法，其"既是社会整体存在的基础，也是人们判断与行动的价值载体"。③从内容构成上看，社会共识能够表征出公众（主体）的价值观念、道德观念、行为规范等；在功用效能上，社会共识对维持社会秩序的稳定具有非常重要的意义和作用。

而要从根源上消解日渐凸显的生态问题，就需要全体社会成员形成尊重自然、关爱自然、推崇绿色发展的社会共识，以期为树立生态意识、培养生态价值观念、贯彻执行绿色发展理念提供强有力的支撑，从而进一步促使我国生态文明建设迈上新的台阶。生态文明作为人类文明的新样态，是对传统工业文明的现实超越，人与自然的共荣共存、和谐发展是其核心理念和价值旨归。一个社会能达至何种文明程度，不仅要看其外在的衡量标准，即科学技术发展的客观水平，更为重要的是取决于其内在尺度，即人性的发展程度。人性作为人之为人的本性，并非抽象的存在，而是具有自然的、历史的、社会的属性的现实存在。在马克思的哲学视域里，人性的生成发展有着深厚的自然根源，因为人类正是通过实践活动（劳动）在改造自然界的同时改造人自身。关于此，马克思曾说："社会化的人，联合起来的生产者，将合理地调节他们和自然之间的物质变换，把它置于他们的共同控制之下，而不让它作为一种盲目的力量来统治自己；靠消耗最小的力量，在最无愧于和最适合于他们的人类本性的条件下来进行这种物质变换。"④

---

① 《十九大以来重要文献选编》（上），中央文献出版社，2019，第506页。
② 《十九大以来重要文献选编》（上），中央文献出版社，2019，第506页。
③ 韩桥生：《道德价值共识论》，人民出版社，2015，第6页。
④ 《马克思恩格斯文集》（第7卷），人民出版社，2009，第928~929页。

前文论述中的"物质变换"实质就是人类的劳动活动，也就是人类改造自然的实践活动，并且马克思进一步预设了"物质变换"的前提，即在"最无愧于和最适合于他们的人类本性的条件"下才能实现真正的"物质变换"。那么，如何理解这一前提预设，或者说什么是马克思所说的"最无愧于和最适合于"人类自身的本性？劳动作为人的类本质，如果它是以一种最适合"人类本性"的方式使人与自然进行交往，那么人与自然才会真正融为一体，我们才能从必然王国走向自由王国，因为"这个自由王国只有建立在必然王国的基础上，才能繁荣起来"。① 马克思哲学视野里的人类本性有别于导致生态危机的贪婪的、占有性的、反生态的人性，是一种回归生态维度的人性。在工业文明之前，人性向自然而生；工业文明来临之后，人性开始向理性（工具理性）而生。在价值观上，这种向工具理性生成的人性奉行传统人类中心主义，人以一种征服者的姿态面对自然，人类成为自然的主人，自然则是人类的臣民。在这种观念主导之下，人类对自然的敬畏之心消失殆尽，其结果是人类的本性丧失了生态维度，人性迷失在无节制的物欲之中，被物所控制和奴役，这进而成为生态危机产生的人性根源。对此，要建设好生态文明就应该加强环境道德教育，尤其是要以绿色发展理念为导引对实践主体进行生态价值观培育。这不仅能为消解人与自然的矛盾和冲突提供逻辑前提，而且有助于人性的生态性复归和人格的生态化。

第二节　基于绿色发展理念生态价值观
养成的人格化诉求②

迄今为止，人类的文明大致历经了三种形态，即黄色的农业文明、黑色的工业文明和绿色的生态文明。以历史为尺度，我们不难发现，人类文明形态的更替和发展同源于人与自然关系的历史演进，两者之间具有内在逻辑一致性。古往今来，关于自然，人类一直不断追问和思索，比如什么

---

① 《马克思恩格斯文集》（第 7 卷），人民出版社，2009，第 929 页。
② 张敏：《论自然价值知性模式与人格的生态涵育》，《社会科学研究》2019 年第 5 期，第 166~170 页。

是自然、人类应如何对待自然等，对这一系列问题的回答构成了人类自然观的基本理论内容。人类的自然观并非抽象的、一成不变的，而是具体的、历史的和社会的。从原初敬畏自然到近代征服自然的观念转变，导致了人类生存环境的日益恶化，漠视自然的工业文明备受质疑，人类与自然将何去何从成为学理界关注的热点问题之一，由此促使了人类不断反思和审视自己的行为方式、思维模式、价值观念和道德理念。

无论是在人与自然的关系中，还是在任何一种文明形态的发展历程中，最离不开的就是人类及人类的活动，原因就在于我们人类居于核心地位，是作为主体而存在的。作为主体的人类，既是对象性的存在物也是自然性的存在物。说人类是自然性的存在物，是说人类是自然界长期进化的产物，"自然界是人为了不致死亡而必须与之处于持续不断的交互作用过程的、人的身体"。① 说人类是对象性的存在物，是说人类以自然为对象并在改造自然的同时表现自然的本质。简言之，人与自然互相设定、互为本位，人在改造自然中确立自身，自然本性在人类的改造活动中得以显现。马克思曾这样论述道："当现实的、肉体的、站在坚实的呈圆形的地球上呼出和吸入一切自然力的人通过自己的外化把自己现实的、对象性的本质力量设定为异己的对象时，设定并不是主体；它是对象性的本质力量的主体性，因此这些本质力量的活动也必定是对象性的。对象性的存在物进行对象性活动，如果它的本质规定中不包含对象性的东西，它就不进行对象性活动。它所以创造或设定对象，只是因为它是被对象设定的，因为它本来就是自然界。"② 为此，要正确把握人与自然的关系和人类文明形态的更替，至关重要的是理解和掌握人类的本性及个体人格，因为人性是人类生活意义、道德观念、价值观念的根基。从本质上看，人性的生态化生成和主体人格的生态完善、塑造就是源于绿色发展和生态文明发展建设的内在诉求。

作为道德产生基础的人性，它的出现源于人类对生存意义、自我观念的反思和追问，由此理解自我观念就成了理解人性的关键。所谓人的自我观念，就是"指人对自己是什么人的认识，即对自己人性的理解与把握"。③

---

① 《马克思恩格斯文集》（第1卷），人民出版社，2009，第161页。
② 《马克思恩格斯文集》（第1卷），人民出版社，2009，第209页。
③ 曹孟勤：《人性与自然：生态伦理哲学基础反思》，南京师范大学出版社，2004，第46页。

认识自我作为人的基本使命，源自人类有意识以后对自我的不断追问、反思和批判。在古希腊，这种批判和反思作为道德的源泉，表现为一种"在存在与非存在、真实与虚妄、善与恶之间的批判审辩精神"，① 而这种精神更为鲜明地表征在苏格拉底对人类本性的探究之中。尽管苏格拉底没有明确界定何谓人性，但是他对人性所涉及的基本品德，如善、公正、勇敢、节制的性质进行了分析和界定，由此拉开了道德哲学研究的序幕。

在伦理学史上，尽管不同历史时期的人们对人性的理解各有不同，但是作为道德范畴的人性，本质上与人类的宇宙论和自然观密切关联。例如，在启蒙运动之后，人的自然属性被直接理解为人的内在本质，换句话讲，人性就是人的自然性。正是"由于对宇宙存在着对立的看法，从而对人的本性也产生不同的观点"。② 而人类的本性既有自然方面的属性，也有社会方面的属性，它从来都不是理论抽象的结果，而是生成于人所处的现实境遇之中。正如马克思所言："自然界的人的本质只有对社会的人来说才是存在的；因为只有在社会中，自然界对人来说才是人与人联系的纽带，才是他为别人的存在和别人为他的存在，只有在社会中，自然界才是人自己的合乎人性的存在的基础，才是人的现实的生活要素。"③

纵观历史，不难发现人类的自我观念并非确证于自身，而是在人与自然的关系中生成、变化和发展。对此，德国哲学家恩斯特·卡西尔曾说："在对宇宙的最早的神话学解释中，我们总是可以发现一个原始的人类学与一个原始的宇宙学比肩而立：世界的起源问题与人的起源问题难分难解地交织在一起。"④ 在人类自然观由古代动物隐喻向近代机器隐喻的转变过程中，早期面向自然学习而生成的人性发生了断裂，丧失了原有的生态向度，取而代之的是人性向自身的需要和欲望生成，工具理性成为人的本质，进而使自然由人性得以生成的内在规定性转变为人类肆意掠夺和征服的对象，这必然就会导致日益严重的生存环境危机，如资源匮乏、水体污染、土地荒漠化等。在这场生态危机中，人类的自由被人自己所滥用，人们用恶对待自然，敬重自然和关爱自然的伦理观念被人们逐出自己的精神家园，人

---

① 〔德〕恩斯特·卡西尔：《人论》，甘阳译，上海译文出版社，1997，第11页。
② 〔英〕莱斯利·史蒂文森：《人性七论》，袁荣生、张薬生译，商务印书馆，1999，第8页。
③ 《马克思恩格斯文集》（第1卷），人民出版社，2009，第187页。
④ 〔德〕恩斯特·卡西尔：《人论》，甘阳译，上海译文出版社，1997，第5页。

的本质、人性发生异化。这种异化的直观表征是，人对自然的行为结果是恶的，人对自然的向善精神呈现缺失的状态。为此，人类作为文明进步的主体，其人性的生态化，即生态人性的实现和养成，不仅表征着人与自然的和谐统一，也是贯彻绿色发展理念、实现美丽中国建设的关键之一。

一　生态人性：绿色发展理念诉求的人性

作为具有实践性、目的性存在物的人，其人性及自我价值的形成并非纯粹源于自身的自然属性，而是在人类实践活动中不断生成、选择和发展的。关于人的问题或人对自我认识的问题，一直以来都是哲学探索的主要问题。人究竟是什么？这是人之为人需要解答的首要问题。对其的解答，我们既不能只给出一个抽象的理性判断，更不能将其归结为一个纯粹的事实性描述，而应该立足于自然、价值、道德、理性等维度对其进行系统探究和理论阐释。因为人不仅是自然进化的产物，同时也是社会存在物，而且"只有在社会中，人的自然的存在对他来说才是人的合乎人性的存在，并且自然界对他来说才成为人"。[①] 人性作为人的本质的内在规定性，不仅是人类善恶道德观念和价值观念的重要基础和判据，也体现着人类自身生存得更好的需求和目的。而从人性理论的自身发展脉络来看，人性并非一成不变，它是伴随着人类对自我认知的不断变化发展而逐渐内在生成的。也正是源于对自身生存终极意义、终极价值的反思和追问，人类在自我意识中形成了基本的道德理念和价值观念。

关于自我意识与人性的内在关系，黑格尔在《精神现象学》中以思辨的方式对其进行了诠释。在黑格尔否定性辩证法里，人的本质被视为抽象的、思辨的、精神的、自在自为的自我意识。这种自我意识就是对象意识的真理（本质），而"对象不过是对象化的自我意识，即对象性本身只是意识的对象，意识是对象的'真理'，对象只是意识的否定方面，它被意识所设定，并作为意识的外化和异化而存在；意识的对象尽管是意识的异化存在，但最终它仍然要被意识所扬弃，并复归到意识中去"。[②] 黑格尔对自我意识的思辨性理解使人的本质被彻底精神化和神秘化，从而使得人性所涉

① 《马克思恩格斯文集》（第 1 卷），人民出版社，2009，第 187 页。
② 曹孟勤：《马克思生态人性观初探》，《伦理学研究》2006 年第 3 期，第 97 页。

及的具体的、历史的、现实的、社会的内容都被抽象化为思辨的、精神的产物。对此，马克思曾论述道："自然界的人性和历史所创造的自然界——人的产品——的人性，就表现在它们是抽象精神的产品，因此，在这个限度内，它们是精神的环节即思想本质。"① 因此当人的本质力量被等同于"思维着的精神，逻辑的、思辨的精神"时，人类改造对象（自然）的对象性活动就不是客观的、现实的、具体的劳动，而是对象性的人自我生成的"抽象的精神的劳动"，那么这时无论是自然界还是人类生活的每个环节，就都被黑格尔视作为抽象的自我意识发展的环节。

马克思批驳了黑格尔对人类本质、人性的抽象的思辨的理解，他强调指出人类作为对象性存在物是在改造自然的社会实践活动中，也就是在劳动过程中既确立自身的内在本性，同时又使对象（自然界）的本质得以显现。所以"与黑格尔相反，在马克思那里，不是把劳动作为自我意识发展的一个环节，而是把自我意识作为劳动本身的一个本质环节。自我意识被包含在作为人的现实本质的劳动活动之内"。② 至此，我们可以发现，马克思对自我意识的理解和阐释就从根本上区别于黑格尔对自然意识的思辨性表达。在马克思的哲学视野里，自我意识的异化并非以思维和知识的形式显现，而是通过与自然的物质变换即物质生产劳动得以实现。人类作为对象性的存在物，同时也是自然存在物。当人作为主体进行改造客体的对象性活动时，人的本质规定中必然包含对象性规定，同时人的本质也是由对象所设定的。换句话讲，在人与自然的对象性关系中，人性蕴含着自然的本质规定性，人的本质规定性是由自然所设定的；同时作为对象的自然的本质规定性也是通过人表现出来的。正如马克思所言："一个存在物如果在自身之外没有自己的自然界，就不是自然存在物，就不能参加自然界的生活。"③ 基于此，我们可以发现人性的生成发展根源于自然界，确切地讲根植于人类与自然的物质变换中，并直接呈现于人类对自然的态度中。

在远古时期，人类通过探究和认识自然来了解自身，进而使人性与当时的宇宙本质合一，实质上就是要从宇宙中追溯人性的来源及其本源性根

---

① 《马克思恩格斯文集》（第 1 卷），人民出版社，2009，第 204 页。
② 邓晓芒：《马克思对"自我意识之谜"的解答》，《湖南社会科学》1990 年第 6 期，第 56 页。
③ 《马克思恩格斯文集》（第 1 卷），人民出版社，2009，第 210 页。

据。在人类初民的原始素朴状态里，主观和客观是天然合一的，因为"那时精神和自然是同一的，精神的眼睛直接长在自然中心，而意识所持的分离的观点却是脱离永恒神圣统一的原罪"。① 古希腊的宇宙生成论把自然视为一个自我运动、有着内在结构的生命有机整体。那一时期的哲学家们关于自然普遍存有这样的观念："由于自然界不仅是一个运动不息从而充满活力的世界，而且是有秩序和规则的世界，他们理所当然地就会说，自然界不仅是活的而且是有智慧的；不仅是一个自身有灵魂或生命的巨大动物，而且是一个自身有心灵的理性动物。"② 古希腊的先哲们认为，人与自然是本源相同的、不可分离的有机整体，都遵循着同一规律，无论自然的内在秩序还是人类灵魂都受着"逻各斯"主宰、控制。人的本性与自然的秩序、规律必然是内在同一的，"我们每个人的本性都是整个宇宙的本性的一部分"。③ 对此，卡西尔曾这样论述道："一个与他自己的自我、与他的守护神和睦相处的人，也就是能与宇宙和睦相处的人；因为宇宙的秩序和个人的秩序这两者只不过是一个共同的根本原则的不同表现和不同形式而已。"④ 在这种自然观和宇宙生成论指引下所生成的人类本性，必然会将自然置于自己道德情感、道德关怀的域界，其目的就是要与自然和谐共存。近代以前的科学研究就是要探究自然的内在秩序，目的就是使人类能同自然和谐相处。

自近代哥白尼的科学体系确证之后，人类对自然的理解发生了巨大转变，古希腊的物活论、宇宙本体论的自然观逐渐被人们所摒弃。尤其是随着牛顿经典力学体系的建立，机械还原论思想成为主导其他科学的圭臬，自然被视为一个由力所驱动的、死寂的物质世界，其中运动着的物质要遵循物理学的基本法则，这使自然本身固有的神秘性就此消失，充盈着自我精神的自然丧失了主体性，而被彻底客体化了。简言之，在人类自然观的历史演进中，科学扮演着不可或缺的角色，它为我们认识世界提供了真理原则。科学作为系统化的实证性知识，为人类认知自然提供了逻辑法则和方法论原则，同样也提供了能够规约人类生活目的、行为意图的价值前提

---

① 〔德〕黑格尔：《自然哲学》，梁志学等译，商务印书馆，1997，第11页。
② 〔英〕罗宾·柯林武德：《自然的观念》，吴国盛、柯映红译，华夏出版社，1999，第4页。
③ 苗力田主编《古希腊哲学》，中国人民大学出版社，1989，第602页。
④ 〔德〕恩斯特·卡西尔：《人论》，甘阳译，上海译文出版社，1997，第11页。

预设。对此，马克斯·韦伯曾明确指出："自然科学，如物理学、化学或天文学预设：在科学研究所能达到的范围以内，把握宇宙现象的最高法则，是一件值得花心力去做的事。它们把此预设当成是不证自明之理，不仅因为我们用这种知识，可以得到技术性的成果，而且，如果这类知识的追求是一项'志业'，它本身即是有价值的。"① 正是在近代自然科学的推动下，创生万物的大自然从一个备受人类敬畏的、拥有着理性和灵魂的、活生生的生命有机体，转变为一个被人类的目的和欲望所操控的、丧失了自我目的的、沉寂的宇宙机器，宇宙从一个具有神秘灵魂、自我内在生长的生命有机体蜕变成一个由恒常不变的数学法则、力学原则等控制的永动的机器。那个时期的人们持有这样一种观念，他们普遍坚信："数学理性是人与宇宙之间的纽带，它使得我们能够自由地从一端通向另一端。数学理性是真正理解宇宙秩序和道德秩序的钥匙。"②

至此，人类对自然的基本态度从敬畏自然转向了控制自然，从以动物隐喻自然逐渐走向了以机器隐喻自然，其结果必然是工具理性、理性至上原则成为人类有序生活的象征和建构自身生活的基本法则，自然由人类的精神导师转变为人类的征服对象。尤其是在康德提出内在目的论之后，人在宇宙中的主体性地位被推向极致，人心中的道德律规约了自然界的终极目的。关于此，康德说："既然这个世界的事物作为按照其实存来说都是依赖性的存在物，需要一个根据目的来行动的至上原因，所以人对于创造来说就是终极目的；因为没有这个终极目的，相互从属的目的链条就不会完整地建立起来；而只有在人中，但也是在这个仅仅作为道德主体的人之中，才能找到在目的上无条件的立法，因而只有这种立法才使人有能力成为终极目的，全部自然都是在目的论上从属于这个终极目的的。"③ 人变成了自然的立法者，自然成为只具有工具价值的供人类使用的取之不竭的资源库。在康德内在目的论的理论视野里，"自然向人生成，向人的道德生成，向人的自由生成"。④ 尽管康德的内在目的论对自然界的运动发展并没给予科学性解释，但它进一步促使人与自然的关系出现本质性断裂，随之以自然的

---

① 〔德〕马克斯·韦伯：《学术与政治》，钱永祥等译，广西师范大学出版社，2004，第174页。
② 〔德〕恩斯特·卡西尔：《人论》，甘阳译，上海译文出版社，1997，第22页。
③ 〔德〕康德：《判断力批判》，邓晓芒译，杨祖陶校，人民出版社，2002，第291~292页。
④ 邓晓芒：《马克思人本主义的生态主义探源》，《马克思主义与现实》2009年第1期，第72页。

秩序为依托而生成的人性开始转向以人的理性、欲求为基本原则而生成的人性。

在本质上，人性的法则构成了人类生活目的及意义的依据和力量来源，其一般是通过人类个体的生活方式表现出来。在这种人性论的指引之下，随着科学技术的进步，人类毫无节制地疯狂掠夺自然，来满足自己的需求、利益，其结果是对生态环境造成了前所未有的破坏，进而使人类自身的生存和永续发展受到不可忽视的威胁和损害。对此，恩格斯曾明确指出，人类对自然的征服和控制看似是人类的胜利，但是"对于每一次这样的胜利，自然界都对我们进行报复"。① 为了更好地生存和永续发展，我们必须重新审视和反思自身的本性缘何缺失了生态的向度。重拾生态向度，使人与自然真正达到本质上合一，让人性能够重新面向自然而生成，这是解决生态危机的有效途径之一。在一定意义上，人与自然的本质合一，就是贺麟先生所强调的"主客合一"。贺麟先生在《文化与人生》中指出，关于自然与人生的关系大致有四种不同的看法，其中第四种观点认为两者是主客体关系。这种主体与对象的关系，"就逻辑的意义来说，离开人生，自然就没有主体，离开自然，人生就没有对象"。② 而且在逻辑上，自然与人生的主客关系经历了三个阶段：第一个阶段是"主客混一"的阶段，如原始人思维中的主客互渗；第二个阶段是"主客分离"的阶段，这时的自然与人生是"互争主奴"的关系，"自然是人生的敌对，不是人生征服自然，就是自然征服人生"；第三个阶段是主客成功合一的阶段，其中"合一是分中之合，自我由解除自然与人生的对立中得到发展，自然成为精神化的自然，人生成为自然化的人生"。③ 在"主客合一"阶段，恰如海德格尔在《荷尔德林诗的阐释》中所指出的，圣洁美丽强大的自然是无所不在的，它在场于一切现实之物中：无论是日月星辰还是山川湖泊，无论是人类创造的诸神还是人们的实践活动都是自然的归隐之地。④ 概言之，人的内在本性是建基于自然的，自然也非纯粹的、自在的自然，而是人化的自然。

自海克尔提出生态学概念之后，尤其是随着现代生态学的日趋完善，

---

① 《马克思恩格斯文集》（第9卷），人民出版社，2009，第559~560页。
② 贺麟：《文化与人生》，上海人民出版社，2011，第125页。
③ 贺麟：《文化与人生》，上海人民出版社，2011，第126页。
④ 参见〔德〕马丁·海德格尔《荷尔德林诗的阐释》，孙周兴译，商务印书馆，2014。

人们不仅对有机体、生物链、生态系统、生物圈、生态共同体等有了较为全面深入的理解，更是逐渐认知到大自然纷繁复杂的物种、有机体和环境间是普遍联系、相互依赖、协同共生的，人类不过是自然生命共同体中的普通一员。正是借助于现代生态学内秉的整体性意蕴，我们重新认识到人与自然是共荣共生的生命共同体，这就为人性的生态化以及生态道德观念的提出提供了必不可少的科学理论支撑。所以在一定意义上，环境和生态的危机实质上就是人类本性的祛魅和异化，而正是在不断解构矛盾的过程中人类的本性才得以返魅，因此不难发现，人性的生态化复归为我们解决这一危机提供了有效途径。

就人及社会的发展而言，只有那种不以牺牲环境、破坏生态为代价的发展，才有资格被称为合乎人性的真正的发展。为此，马克思曾这样论述道："只有在社会中，人的自然的存在对他来说才是人的合乎人性的存在，并且自然界对他来说才成为人。"① 这种真正的发展，是共产主义诉求的发展，其终极目标就是人的自由而全面的发展，就是人类的彻底解放，即人与人、人与自然真正地和解。正如马克思在《1844年经济学哲学手稿》中所指出的："这种共产主义，作为完成了的自然主义，等于人道主义，而作为完成了的人道主义，等于自然主义，它是人和自然界之间、人和人之间的矛盾的真正解决，是存在和本质、对象化和自我确证、自由和必然、个体和类之间的斗争的真正解决。"② 而就人性本身的理论特质而言，确立生态意识、生态道德理念、生态价值观念是人性能够生态化复归的关键，只有发自内心体悟自然，才能真正理解人生。因为"自然是人生的本源，还有一个更重要的意义，就是自然代表人生的本然或本性"。③

纵观人类历史，无论何种文明形态的出现，其根本目的都是满足人类生存发展的需要。在现实的生活世界里，人的需求是复杂而多样的，既有物质的也有精神的，既有真实的也有虚假的，但是无论何种需求的满足都要以一定的生态资源、地理环境等自然条件为基础。而要营造一个良好的生态环境，则需全体社会成员共同努力和奋斗。在生态文明的建设中，人

① 《马克思恩格斯文集》（第1卷），人民出版社，2009，第187页。
② 《马克思恩格斯文集》（第1卷），人民出版社，2009，第185页。
③ 贺麟：《文化与人生》，上海人民出版社，2011，第124页。

们对美好生活的诉求是多层次的和多方面的，不仅限于物质富裕，更多是渴望精神富裕，这一切实现的关键就在于对社会实践主体，即公众进行文化知识、道德品德、价值观念的教育和涵养。所以人性的生态复归，即生态人性的涵育是消解人与自然的冲突和对立，坚持贯彻绿色发展理念，建设生态文明的基本要求。

二　生态价值观的涵育：人性生态化的价值根基

正是在征服自然的过程中，人性被现代性所遮蔽，而遮蔽于现代性中的人性要重新获得解蔽，就需要重新预设自然的价值前提，即重新对自然进行价值评价。近代以来，现代性最鲜明的特点就是以工具理性为主导性原则，换言之，工具理性成为人们构建生活世界的自然法则，它规约了人类生活的基本信念、价值目标、根本目的和终极意义。正是在工具理性的规约下，人类过分强调和宣扬自己的主体性，导致自身凌驾于自然之上，自然成了人类的奴仆和征服对象，这就使人类对自然的掠夺具有了合理合法性，其后果是作为社会道德、价值建构基础的人性在一定程度上陷入了危机。但是人类不能离开自然而独存于世，自然与人是本质合一的，人作为主体是以自然为对象，同时作为对象性存在物的人也是显现自然（客体）本质的对象。正如太阳与植物的对象性关系，"太阳是植物的对象，是植物所不可缺少的、确证它的生命的对象，正像植物是太阳的对象，是太阳的唤醒生命的力量的表现，是太阳的对象性的本质力量的表现一样"。[①]　因此人并非凌驾于自然之上的绝对主体，而是与自然相容的对象性存在物，本质上人与自然互为设定、互为主体。当人类的自我意识包蕴自然的本质时，自然就是人本质的异在，并且人在改造自然的历史进程中也获得自己的本质规定性。因为"人的感觉、感觉的人性，都是由于它的对象的存在，由于人化的自然界，才产生出来的"，[②]　所以人性的形成过程不仅受历史、文化和社会因素的影响，也受着不可或缺的自然因素的制约。正如贺麟所言："持自然与人生对比，更足以了解人生，人是自然的一部分，自然是全体，

---

① 《马克思恩格斯文集》（第1卷），人民出版社，2009，第210页。
② 《马克思恩格斯文集》（第1卷），人民出版社，2009，第191页。

人受大自然一切律令的支配。"①

那么，采用何种方式评价自然的价值，重新树立正确的生态意识和生态价值观念，直接关涉到人性能否从工具理性中解蔽，以便为人性的生态化复归提供价值预设前提。其原因就在于，人类评价自然的方式源于人类对自然的基本态度、人类自身的价值观念，而人类这些观念的嬗变离不开相关科学知识，特别是生态科学知识的支撑。自海克尔提出生态学之后，尤其是随着现代生态学的不断丰富和发展，人们认识到自身与自然环境之间、不同的物种间是相互依存和协同共生的关系，共同组成了一个有着千丝万缕联系的有机整体。生态学的诞生及不断发展，为我们了解自然、认知自然价值，特别是认识自然本身所固有的、不以人类利益为判据的内在价值提供了一种基于科学的认知范式，即生态学范式。以生态学为基本理论范式的自然价值知性模式，借助现代生态学内蕴的整体性原则，通过对自然价值的进化与生成以及对价值评价体系的生态性、整体性的解读和确证，为人性重拾生态的向度提供了价值认知基础。

实质上，自然价值知性模式是一种"根植于传统价值论，沿着伦理学的自然主义路线发展，力图发现自然的自在价值、内在价值"的价值认知方式。② 在生态伦理学中，一些敏感的自然主义者往往能不断地从自然中学习到、感悟到自己意料之外的事物，这是因为"他们已超越了以前那种狭隘的人类价值，转而相信自然的价值，在自然面前感到欣喜"。③ 当客观自然主义者确信自然具有自在价值时，主体与客体、生存与价值开始趋向合一。这种合一，既不是自然与人类本性无差别的混合，也不是两者之间不可调和的对立，而是"人类的精神将自然提高升华后所达到的境界"。这是因为人类已然明晰自己既是自然存在物，又是对象性存在物。实质上，人与自然是一个有机整体，人可以通过劳动实现同自然界的本质统一。因为"人作为自然存在物，而且作为有生命的自然存在物，一方面具有自然力、生命力，是能动的自然存在物；这些力量作为天赋和才能、作为欲望存在于人身上；另一方面，人作为自然的、肉体的、感性的、对象性的存在物，

---

① 贺麟：《文化与人生》，上海人民出版社，2011，第 87 页。
② 张敏：《生态伦理学整体主义方法论研究》，吉林人民出版社，2013，第 154 页。
③ 〔美〕霍尔姆斯·罗尔斯顿：《哲学走向荒野》，刘耳、叶平译，吉林人民出版社，2000，第 66 页。

同动植物一样，是受动的、受制约的和受限制的存在物，就是说，他的欲望的对象是作为不依赖于他的对象而存在于他之外的；但是，这些对象是他的需要的对象；是表现和确证他的本质力量所不可缺少的、重要的对象"。① 那么，自然作为人类欲望、需要的对象，一方面使人的内在本性在它之中得以确证，自然成为人化的自然；另一方面使人的内在本性被自然的本质规定性所设定，人具有了自然性，成为自然化的人。所以人性应该向自然而生成，人类不能按自身的欲求去设定自然的价值，要从人与生态互为本位的生态价值观，即合理的生态理性的价值观出发认知自然对自身的意义和价值，重新理解和诠释存在与价值的内在逻辑关系。

在生态文明时代，我们的现实生活世界应该是一种存在与价值合一的生活世界。这种生活世界是以基于生态学范式的价值知性模式为指引的绿色发展的世界，它反映了人类应对生态危机的超越性生存需要。生存与价值的合一，本质上体现着人类对终极关怀、终极价值的态度。就科学、伦理与价值的关系而言，人类对自己生活世界的建构离不开科学提供的真理性原则。正如美国环境科学家巴里·康芒纳所言，"从任何一种角度上来说，科学都是人类认识他们生活于其中的世界性质的工具，是从根本上知道人类在那个世界上的行为的知识，尤其在与生态圈的关系上"。② 因此，以科学的生态学为理论支撑的生活世界，对自然价值的诠释和评判就不仅仅限于纯粹的人类需求或利益的满足，而应该以人与自然生命共同体的和谐共生为基本价值原则和判据。正因为人与自然是本质合一的生命共同体，所以基于自然价值知性模式对自然价值的进化生成和自然的内在价值进行认知和评判，有利于促进人性重新面向自然、生态而生成，进而使人性的生态化能够确证和实现。因为人作为从事实践活动的主体，其本性规约了自身对终极关怀的理解，回答着我们应以何种价值观念为基本准则来导引自己的生活，所以生态人性的确证关乎生态文明的建设和发展。

事实上，生态人性所认同的自然价值是一种基于生态学认知的自然实体的内在价值，并非经济学意义上的自然价值，即自然作为客体对人类主体的效能、意义和有用性。基于生态学理论范式的自然价值知性模式，运

---

① 《马克思恩格斯文集》（第1卷），人民出版社，2009，第209页。
② 〔美〕巴里·康芒纳：《封闭的循环》，侯文蕙译，吉林人民出版社，1997，第91页。

用大量生态学知识，以有机体为例，重新诠释了自然缘何拥有不以人类利益或目的为判据的客观价值。其原因就在于，生态学的理论知识已经证明了有机体自身是一个以信息和能量为基本特征的自我维持的生命系统。为此，罗尔斯顿指出："决定有机体的行为的，即使不是感觉，也是某种比行为动因更为重要的东西。决定行为动因的是信息；缺乏信息，有机体就会崩溃为一堆散沙。"① 而任何一个有机体不仅通过与所处的环境进行能量和信息交换来保有自身的存在，而且同时会作出相关的评价，所以有机体本身就是一个价值评价系统。自然价值知性模式正是通过价值评价体系的生态化，指出自然实体的内在价值源于其固有的自然属性，而对其的认知却是由置身于生态共同体之中的评价主体完成的。

在人与自然相互依存、协同共生的生命共同体中，人类作为认知和评价的主体，与自然之间的关系不是相互孤立、隔绝的，而是相容、共存的。这就意味着人类作为具有感知能力的存在物，具有两方面的特质：一方面，人类自身源于自然，是自然界普通的生命现象；另一方面，人类的精神、行为等活动都是自然系统整体性进化的环节和部分。人的自我意识、自我价值都在与自然的交互关系中得以确立，是否具有内在价值或者理性不应该成为价值评价的唯一判据，人正是在与大自然的交往之中、同大自然的互动之中才得以实现对其的评价。正如美国著名的环境伦理学家罗尔斯顿所说："评价行为不仅属于自然，而且存在于自然之中。"②换句话而言，如果以自然价值的知性模式为评价自然价值的根基性方式，那么我们就是以一种非中立的、更深的认识世界的方法，即在生态价值观指引下对自然价值进行评价，这种评价过程如同人类的产生，都属于自然整体进化的过程。由此，在自然价值知性模式的视域里，充满创生力的大自然就被视作一个人格化的系统，其价值评价体系是进化的、生态化的，而非单纯以人为评价主体。总之，建基于自然价值知性模式的生态价值观为人们认知自然提供了理论根基，这不仅有助于我们树立正确的生态意识，从生态的、整体的视角看待自然、敬重自然、关爱自然，也表征出生态文明建设对人类主

① 〔美〕霍尔姆斯·罗尔斯顿：《环境伦理学：大自然的价值以及人对大自然的义务》，杨通进译，中国社会科学出版社，2000，第133页。

② 〔美〕霍尔姆斯·罗尔斯顿：《环境伦理学：大自然的价值以及人对大自然的义务》，杨通进译，中国社会科学出版社，2000，第277页。

体的内在诉求，从而为人性的生态化复归即生态人性的确证和实现提供逻辑前提。但是生态人性作为一种潜隐性自我，要成为一种现实性自我，就需要塑造与之相一致的、新的人格样态，即塑造涵育生态人格。

三　生态人格的涵养：人性生态化的现实具象

人性作为一种潜隐性的存在，只有通过现实具象化为人格才能显现。所谓人格，从词源来讲，古拉丁语的最初含义是指舞台剧上演员佩戴的面具。在人类历史上，面具最早出现在人类初民的图腾崇拜和祭拜祖先的仪式上，后来被用于暗喻人之为人的标准亦即人格。随着对人格研究的不断深入发展，其内涵及外延也越来越宽泛。立足于人格的原初含义，我们可以从三个维度对其加以诠释："一是人格与一定的行为表现联系在一起，人们总是通过听其言、观其行来了解、把握一个的人格，人格就是某种外显的行为模式和人物形象。二是惯常的行为与一个人的精神面貌、思想与道德境界等社会特质密切相关，人格就是人的个性与品位。三是从时间的角度看，人格是一个人的稳定的、有连续性的特性的总和。"① 简言之，人格就是对人的尊严、价值、品德和行为的概括总结，本质上表征人作为人的自我价值和根本意义，对其进行研究的学科比较多，如哲学、伦理学、心理学、人类学、法学、社会学都有对人格问题的专门研究，并形成较为系统的理论体系，如人格心理学。事实上，由于人格承载着人的价值生命，其是对主体的价值或精神的呈现，所以人格具有现实性和真实性，这些特性既可以体现在主体自身之上，也可以体现在主体与社会、自然的关系之中。

针对人格问题的研究，中西方既有相同之处，又各具特色。在中国传统文化中，人格一词在比较晚近的时期才出现，但中国传统哲学把其等同于人品、品格等，并且是通过追问如何成人或者人应践履什么样的价值观等问题来进行探究。关于此，张岱年曾这样表述："人格，古代称之曰人品，是中国古典哲学的一个中心问题"，例如"孔子及其弟子有关于'成人'的讨论，所谓成人即是完备的人格"。② 简言之，中国传统文化所诉求

① 柴艳萍、王利迁、王维国：《环境道德教育理论与实践》，人民出版社，2015，第167页。
② 张岱年：《中国国学传统》，北京大学出版社，2016，第11页。

的完备人格是具有高尚精神境界的崇高人格。在西方中，针对人格问题展开较为系统研究的主要集中在社会学、心理学、伦理学和哲学领域，并且形成了众多的观点和理论。在古罗马时期，著名的政治家、哲学家西塞罗认为，一个人的人格主要体现在这样几个方面：他的社会角色、社会身份、社会声望、别人对他的看法、他的品行和尊严。^① 在心理学中，人格被理解为潜在的人性的外在显现，它涵盖了人的欲望、需求、动机、信念、心理过程、心理特征和心理状态等多方面的内容。从总体上讲，近代以来心理学格外重视研究人格及其相关问题，但是并没有形成一个系统的人格理论。

而西方传统伦理学是基于个体角度，把人格理解为一个人作为人的伦理尊严、道德品性、道德价值的总和，即他的道德规定性，简单讲，就是道德人格。道德人格的形成与道德主体对人生的价值与意义、道德责任与义务的认识，与其对行为方式的选择以及对理性人格的追求等有直接的关联，所以道德人格具有较为明显的目的性和主体性。但决定人格特质的基础是社会关系，所以道德人格又具有一定的客观性。人生于自然，存在于社会。对此，马克思曾明确指出："人的本质不是单个人所固有的抽象物，在其现实性上，它是一切社会关系的总和。"^② 正因为人是现实的人，所以作为实践主体的人，其人格必然具有鲜明的时代性。所以，社会学家对人格问题的研究，主要是立足于一定的历史境遇，通过对人类主体自我意识的形成与当下所处环境之间关系的研究，深入探究人格的塑造和涵养培育。要而论之，任何一种样态的人格都内秉着自己时代的环境、经济、文化等各个方面的因素。如今面对亟待解决的生态危机，我们提出要走人、自然、社会三者和谐发展的、绿色的生态文明道路。

关于生态与文明发展的关系，习近平总书记明确指出："生态兴则文明兴，生态衰则文明衰。生态环境是人类生存和发展的根基，生态环境变化直接影响文明兴衰演替。"^③ 而怎样建设生态文明，如何建设好生态文明，除了制度体系和总体规划设计等因素外，至关重要的是人作为生态文明建设的主体是否具有与之相适应的人性和健全的人格。因为与黑色的工业文

---

① 参见彭立威《马克思人格观的生态蕴含》，《当代世界与社会主义》2012 年第 4 期。
② 《马克思恩格斯文集》（第 1 卷），人民出版社，2009，第 501 页。
③ 《十九大以来重要文献选编》（上），中央文献出版社，2019，第 444 页。

明相耦合的、理性至上的、漠视自然的人性或人格模式，已经不能适应生态文明发展对建设主体的人性和人格的要求。那么，什么是生态人格？美国环境伦理学家罗尔斯顿提出，自然本身就是一个人格化的系统，生态的人格就是"一种自在的善，是自然在向文化演进的过程中所结出的一个重要果实"。① 关于生态人格，国内学界大致有以下几种观点：一是把生态人格理解为生态文明发展所需的新型人格范式，是生态文明发展所诉求的目标人格；二是认为生态人格是一个由人的生态道德情感、生态意识、生态价值观念和生态行为等构成的多层次的、复杂的系统结构；三是从文明建设的主体角度，把生态人格界定为在道德理念、思维模式、生存原则和行为方式等方面都具备生态意识的生态文明建设的主体；四是针对生态人格的内涵，提出它所具有的基本特征，即"科学精神和人文精神的统一、道德他律和道德自律的统一、生态智慧和生态体验的统一、生态尺度和心态尺度的和谐统一"。②

概言之，所谓生态人格是指："个体人格的生态规定性，是伴随着人类对人与自然关系的反思以及生态文明的发展，基于对人与自然的真实关系的把握和认识而形成的作为生态主体的资格、品格和规格的统一，或者说，是生态主体存在过程中的尊严、责任和价值的集合。"③ 所以说，生态人格就是我们面对环境危机为解决矛盾所产生的一种生存需要在道德人格上的诉求，它以个体的生活方式、价值观念、道德行为、道德情感、道德意志、道德认知以及主体间道德关系等来表征其所处时代的特点。在功能作用方面，生态人格具有内在逻辑一致的内外两种职能。生态人格对内的职能在于对自身的行为动机、价值取向、情感体验和认知方式进行规约，以便使其符合生态道德的要求。生态人格对外的职能主要是强调实践主体在适应和改造自身居于其中的自然环境时，要用生态道德意识、生态价值观念等规约自己的行为活动，其根本宗旨是促进人与自然和谐共存、协调发展。

---

① 〔美〕霍尔姆斯·罗尔斯顿：《环境伦理学：大自然的价值以及人对大自然的义务》，杨通进译，中国社会科学出版社，2000，第485页。
② 曾建平、黄以胜、彭立威：《试析生态人格的特征》，《中南林业科技大学学报》（社会科学版）2008年第4期，第5页。
③ 彭立威：《生态人格塑造的实现路径》，《吉首大学学报》（社会科学版）2011年第3期，第166页。

那么，怎样才能使生态文明建设的主体具备生态人格？对此，我们应立足于生态人性，从人性与人格的关系出发，探究生态人格的形成和涵养培育。

就人性与人格的关系来看，两者在逻辑上是内在一致的，人性是人格形成和建构不可或缺的基础。人性作为人的潜隐性自我，其现实具象化的结果就是外显为人格。对此，学者江畅认为，人性是人的潜在自我，"这种潜在自我的现实化，就是一个人的现实自我，现实自我就是一个人的人格"。① 所以说，人性是具体的、历史的、现实的，它在解决现实矛盾过程中逐渐生成，因而凸显了鲜明的时代特征。生态环境的不断恶化对人类生存发展造成的严重威胁，使我们对生于斯、长于斯的自然所持有的基本理念发生了根本性转变，开始逐渐从征服自然转向尊重、关爱自然。基于此，近代以来面向工具理性而生成的人性借助生态学范式开始重拾生态维度，即生态人性得以确证，并且通过人类主体以生态人格的方式呈现和表征。但在此需要明确一点，即以生态学为理论范式的生态人性有别于原初向自然神性而生成的人性，生态人性是建立在科学的理论基础之上的。

实质上，生态人性的形成，一方面源于人内在的自我意识对自身如何更好生存发展的批判性反思；另一方面是人类文明形态的嬗变在人之本性上的表征。就生态人格而言，其生成和发展与生态人性密切关联，可以说人与自然本质合一的生态人性为生态人格的生成和发展提供了阈限和基础。究其原因，不难发现：一方面，为人性生态化复归提供价值认知基础的自然价值知性模式同时提供了判断生态人格的价值标准；另一方面，生态人性内在所蕴含的生态道德自律、生态意识、生态情感及生态体验也为生态人格的涵育提供了逻辑前提和理论基础。所以说，生态人格作为道德人格的新样态，恰恰反映了生态文明的建设和发展对主体人性生态化的迫切需求。生态人格之所以生成，缘于道德主体对自身生态人性、生态价值观念的不断完善和提升。在一定意义上，生态人格就是生态人性的现实具象。

---

① 江畅：《论人性与人格》，《江汉论坛》2012 年第 7 期，第 36 页。

结语　对自然价值的沉思

　　人生于自然、长于自然，自然是人类的生存家园和精神家园。古往今来，创生万物的大自然被无数的诗人和思想家视为万物之根基和人类心灵的慰藉之地。德国浪漫主义诗人诺瓦利斯曾说："当大自然最奥秘的生命充盈人的心灵时，谁不心旷神怡？"① 诚如诗人荷尔德林所言，我们应该"在人类与自然的关联中来命名人类"。荷尔德林的诗歌深深地影响了伟大的哲学家海德格尔，海德格尔说："诗人的天职是还乡，还乡使故土成为亲近本源之处。"② 可以说，人是诗意地居于大地之上，因为诗的本质就在于见证了人与大地的归属关系。

　　伟大的哲人们用优美且富有深意的诗话勾勒出人源于自然、存于自然、和谐的情境，但如今，这幅美丽的世界图景却与人类视野的地平线渐行渐远。哲人卢梭曾经说过："大自然向我提供一幅和谐和融洽的图像，人所呈现的景象却是混乱和困惑！自然要素之中层面协调，而人类却在杂乱无章中生活。"③ 那么，是什么导致了人类与自然的渐行渐远？究其根源，我们可以发现，问题的答案就在于人类本身——科学技术的进步一方面使人类的认识水平不断提高、实践能力不断增强，另一方面也推进了人的思想理念、道德观念、价值观念、行为模式等发生这样或那样的转变。

　　纵观历史，我们不难发现，每一次人类自然观念的根本性转变，其结果都是人类价值观念相应出现变革。迄今为止，人类的自然观大致有三种，

---

① 〔德〕狄特富尔特、〔德〕瓦尔特编《哲人小语——人与自然》，周美琪译，生活·读书·新知三联书店，1993，第 14 页。

② 〔德〕海德格尔：《人，诗意地安居》，郜元宝译，张汝伦校，广西师范大学出版社，2002，第 69 页。

③ 〔德〕狄特富尔特、〔德〕瓦尔特编《哲人小语——人与自然》，周美琪译，生活·读书·新知三联书店，1993，第 14 页。

即古代有机论自然观、近代机械论自然观和现代生态自然观。在对自然的价值取向上，三种自然观有着截然不同甚至完全相反的态度和观念。脱胎于神话自然观的古代有机论自然观是以一种敬畏的态度面向自然而内在生成其对自然的价值意识，而建基于牛顿—笛卡尔理论范式的近代机械论自然观则用征服替代了敬畏，使人对自然的价值取向发生了本质性改变，至此以人类为中心征服自然的价值观念得以确立。

在机械论自然观的主导下，尽管人类借助科技的力量创造了巨大的物质财富，但是也给自然带来了前所未有的破坏。绿色青山成了不毛之地，漫天黄沙遮云蔽日，如鸣佩环的溪流变得污浊不堪，生机勃勃的大地变得一片死寂；环境的污染、资源的短缺限制了人类的生存，影响了人类的发展，日益凸显了人与自然的冲突和对立。不堪重负的自然向人类敲响了警钟，告诫人类不应沉醉于对自然的掠夺和征服，因为自然终将反噬人类。正如恩格斯所言，人类对自然界的每一次胜利，自然界都会对我们进行报复。[①] 那么，人与自然的关系将何去何从？事实上，消解人与自然的矛盾冲突，关键还在人类自身，简单讲，就是人类以何种道德姿态面对自然，以何种价值观念诠释自然，以何种方式变革自然。

从人的价值观念的形成和发展来看，其并非源于人自身的纯粹的本能，而是由一定社会的现实物质条件所决定的。对于任何一种社会而言，其文化体系的内核、思想精神的灵魂是起主导作用的核心价值观。因为价值观能为社会提供最基本的价值判断原则和道德规范。无论是何种类型的文明或社会，其能否建设得更好或具体目标能否实现，关键是看以什么样的价值观为指导。因此，就任何一种社会的建设而言，其主流价值观不仅关乎怎样建设，即建设的目的、目标、规划和政策的价值旨归，也是人类主体的信仰、信念和理想的理论依据。而就价值观的构成来看，其是一个复杂且庞大的结构体系，生态价值观是其中很重要的一个分支。在广义上，生态价值观的核心内容是自然价值或生态价值的确论问题。生态价值是一个新的概念，在其被提出之前，"生态"和"价值"本来并无直接关联，它们是分属于两个完全不同领域的概念，即自然科学和社会科学。

要言之，生态价值作为由"生态"和"价值"有机结合的复合概念，

---

① 《马克思恩格斯文集》（第9卷），人民出版社，2009，第559~600页。

其能走进人们的视野并获得大家的普遍认同，可以说，本质上是人们对亟待解决的生态危机的一次伦理告白和价值追问。从人类的价值意识的形成发展来看，任何一种价值观念的显现都不能缺少一定的理论作为支撑，从而使其具有自身独特的理论特质。但是，任何价值观念都不是抽象的、思辨的理论，而是对现实的表达，所以具有一定的情境性和普遍性。因此，我们不能把生态价值概念简单理解为"生态"和"价值"的机械式叠加和组合，而应从人与自然关系的角度出发来加以诠释和界定。面对日渐匮乏的自然资源和日益凸显的生态危机，人类开始不断反思自己的活动对自然造成的破坏和影响，重新审视人与自然的关系，追问自己到底应以何种道德观念去审视自然，以何种目的去诠释自然的价值。本质上，这一概念的提出是学理界从价值观、价值哲学角度为解决生态危机进行的一次非常有意义的理论探索。

参考文献

一 著作

[1]《马克思恩格斯文集》(1~10卷),人民出版社,2009。

[2]《马克思恩格斯全集》(第1卷),人民出版社,1956。

[3]《马克思恩格斯全集》(第12卷),人民出版社,1965。

[4]《马克思恩格斯全集》(第42卷),人民出版社,1979。

[5]恩格斯:《自然辩证法》,人民出版社,1984。

[6]《邓小平文选》(第2卷),人民出版社,2009。

[7]《江泽民文选》(第2~3卷),人民出版社,2006。

[8]《胡锦涛文选》(第2~3卷),人民出版社,2016。

[9]《十七大以来重要文献选编》(中),中央文献出版社,2011。

[10]《习近平关于协调推进"四个全面"战略布局论述摘编》,中央文献出版社,2015。

[11]《十八大以来重要文献选编》(上),中央文献出版社,2014。

[12]《十八大以来重要文献选编》(中),中央文献出版社,2016。

[13]《十八大以来重要文献选编》(下),中央文献出版社,2018。

[14]《中国共产党第十九届中央委员会第四次全体会议文件汇编》,人民出版社,2019。

[15]中国环境科学研究院、武汉大学环境法研究所编《中华人民共和国环境保护研究文献选编》,法律出版社,1983。

[16]国家环境保护总局、中共中央文献研究室编《新时期环境保护重要文献选编》,中央文献出版社、中国环境科学出版社,2001。

[17]《中国21世纪议程——中国21世纪人口、环境与发展白皮书》,中国环境科学出版社,1994。

[18]《中共中央关于制定国民经济和社会发展第十三个五年规划的建议》，人民出版社，2015。

[19]〔美〕德尼·古莱：《发展伦理学》，高铦、温平、李继红译，社会科学文献出版社，2003。

[20]〔美〕霍尔姆斯·罗尔斯顿：《环境伦理学：大自然的价值以及人对大自然的义务》，杨通进译，中国社会科学出版社，2000。

[21]〔美〕霍尔姆斯·罗尔斯顿：《哲学走向荒野》，刘耳、叶平译，吉林人民出版社，2000。

[22]〔德〕海德格尔：《人，诗意地安居》，邬元宝译，张汝伦校，广西师范大学出版社，2002。

[23]〔美〕巴里·康芒纳：《封闭的循环》，侯文蕙译，吉林人民出版社，1997。

[24]〔美〕彼得·S.温茨：《现代环境伦理》，宋玉波、朱丹琼译，上海人民出版社，2007。

[25]〔日〕岩佐茂：《环境的思想：环境保护与马克思主义的结合处》，韩立新、张桂权、刘荣华译，中央编译出版社，1997。

[26]〔美〕戴斯·贾丁斯：《环境伦理学》，林官明、杨爱民译，北京大学出版社，2002。

[27]〔美〕尤金·哈格洛夫：《环境伦理学基础》，杨通进、江娅、郭辉译，重庆出版社，2007。

[28]〔美〕奥尔多·利奥波德：《沙乡年鉴》，侯文蕙译，吉林人民出版社，1997。

[29]〔美〕纳什：《大自然的权利：环境伦理学史》，杨通进译，梁治平校，青岛出版社，1999。

[30]〔美〕唐纳德·沃斯特：《自然的经济体系——生态思想史》，侯文蕙译，商务印书馆，1999。

[31]〔美〕卡洛琳·麦茜特：《自然之死——妇女、生态和科学革命》，吴国盛等译，吉林人民出版社，1999。

[32]〔英〕罗宾·柯林武德：《自然的观念》，吴国盛、柯映红译，华夏出版社，1999。

[33]〔美〕赫尔曼·E.戴利、肯尼思·N.汤森编《珍惜地球：经济

学、生态学、伦理学》，马杰等译，商务印书馆，2001。

[34]〔英〕迈克·费瑟斯通：《消费文化与后现代主义》，刘精明译，译林出版社，2000。

[35]〔美〕马克·A.卢兹、〔美〕肯尼思·勒克斯：《人本主义经济学的挑战》，王立宇、栾宏琼、王红雨译，西南财经大学出版社，2003。

[36]〔英〕泰勒主编《从开端到柏拉图》，韩东晖等译，中国人民大学出版社，2003。

[37]〔美〕迈克尔·赫茨菲尔德：《人类学：文化和社会领域中的理论实践》，刘珩、石毅、李昌银译，华夏出版社，2009。

[38]〔法〕塞尔日·莫斯科维奇：《还自然之魅：对生态运动的思考》，庄晨燕、邱寅晨译，生活·读书·新知三联书店，2005。

[39]〔法〕阿尔贝特·施韦泽：《文化哲学》，陈泽环译，上海人民出版社，2008。

[40]〔日〕小仓志祥编《伦理学概论》，吴潜涛译，富尔良校，中国社会科学出版社，1990。

[41]〔法〕让-皮埃尔·韦尔南：《神话与政治之间》，余中先译，生活·读书·新知三联书店，2005。

[42]〔法〕让-皮埃尔·韦尔南：《希腊思想的起源》，秦海鹰译，生活·读书·新知三联书店，1996。

[43]〔德〕海德格尔：《荷尔德林诗的阐释》，孙周兴译，商务印书馆，2002。

[44]〔德〕兰德曼：《哲学人类学》，阎嘉译，贵州人民出版社，2006。

[45]《旧约全书·创世纪》，中国基督教协会，1994。

[46]〔英〕劳埃德：《早期希腊科学：从泰勒斯到亚里士多德》，孙小淳译，上海科技教育出版社，2004。

[47]〔美〕弗·卡普拉：《转折点——科学、社会、兴起中的新文化》，冯禹、向世陵、黎云编译，中国人民大学出版社，1989。

[48]〔英〕莱斯利·史蒂文森：《人性七论》，袁荣生、张巽生译，商务印书馆，1999。

[49]〔德〕马克斯·韦伯：《学术与政治》，冯克利译，生活·读书·新知三联书店，2005。

［50］〔美〕大卫·福莱主编《从亚里士多德到奥古斯丁》，冯俊等译，中国人民大学出版社，2004。

［51］〔德〕狄特富尔特、〔德〕瓦尔特编《哲人小语——人与自然》，周美琪译，生活·读书·新知三联书店，1996。

［52］〔古希腊〕柏拉图：《理想国》，郭斌和、张竹明译，商务印书馆，2002。

［53］〔美〕保罗·泰勒：《尊重自然：一种环境伦理学理论》，雷毅等译，首都师范大学出版社，2010。

［54］〔美〕E.P.奥德姆：《生态学基础》，孙儒泳等译，人民教育出版社，1981。

［55］〔德〕康德：《判断力批判》，邓晓芒译，杨祖陶校，人民出版社，2002。

［56］〔美〕汤姆·L.彼彻姆：《哲学的伦理学——道德哲学引论》，雷克勤等译，中国社会科学出版社，1990。

［57］〔美〕艾伦·杜宁：《多少算够——消费社会与地球的未来》，毕聿译，刘晓君校，吉林人民出版社，1997。

［58］〔美〕丹尼斯·米都斯等：《增长的极限——罗马俱乐部关于人类困境的报告》，李宝恒译，吉林人民出版社，1997。

［59］〔美〕丹尼尔·贝尔：《资本主义文化矛盾》，赵一凡、蒲隆、任晓晋译，生活·读书·新知三联书店，1989。

［60］〔奥地利〕阿尔费雷德·阿德勒：《理解人性》，李欢欢译，中国人民大学出版社，2017。

［61］〔古希腊〕亚里士多德：《政治学》，颜一、秦典华译，中国人民大学出版社，2005。

［62］〔古希腊〕亚里士多德：《尼各马科伦理学》，苗力田译，中国社会科学出版社，1999。

［63］〔美〕蕾切尔·卡逊：《寂静的春天》，吕瑞兰、李长生译，吉林人民出版社，1997。

［64］〔美〕大卫·雷·格里芬编《后现代精神》，王成兵译，中央编译出版社，1998。

［65］〔美〕大卫·格里芬编《后现代科学——科学魅力的再现》，马

季方译，中央编译出版社，2004。

[66]〔德〕彼得·科斯洛夫斯基：《后现代文化：技术发展的社会文化后果》，毛怡红译，中央编译出版社，1999。

[67]〔英〕乔纳森·休斯：《生态与历史唯物主义》，张晓琼、侯晓滨译，江苏人民出版社，2011。

[68]〔英〕罗素：《西方哲学史》（下卷），马元德译，商务印书馆，2002。

[69]〔美〕马歇尔·萨林斯：《文化与实践理性》，赵丙祥译，上海人民出版社，2002。

[70]〔美〕弗·卡普拉：《物理学之"道"：近代物理学与东方神秘主义》，朱润生译，北京出版社，1999。

[71]〔德〕汉斯·萨克塞：《生态哲学》，文韬、佩云译，东方出版社，1991。

[72]〔德〕E.策勒尔：《古希腊哲学史纲》，翁绍军译，山东人民出版社，1996。

[73]〔德〕克劳斯·黑尔德：《世界现象学》，倪梁康等译，生活·读书·新知三联书店，2003。

[74]〔法〕埃德加·莫兰：《迷失的范式：人性研究》，陈一壮译，北京大学出版社，2000。

[75]〔法〕埃德加·莫兰：《复杂思想：自觉的科学》，陈一壮译，北京大学出版社，2000。

[76]〔意〕巴蒂斯塔·莫迪恩：《哲学人类学》，李树琴、段素革译，黑龙江人民出版社，2005。

[77]〔美〕唐纳德·沃斯特：《尘暴：1930年代美国南部大平原》，侯文蕙译，生活·读书·新知三联书店，2003。

[78]〔德〕恩斯特·卡西尔：《人论》，甘阳译，上海译文出版社，1997。

[79]〔美〕梭罗：《瓦尔登湖》，徐迟译，吉林人民出版社，1997。

[80]〔英〕阿利斯科·E.麦克格拉思：《科学与宗教引论》，王毅译，上海人民出版社，2000。

[81]〔美〕马斯洛：《马斯洛人本哲学》，成明编译，九州出版

社，2003。

［82］〔英〕菲奥纳·鲍伊：《宗教人类学导论》，金泽、何其敏译，中国人民大学出版社，2004。

［83］薛晓源、李惠斌主编《生态文明研究前沿报告》，华东师范大学出版社，2007。

［84］李德顺：《价值论——一种主体性的研究》，中国人民大学出版社，2017。

［85］钱俊生、余谋昌主编《生态哲学》，中共中央党校出版社，2004。

［86］任平：《走向交往实践的唯物主义：马克思交往实践观的历史视域与当代意义》，北京师范大学出版社，2017。

［87］魏宏森、曾国屏：《系统论》，清华大学出版社，1995。

［88］王诺：《欧美生态文学》，北京大学出版社，2003。

［89］吴国盛：《科学的历程》，北京大学出版社，2002。

［90］孙慕天、采赫米斯特罗：《新整体论》，黑龙江教育出版社，1996。

［91］徐嵩龄主编《环境伦理学进展：评论与阐释》，社会科学文献出版社，1999。

［92］韩立新：《环境价值论》，云南人民出版社，2005。

［93］刘湘溶：《人与自然的道德话语：环境伦理学的进展与反思》，湖南师范大学出版社，2004。

［94］曹孟勤：《人性与自然：生态伦理哲学基础反思》，南京师范大学出版社，2004。

［95］孙特生：《生态治理现代化：从理念到行动》，中国社会科学出版社，2018。

［96］唐凯麟主编《西方伦理学名著提要》，江西人民出版社，2000。

［97］李晓菊：《环境道德教育研究》，同济大学出版社，2008。

［98］卢风：《从现代文明到生态文明》，中央编译出版社，2009。

［99］余谋昌：《生态文明论》，中央编译出版社，2010。

［100］李培超：《自然的伦理尊严》，江西人民出版社，2001。

［101］钱学森等：《论系统工程》，湖南科学技术出版社，1982。

［102］江畅：《论价值观与价值文化》，科学出版社，2017。

[103] 孙佑海：《绿色发展法治保障研究》，中国法制出版社，2019。

[104] 肖魏等：《绿色发展研究》，高等教育出版社，2018。

[105] 刘德海主编《绿色发展》，江苏人民出版社，2016。

[106] 王永芹、王连芳：《当代中国绿色发展观研究》，社会科学文献出版社，2018。

[107] 曾建平：《环境哲学的求索》，中央编译出版社，2004。

[108] 许鸥泳主编《环境伦理学》，中国环境科学出版社，2002。

[109] 苗力田主编《古希腊哲学》，中国人民大学出版社，1989。

[110] 傅华：《生态伦理学探究》，华夏出版社，2002。

[111] 倪梁康：《胡塞尔现象学概念通释》，商务印书馆，2016。

[112] 廖小平、孙欢：《国家治理与生态伦理》，湖南大学出版社，2018。

[113] 戴秀丽：《生态价值观的演变与实践研究》，中央编译出版社，2019。

[114] 柴艳萍、王利迁、王维国：《环境道德教育理论与实践》，人民出版社，2015。

[115] 李际：《生态学范式研究——来自科学哲学的回答》，人民出版社，2018。

[116] 陈红兵、唐长华：《生态文化与范式转型》，人民出版社，2013。

[117] 苗力田编《亚里士多德选集：伦理学卷》，中国人民大学出版社，1999。

[118] 中国社会科学院哲学研究所自然辩证法研究室编《国外自然科学哲学问题》，中国社会科学出版社，1991。

[119] 张敏：《生态伦理学整体主义方法论研究》，吉林人民出版社，2013。

二 期刊

[1] 张曙光：《论现代价值与价值观的问题》，《马克思主义与现实》2011 年第 1 期。

[2] 赵玲：《自然观的现代形态——自组织生态自然观》，《吉林大学社会科学学报》2001 年第 2 期。

［3］孙利天：《21 世纪哲学：体验的时代?》，《长白学刊》2001 年第 2 期。

［4］金吾伦：《巴姆的整体论》，《自然辩证法研究》1993 年第 9 期。

［5］张华夏：《广义价值论》，《中国社会科学》1998 年第 4 期。

［6］罗尔斯顿：《自然界的价值和对自然界的义务》，载中国社会科学院哲学研究所科学技术哲学研究室编《国外自然科学哲学问题》（论文集），中国社会科学出版社，1994。

［7］〔美〕伊恩·汤姆森：《现象学与环境哲学交汇下的本体论与伦理学》，曹苗译，《鄱阳湖学刊》2012 年第 5 期。

［8］张德昭、任心甫：《自然观和价值观的转折与互动——内在价值范畴的实质和启示》，《自然辩证法研究》2005 年第 5 期。

［9］倪梁康：《道德本能与道德判断》，《哲学研究》2007 年第 12 期。

［10］周怀红、于永成：《伦理秩序的合理性》，《学术论坛》2003 年第 6 期。

［11］刘思华：《论以生态为本位的科学依据与理论框架》，《中南财经政法大学学报》2002 年第 4 期。

［12］黄爱宝：《自然价值与环境伦理》，《自然辩证法研究》2002 年第 8 期。

［13］王雨辰：《论生态学马克思主义对消费主义生存方式的当代反思》，《社会科学战线》2020 年第 3 期。

［14］朱葆伟：《技术时代的价值论与伦理学基础问题》，《哲学动态》1998 年第 10 期。

［15］马小红：《试论价值观与法律的关系》，《政法论丛》2009 年第 3 期。

［16］薛为昶：《生态理念的方法论意义》，《思想战线》2003 年第 3 期。

［17］高峰：《社会秩序的本质探析》，《学习与探索》2008 年第 5 期。

［18］尤西林：《自然美：作为生态伦理学的善——对康德自然目的观的一种现代阐释》，《陕西师范大学学报》（哲学社会科学版）1996 年第 1 期。

［19］赵玲、王现伟：《国外生态现象学研究述评》，《科学技术哲学研究》（哲学社会科学版）2013 年第 2 期。

［20］江畅：《价值论与伦理学：过去、现在与未来》，《湖北大学学报》（哲学社会科学版）2000 年第 5 期。

［21］杰伊·麦克丹尼尔:《生态学和文化:一种过程的研究方法》,曲跃厚译,《求是学刊》2004 年第 4 期。

［22］毛怡红:《当代西方伦理学基础的重建及其扩展》,《中国社会科学》1995 年第 3 期。

［23］徐海红:《历史唯物主义视野下的生态正义》,《伦理学研究》2014 年第 5 期。

［24］叶万军:《略论社会正义的涵义和性质》,《吉林工程技术师范学院学报》(社会科学版)2006 年第 8 期。

［25］陈金美:《论整体主义》,《湖南师范大学社会科学学报》2001 年第 4 期。

［26］农春仕:《公民生态道德的内涵、养成及其培育路径》,《江苏大学学报》(社会科学版)2020 年第 6 期。

［27］金卓、王晶、孔卫英:《生态价值研究综述》,《理论月刊》2011 年第 9 期。

［28］范冬萍:《西方环境伦理学的整体主义诉求与困惑——现代系统整体论的启示》,《现代哲学》2003 年第 3 期。

［29］尚晨光、赵建军:《生态文化的时代属性及价值取向研究》,《科学技术哲学研究》2019 年第 2 期。

［30］〔美〕W. F. 弗兰克纳:《伦理学与环境》,杨通进译,《哲学译丛》1994 年第 5 期。

［31］陈华兴:《论应当概念在价值论中的地位》,《人文杂志》1994 年第 6 期。

［32］高齐云:《哲学价值范畴和主体客体理论》,《广东社会科学》1994 年第 3 期。

［33］黄凯旋:《存在论视域中的价值定义》,《现代哲学》2001 年第 4 期。

［34］曹孟勤:《生态危机与人性危机》,《自然辩证法研究》2002 年第 10 期。

［35］方世南:《环境哲学视域内的生态价值与人类的价值取向》,《自然辩证法研究》2002 年第 8 期。

［36］〔美〕W. H. 默迪:《一种现代人类中心主义》,章建刚译,《哲

学译丛》1999 年第 2 期。

　　[37]〔德〕U. 梅勒:《生态现象学》，柯小刚译，《世界哲学》2004 年第 4 期。

　　[38]〔日〕岩佐茂:《研究环境伦理学的基本视角》，韩立新译，《哲学动态》2002 年第 4 期。

　　[39] 陈润杰、冯茹、宋刚:《论生态价值观的演化发展》，《技术与创新管理》2009 年第 1 期。

　　[40] 李德顺:《从"人类中心"到"环境价值"——兼谈一种价值思维的角度和方法》，《哲学研究》1998 年第 2 期。

　　[41] 曾建平、黄以胜、彭立威:《试析生态人格的特征》，《中南林业科技大学学报》（社会科学版）2008 年第 4 期。

　　[42] 谭长贵:《从系统观语境分析人与环境的关系》，《中国人民大学学报》2004 年第 6 期。

　　[43] 陈红兵:《存在论视域中的生态哲学》，《河北学刊》2005 年第 3 期。

　　[44] 彭立威:《生态人格塑造的实现路径》，《吉首大学学报》（社会科学版）2011 年第 3 期。

　　[45] 江畅:《论人性与人格》，《江汉论坛》2012 年第 7 期。

　　[46] 毛建儒:《论后现代的有机整体观》，《系统辩证学学报》1998 年第 3 期。

　　[47] 卢艳芹、何慧琳:《生态价值观与价值观的关系探析》，《北京工业大学学报》（社会科学版）2014 年第 1 期。

　　[48] 俞吾金:《反思环境伦理学的一般理论前提》，《社会科学论坛》2001 年第 5 期。

　　[49] 钱俊生:《生态价值观:一种新的价值观》，《中共天津市委党校学报》2006 年第 1 期。

　　[50] 炎冰:《有机整体论与"返魅"的科学——〈返魅科学〉及其相关文本之解读》，《福建论坛》（人文社会科学版）2003 年第 6 期。

　　[51] 王国聘:《现代生态思维方式的哲学价值》，《南京工业大学学报》（社会科学版）2002 年第 1 期。

　　[52] 刘福森:《自然中心主义生态伦理观的理论困境》，《中国社会科

学》1997 年第 3 期。

[53] J. B. 卡利科特：《生态学的形而上学含义》，（余晖译），《自然科学哲学问题》1988 年第 4 期。

[54] 〔美〕L. K. 奥斯丁：《美是环境伦理学的基础》，余晖译，《自然科学哲学问题》1988 年第 1 期。

[55] 刘艳、钟永德：《国内生态价值观研究趋势》，《中南林业科技大学学报》（社会科学版）2014 年第 1 期。

[56] 卢风：《论生态文化与生态价值观》，《清华大学学报》（哲学社会科学版）2008 年第 1 期。

[57] 程秀波：《共生与和谐：人类对待自然的基本伦理态度》，《河南师范大学学报》（哲学社会科学版）2003 年第 2 期。

[58] 王孝哲：《人的道德意识的来源》，《南通大学学报》（社会科学版）2010 年第 1 期。

[59] 王从霞：《生态文化："两种文化"融合的文化背景》，《科学技术与辩证法》2005 年第 6 期。

[60] 特力更：《生态价值观的多维解读》，《内蒙古社会科学》（汉文版）2013 年第 2 期。

[61] 张敏、藜崴、许志晋：《生态学范式与罗尔斯顿环境伦理学的建立》，《社会科学战线》2003 年第 5 期。

[62] 张敏、肖爱民：《生态－整体论与自然价值论伦理学的建构》，《长白学刊》2009 年第 3 期。

[63] 张敏、于天宇：《论道德情感体验与生态伦理价值的确立》，《学习与探索》2013 年第 5 期。

[64] 张敏、杜天宝：《"绿色发展"理念下生态农业发展问题研究》，《经济纵横》2016 年第 9 期。

[65] 张敏、胡建东：《忽视还是关怀——论马克思多主体交往实践观的生态维度》，《太原理工大学学报》（社会科学版）2018 年第 1 期。

[66] 张敏、胡建东：《消解与超越》，《理论导刊》2018 年第 2 期。

[67] 张敏、胡建东：《习近平人与自然"生命共同体"概念的哲学基础及现实指向》，《学术探索》2019 年第 7 期。

[68] 张敏：《论自然价值知性模式与人格的生态涵育》，《社会科学研

究》2019 年第 5 期。

[69] 张敏:《论生态现象学与价值观的生态涵育》,《学习与探索》2021 年第 5 期。

三 外文

[1] Mark Rowlands, *The Environmental Crisis-Understanding the Value of Nature*, New York: St. Martin's Press, 2000.

[2] Peter S. Wenz, *Environmental Ethics Today*, London: Oxford University Press, 2001.

[3] Nicholas Agar, *Life's Intrinsic Value-Science, Ethics, and Nature*, US: Columbia University Press, 2001.

[4] Charles S. Brown, Ted Toadvine eds., *Eco-Phenomenology: Back to the Earth Itself*, Albany: State University of New York Press, 2003.

[5] Michael E. Zimmerman et al., *Environmental Philosophy: From Animal Right to Radical Ecology*, New Jersey: Prentice Hall, 1997.

[6] J. Baird Callicott, *Beyond the Land Ethic: More Essays in Environmental Philosophy*, Alnaby: State University of New York Press, 1999.

[7] Andrew Brennan, *Thinking about Nature: An Investigation of Nature, Value and Ecology*, London: Routledge, 1988.

[8] John O'Neill, *Ecology, Policy and Politics: Human Well-being and the Natural World*, London: Routledge, 1993.

[9] Meg Holden, "Phenomenology versus Pragmatism: Seeking a Restoration Environmental", *Environmental Ethics*, Vol. 22, No. 1, 2001.

[10] Ben A. Minteer, "Intrinsic Value for Pragmatists?", *Environmental ethics*, Vol. 24, No. 1, 2003.

[11] Daniel G. Campos, "Assessing the Value of Nature: A Transactional Approach", *Environmental Ethics*, Vol. 24, No. 1, 2002.

[12] Robert Elliot, "Instrumental Value in Nature as a Basis for the Intrinsic Value of Nature as a Whole", *Environmental Ethics*, Vol. 27, No. 2, 2005.

图书在版编目（CIP）数据

绿色发展理念与生态价值观／张敏著. -- 北京：
社会科学文献出版社，2022.12（2024.5重印）
ISBN 978-7-5228-0895-6

Ⅰ.①绿…　Ⅱ.①张…　Ⅲ.①生态价值-研究　Ⅳ.
①Q14

中国版本图书馆 CIP 数据核字（2022）第 194109 号

绿色发展理念与生态价值观

著　　者／张　敏

出 版 人／冀祥德
组稿编辑／陈凤玲
责任编辑／宋淑洁
文稿编辑／周浩杰
责任印制／王京美

出　　版／社会科学文献出版社·经济与管理分社（010）59367226
　　　　　地址：北京市北三环中路甲 29 号院华龙大厦　邮编：100029
　　　　　网址：www.ssap.com.cn
发　　行／社会科学文献出版社（010）59367028
印　　装／河北虎彩印刷有限公司

规　　格／开　本：787mm×1092mm　1/16
　　　　　印　张：14.75　字　数：241 千字
版　　次／2022 年 12 月第 1 版　2024 年 5 月第 2 次印刷
书　　号／ISBN 978-7-5228-0895-6
定　　价／98.00 元

读者服务电话 4008918866